Paolo Magionami

Gli anni della Luna

1950-1972: l'epoca d'oro della corsa allo spazio

 Springer

ISBN 978-88-470-1097-0
ISBN 978-88-470-1100-7 (eBook)

Springer-Verlag fa parte di Springer Science+Business Media
springer.com
© Springer-Verlag Italia, Milano 2009

Collana ideata e curata da: Marina Forlizzi

Redazione: Barbara Amorese
Progetto grafico e impaginazione: Valentina Greco, Milano
Progetto grafico originale della copertina: Simona Colombo, Milano
Immagine di copertina: "Seamens, von Braun e il Presidente Kennedy a
Cape Canaveral", © NASA, www.nasa.gov
Stampa: Grafiche Porpora, Segrate, Milano

Springer-Verlag Italia S.r.l., via Decembrio 28, I-20137 Milano

A mio zio Elpidio

Prefazione

Gli anni della grande corsa allo spazio, quelli del bip bip cosmico dello Sputnik, di Yuri Gagarin, dei tre dell'Apollo 11 per me sono anni di fantasia e di storia. Ancora non c'ero, se non nei pensieri di mia madre e di mio padre. La Luna, i pianeti, l'universo li ho studiati sui libri e guardati sui documentari alla tv. Ma ho imparato a godermeli alzando la testa. Sotto la luce cinerea della Luna ho fantasticato di viaggi stellari e sospirato le pene e le gioie degli innamorati.

In un giorno di settembre di un paio di anni fa, durante un'esposizione di riviste d'epoca a tema spaziale, mi è capitato di vedere una coppia ricca di primavere soffermarsi innanzi a una copia del settimanale *Epoca* datata 12 gennaio 1969: in copertina la foto della Terra che sorge dietro la Luna ripresa dagli astronauti dell'Apollo 8. "Io mi ricordo di questa foto", aveva detto la signora al marito e lui "Sì è vero, eravamo a casa...". Non ho potuto fare a meno di ascoltare un poco il ritorno di ricordi scaturito da una fotografia vecchia di quarant'anni. Mi sono avvicinato, quale proprietario di quella collezione di giornali ho avuto buon gioco a vincere la mia normale ritrosia, e abbiamo parlato per qualche minuto.

Un po' di emozione, in quella calda giornata di settembre è passata da una generazione all'altra. La coppia di signori non lo sa, ma da quella chiacchierata è nata l'idea di scrivere questo libro. Rileggendo le riviste di quel tempo perduto ho voluto ripercorrere il ventennio d'oro dell'astronautica, quello tra gli anni Cinquanta e Settanta, un periodo forse irripetibile, quando la fantasia che portava grandi e piccoli a conquistar le stelle andava di pari passo con le paure di un mondo spaccato a metà. E con le pagine di *Epoca*, *La Domenica del Corriere*, *l'Unità* ho avuto modo di ricordare anche io che non c'ero: il grande teatro della Guerra Fredda, Krushev e Kennedy che bisticciano, i satelliti artificiali, Modugno e la Lollobrigida che incontrano Gagarin, Armstrong e Buzz Aldrin che zompettano sulla Luna.

Davvero strano per me che non c'ero, immaginare Yuri Gagarin ambasciatore di pace tra USA e URSS e, contemporaneamente, il Muro di Berlino che in quegli stessi mesi veniva innalzato per dividere una città. Scrivere *Gli anni della Luna* mi ha permesso di rivivere quei momenti per mezzo di quelle immagini e di quelle parole che sono state viste e lette da coloro che c'erano. Con le paure, le aspettative e le sciocchezze che si scrivevano in proposito. E mi sono accorto di una cosa: tante di quelle notizie che tempestano i massmedia attuali sono esattamente le stesse di mezzo secolo fa. Il caro-petrolio, il crimine, le guerre sparpagliate nel mondo, persino l'afa d'estate e gli incidenti sulle strade a ferragosto sono sempre quelli. Manco potessero essere diversi, d'altronde.

E la pubblicità, che via via va a ricoprire i nostri rotocalchi a ogni granello di benessere guadagnato durante il miracolo economico, sembra uguale a quella di oggi. O forse è il contrario.

Una volta ho chiesto a mia madre che ricordo avesse dello sbarco sulla Luna. Mi ha detto che si ricordava dove stava: a casa dei suoi genitori, c'era la televisione accesa e mio babbo a debita distanza. E le sembrava così pazzesco guardare la Luna in televisione e al contempo trovarla fuori dalla finestra e immaginare che tre americani erano lassù, a volare lontano, tra le stelle. Emozionante. La televisione è stata abbandonata, almeno per un po', in favore della terrazza e del cielo stellato. E io ho scritto questo libro quasi quarant'anni dopo quell'abbraccio al chiar di Luna.

Che abbiate udito il vagito dello Sputnik, visto Modugno e la Lollobrigida salutare Gagarin, Tito Stagno e Ruggero Orlando acclamare i tre dell'Apollo, se c'eravate o meno durante gli anni della Luna, comunque sia, spero che questo libro possa regalarvi qualcuna di quelle emozioni, o solo un semplice "Mi ricordo...".

Perugia, novembre 2008   Paolo Magionami

Indice

1957: inizia l'era spaziale

La voce di una nuova era

L'era spaziale era nata a malapena da otto ore quando il nostro aereo di linea Vanguard decollò dall'aeroporto di Londra diretto a Barcellona. Era il 4 ottobre 1957, e in qualche punto al di sopra della Terra il primo satellite stava inviando il suo radiomessaggio che significava la signoria della Russia nella nuova tecnica del lancio dei satelliti.

Cosi Kenneth Gatland, vicepresidente della *British Interplanetary Society* (BIS), ricorda l'alba della nuova era nel suo libro *Le navi Spaziali*, del 1969. La nuova era sorge ufficialmente alle ore 23, al fuso orario di Mosca, del 4 ottobre 1957, quando la radio della capitale russa dirama in un inglese ben scandito il seguente bollettino:

Il primo satellite artificiale della Terra è stato lanciato con successo e sta ora giran-

La Domenica del Corriere del 20 ottobre 1957 dedica la copertina al lancio del satellite russo. Lo Sputnik, lanciato dal cosmodromo russo di Tyura - Tam, poi meglio conosciuto come Baikonur, alle 22.28 ora di Mosca del 4 ottobre, è una sfera del diametro di 58,4 cm con quattro antenne radio di diversa lunghezza. La superficie esterna in lega d'alluminio è lucidata in modo da poter riflettere i raggi solari; ciò lo rende ben visibile dalla Terra. Il satellite è dotato di una radio di bordo che opera sulle frequenza di 2,005 e 40,002 Mhz. Compie un giro completo intorno alla Terra ogni 96 minuti

do intorno al globo, su una traiettoria ellittica alla quota di circa 900 km. L'oggetto ha la forma di una sfera, con un diametro di circa 58 cm; pesa 83,6 kg e porta con sé un apparecchio radiotrasmittente. Il suo nome è Sputnik, che in russo significa "compagno di viaggio".

La notizia è strepitosa e fa il giro del mondo più velocemente del satellite di cui ha annunciato le imprese.

In America è l'ora dei ricevimenti. All'ambasciata russa di New York ce n'è uno in corso; gli invitati, membri del Comitato per l'Anno Internazionale di Geofisica, cercano di dare il loro contributo alla distensione tra USA e URSS, ma l'atmosfera è piuttosto formale. Walter Sullivan, corrispondente del *New York Times*, ha appena parlato al telefono con il proprio direttore e, con discrezione, si avvicina a uno dei presenti, Lojd Berkner, in procinto di proporre un brindisi. La cosa sembra urgente.

Berkner si assenta; torna poco dopo pallido in volto, con una notizia pazzesca: i russi hanno lanciato un satellite nello spazio.

Ogni altro evento passa in secondo piano. Lo stupore cede il posto all'euforia; l'euforia al dubbio. Ma è tutto vero e il "compagno di viaggio" vola alto in cielo e fa ascoltare la sua voce. In un successivo comunicato lo speaker sovietico annuncia:

E ora ascoltate, questa è la voce dello Sputnik 1...

Dopo una breve pausa e dei ronzi di sottofondo si ode un segnale acuto a intervalli regolari. La voce dello Sputnik.

Ovunque sul globo, da Parigi a Milano, da New York a Calcutta, anche le semplici antenne dei radioamatori sono in grado di captare il "bip bip" cosmico del satellite: il vagito che sancisce la nascita dell'era spaziale.

Per alcuni il radiomessaggio dello Sputnik è un suono da coccolare e amare, l'orgoglio che fa gonfiare il petto; per altri una campana monotona e ossessiva che scuote dal torpore, sgretola un sogno e fa piombare negli incubi.

La stampa occidentale si scatena alla ricerca di notizie. I russi hanno specificato la lunghezza d'onda alla quale si può captare il segnale del satellite, cosicché tutti lo possano agganciare, ma per il resto è notte fonda. Si prova a contattare gli esperti russi e a capirci un po' di più. Mancano dati, nomi, informazioni. I comunicati ufficiali dicono invero sempre troppo poco e gli scienziati russi sono tutt'altro che loquaci e anche un poco beffardi.

Scrive ancora Gatland:

> Ricordo bene le risposte dell'accademico Leonid Sedov alle avide domande postegli dai delegati e dai corrispondenti occidentali mentre stavamo conversando in gruppo. Era possibile che lo Sputnik fosse così grosso? Forse la Tass aveva sbagliato a mettere una virgola... La risposta di Sedov poteva difficilmente esser presa sul serio: egli disse che era stato assente dall'Unione Sovietica per un paio di settimane e perciò non sapeva quale satellite fosse stato lanciato... Per tutta la settimana del Congresso a Barcellona non si poté racimolare dai russi nient'altro che non fosse contenuto nelle affermazioni della Tass e tutte le domande a proposito del veicolo di lancio cozzavano contro un cortese ma fermo rifiuto di commenti.

Quello che sanno gli americani è che sulle loro teste volteggia un oggetto bello grande – forse addirittura troppo grande rispetto al meglio che potrebbero fare loro in questo momento – spedito lassù dai russi, ma non hanno idea di che traiettoria compia. Gli esperti si mettono al lavoro per scovare "il compagno di viaggio" e tracciarne il cammino. Anche Luigi Jacchia, astrofisico italiano noto per aver messo a punto un sistema per calcolare le traiettorie delle meteore, viene precettato. Imbarcato su un volo diretto verso Boston, si ritrova a lavorare allo *Smithsonian Institute* insieme ai colleghi americani. La famosa rivista *Life* dedica a questo momento una delle sue celebri copertine: accovacciati in mezzo a rotoli e rotoli di carta, sovrastati da un enorme planisfero sul quale è stata ricostruita con un cerchio la presunta traiettoria del satellite, gli esperti lavorano alla ricerca dello Sputnik.

Il *Corriere della Sera* di sabato 5 ottobre non può fare a meno di dare il giusto spazio al lancio dello Sputnik. Decisamente schierato contro le sinistre, il quotidiano affianca alla strepitosa notizia un articolo sulle tensioni che attanagliano Varsavia all'indomani di una manifestazione studentesca sotto le sedi del partito comunista

Da lì a breve la traiettoria è tracciata e lo *Smithsonian* diventa il punto di riferimento per ogni informazione sul satellite.

"Passerà sull'Italia domattina alle 8.9", titola a caratteri cubitali il *Corriere d'Informazione* nella sua edizione della notte tra il 5 e il 6 ottobre e di seguito:

Milano ha intercettato i messaggi del satellite che fino al pomeriggio di oggi ha compiuto 16 volte il giro del mondo.

Da par suo l'implacabile Radio Mosca, che di comunicati mai troppo chiari saprà farne arte, prospetta già scenari da fantascienza:

I risultati di questo lancio e di quelli che seguiranno spianeranno la strada ai viaggi interplanetari.

La finestra sull'universo è orma aperta.

Sbalordita, commossa ed esaltata... l'umanità smise di pensare ai problemi di ogni giorno e levò lo sguardo, o il pensiero, verso gli spazi infiniti. Una nuova era è cominciata.
La Settimana Incom Illustrata, 19 ottobre 1957

Noi non cantiamo mai prima di aver fatto l'uovo

Per gli americani la beffa è enorme. Nella primavera del 1950, nel salotto buono di James van Allen, un fisico che partecipava insieme a molti suoi prestigiosi colleghi a un convegno, nacque l'idea di un Anno Geofisico Internazionale (IGY, *International Geophysical Year*). Pensarono di collocare l'evento durante il periodo di tempo corrispondente alla massima attività solare, cioè tra il 1957 e il 1958. Scopo dichiarato dell'iniziativa era quello di consacrare il lavoro di cinquemila studiosi di 56 nazioni differenti al più vasto e completo studio della Terra fino ad allora eseguito.

Quattro anni più tardi, nel 1954, il Consiglio internazionale delle società scientifiche, riunitosi a Roma, aveva raccomandato il lancio di satelliti artificiali allo scopo di indagare lo spazio fuori dall'atmosfera terrestre. I delegati americani di ritorno in patria suggerirono all'Accademia Nazionale delle Scienze di accettare la sfida e impegnarsi nella realizzazione di un satellite con l'aiuto del Ministero della Difesa. Un anno dopo, il 29 luglio 1955, Eisenhower, per bocca del suo portavoce James C. Hagerty, aveva trionfalmente annunciato ai giornalisti che entro un paio di anni, cioè durante l'Anno Geofisico Internazionale, gli Stati Uniti avrebbero messo in orbita il primo satellite della storia:

> Il Presidente ha approvato il piano nazionale per lanciare un piccolo satellite automatico in orbita circolare attorno alla Terra come contributo degli Stati Uniti all'Anno Geofisico Internazionale, tra il luglio 1957 e il dicembre 1958.

La breve dichiarazione del portavoce del presidente aveva scatenato un'ondata di euforia collettiva. Fioccarono gli articoli che magnificavano l'audacia e il genio dell'America. Pure Wall Street, sempre piuttosto freddina quando si trattava di scienza, aveva accolto con grande fermento la notizia tanto che le quotazioni dell'uranio, che si pensava sarebbe servito per compiere il grande balzo, raggiunsero le stelle. Nei due anni successivi le riviste di mezzo mondo anticiparono l'impresa degli americani in articoli illustrati che andavano a spiegare come e quando un satellite statunitense avrebbe volteggiato sopra le loro teste. Il grande balzo pareva fatto ancor prima di essere compiuto.

D'altra parte l'opinione pubblica era da tempo abituata a viaggiare per le profondità del cosmo.

Negli anni Cinquanta, scrittori e artisti, registi, scienziati e sognatori non mancarono di raccontare e illustrare a tutti le meraviglie del viaggio spaziale. Era un'euforia contagiosa che faceva ritornare alla mente gli anni d'oro di inizio secolo, quelli di Herbert George Wells e di Edgar R. Burroughs, di Giovanni V. Schiaparelli e di Percival Lowell. Mezzo secolo dopo era giunto il tempo di *Gli invasori spaziali* di Cameron Menzies (1951), *La guerra dei mondi* di Byron Haskin (1953), *Il Pianeta proibito* di Fred M. Wilcox (1956), *Il vampiro del Pianeta Rosso* di Roger Corman (1957). Era il tempo di best sellers quali *Cronache marziane* (1954) e *L'esplorazione dello spazio* (1955) di Ray Bradbury. Tin Tin se ne andava alla conquista della Luna in un albo a fumetti straordinario, *On a marché sur la Lune* (1954), e già nel 1952 era uscita la sto-

Il numero del *Collier's* del 30 aprile 1954 dedicato alla conquista del pianeta rosso. "Possiamo andare su Marte?" recita il titolo dell'articolo di von Braun. Il merito del grande successo che riscosse la rivista lo si doveva anche al contributo del disegnatore Chesley Bonestell, che con impareggiabile estro riuscì a visualizzare le idee di von Braun. Era tale la bravura di Bonestell che lo stesso von Braun non esitava a chiedergli un parere sugli aspetti tecnici di certe missioni spaziali. Le visioni spaziali di Bonestell eserciteranno una grande influenza anche sui nostri disegnatori

ria *Topolino e il satellite artificiale*. Neanche Totò fu immune dall'euforia spaziale e, in compagnia di Tognazzi, scorrazzava in giro sulla superficie lunare nel film *Totò sulla Luna* (1958).

Tra gli scienziati che meglio di altri seppero promuovere il sogno spaziale, Wernher von Braun merita un posto d'onore, e non solo perché sarà lui a portare l'Apollo 11 sulla Luna. Il genio tedesco, passato dalla parte degli americani al termine della Seconda Guerra Mondiale, dopo che per Hitler aveva costruito le bombe V-2, venne assoldato per progettare e costruire razzi fabbricati in USA. Con l'esperienza maturata durante il conflitto, von Braun costruì i primi razzi statunitensi nel centro di *White Sands*.

Il suo valore scientifico andava di pari passo con l'innato talento per la comunicazione. Fu abilissimo a girovagare per gli Stati Uniti per promuovere le sue idee sulla conquista dello spazio. A un certo punto la rivista *Collier's* gli offrì la possibilità di scrivere una serie di articoli e von Braun, coadiuvato dall'amico scrittore Willy Ley, iniziò a raccontare il suo sogno. Prima, però, fu necessario farsi dare l'autorizzazione da Washington perché von Braun era un dipendente del Governo federale. Il primo articolo, *Crossing the last Frontier*, uscì il 22 marzo 1952. Nello stesso anno pubblicò il libro *The Mars Project*, nel quale immaginava un viaggio verso Marte di dieci astronavi, con sette uomini di equipaggio a bordo di ciascuna. Due anni dopo, nel marzo 1954, una missione simile, anche se ridotta a due astronavi, venne descritta nell'articolo *Can we go to Mars?*. Il disegnatore che con la sua sconfinata immaginazione coadiuvava magnificamente von Braun era

Chesley Bonestell, autore delle strepitose copertine e dei disegni all'interno. Il successo della rivista fu così grande che per un certo periodo riuscì a far concorrenza alle più blasonate *Life* e *Saturday Evening Post*. L'euforia del viaggio spaziale toccò vertici così elevati che *Time* si sentì in dovere di intervenire scrivendo un articolo biasimando l'esagerato ottimismo che circondava l'impresa spaziale.

A rincarare la dose giunse poco dopo anche Walt Disney. Dopo aver letto gli articoli del Collier's decise di produrre una serie televisiva divisa in tre parti: *Man in Space, Man on the Moon, Mars and Beyond*. Il 9 marzo 1955 Disney, con un modellino di razzo in mano, presentò il primo di questi episodi, ai quali, manco a dirlo, von Braun e Ley avevano prestato la loro opera di consulenza. Anche Eisenhower volle vederli e, pare, ne avesse richiesta una copia per visionarla in privato alla Casa Bianca. Qualcuno poco dopo scrisse:

> Walt Disney è l'arma segreta degli Stati Uniti per la conquista dello spazio.

L'ultimo episodio venne trasmesso il 4 dicembre 1957, due mesi dopo il lancio dello Sputnik.

Anche in Italia era scoppiato il contagio. Le rovine del dopoguerra stavano lentamente lasciato spazio alla ricostruzione, anche se gli italiani non se la passavano tanto bene. A cinque anni dalla fine della guerra un'inchiesta Doxa riferiva che la maggioranza delle famiglie italiane aveva un reddito inferiore alle 50 mila lire al mese; il 25% delle case era senza acqua corrente, il 67% senza gas, il 40% senza servizi igienici. L'istruzione era ancora lontana, lontanissima dall'essere alla portata di tutti ed enorme contributo all'alfabetizzazione di un'Italia da rifare lo darà la Rai che, dal 1954, iniziò a trasmettere regolarmente.

In un paese dove ci si sposta ancora in bicicletta non rimaneva altro che rimboccarsi le maniche per ricominciare. Il decennio, iniziato con l'Anno Santo indetto da Papa Pio XII, sarà il decennio del miracolo economico e dell'atomo. L'era atomica portava tensioni e paure, nessuno aveva dimenticato Hiroshima e Nagasaki, ma anche un sano ottimismo. E l'ottimismo conduceva a conquistare le stelle. I piccoli lettori erano avidi di spazi intergalattici e si moltiplicarono le rubriche a loro dedicate, mentre i negozi di giocattoli si riempirono di razzi e astronavi sempre più richiesti. I bambini volevano viaggiare nello spazio per Natale e, per una volta tanto, i pupazzi di Topolino vennero relegati in soffitta. Nel settimanale *il Pioniere*, supplemento per i più giovani di *l'Unità*, così come *il Corriere dei Piccoli* lo era per il *Corriere della Sera*, trovava posto fisso la rubrica *I prodigiosi missili sovietici*, ed era immancabile l'appuntamento con gli eroi dello spazio *Sand e Zeos*. Nacquero le prime riviste di fantascienza, come *Scienza fantastica* e *Mondi nuovi*, entrambe pubblicate nell'anno in cui vedevano la luce *Urania* e *I romanzi di Urania*, il 1952.

L'onnipresente von Braun impazzava anche sui nostri giornali e dal genio del tedesco ci si aspettava la costruzione di improbabili "razzi filoguidati" diretti verso le stelle. Nel 1953 il settimanale *Epoca* riportò un'intervista allo scienziato che spiegava con dovizia di particolari come e quando saremmo arrivati sulla Luna e i molteplici, discutibili, modi di sfruttarla:

> La Luna potrebbe diventare un trampolino di lancio per ulteriori avventure interplanetarie, oltre che una base militare di prim'ordine. Dalla Luna si potrebbe bombardare la Terra tramite razzi...

La rivista *Tempo* titolò *Dalla Terra alla Luna* la copertina del suo supplemento *Il 1955 nel mondo*, dedicando un ampio servizio ai futuri satelliti artificiali. Lo spunto, neanche a dirlo, venne fornito dalla conferenza di Eisenhower.

A dimostrazione di quanto le visioni fantasiose si mescolassero con la realtà mai così promettente, valgono le parole dell'articolo:

> È ormai accertato che il satellite non potrà essere sparato nello spazio come un proiettile di cannone, animato da grande velocità iniziale. In questo caso la luna artificiale non giungerebbe mai a

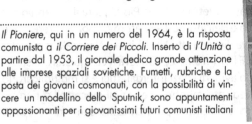

Il Pioniere, qui in un numero del 1964, è la risposta comunista a *il Corriere dei Piccoli*. Inserto di *l'Unità* a partire dal 1953, il giornale dedica grande attenzione alle imprese spaziali sovietiche. Fumetti, rubriche e la posta dei giovani cosmonauti, con la possibilità di vincere un modellino dello Sputnik, sono appuntamenti appassionanti per i giovanissimi futuri comunisti italiani

destinazione: si liquefarebbe prima, nell'attrito con gli strati più densi dell'atmosfera.

Con buona pace di Jules Verne, la Luna verrà conquistata in altri modi. Nel proseguo, l'articolo prova a immaginare per quali scopi si potevano utilizzare i satelliti; così, accanto alle ormai quasi scontate opzioni, spionaggio e bombardamento atomico, trovava posto un'applicazione, o meglio un "desiderio", al quale oggi siamo piuttosto abituati:

Si è pensato anche alla possibilità di lanciare negli spazi una catena di satelliti che potrebbero ottimamente servire da stazioni ripetitrici per le emissioni televisive. Anche il sogno della "TV mondiale" – un altro grande desiderio – potrebbe essere realizzato grazie ai satelliti.

La previsione troverà primo concreto risultato sette anni più tardi, con la messa in orbita del satellite per telecomunicazioni Telstar.

Dunque, tutti ormai si aspettavano che da un momento all'altro l'evento tanto atteso accadesse. E chi se non gli americani?

Le dichiarazioni di Eisenhower, conosciuto con il soprannome di battaglia "Ike", avevano gettato benzina sul fuoco che alimentava la fantasia di conquistar le stelle. Ma a occidente non avevano fatto i conti con i russi.

Krushev, vecchio volpone qual'era, non perse l'occasione per colorire la sfida con gli Stati Uniti con una delle sue celebri battute: "Noi non cantiamo mai prima di aver fatto l'uovo". E ci aveva azzeccato in pieno. I russi, infatti, avevano deciso di accettare la sfida lanciata dagli Stati Uniti. Alcuni giorni dopo il proclama del portavoce di Eisenhower, una delegazione russa al congresso degli astronauti a Copenhagen presentava una relazione sui satelliti artificiali nella quale si menzionava esplicitamente lo Sputnik. Il 2 agosto il capo della delegazione, Leonid Sedov, durante una conferenza stampa annunciava che l'Unione Sovietica avrebbe lanciato un satellite nello spazio in tempi molto brevi. La comunità scientifica non diede molto peso alle dichiarazioni dei russi che, di contro, iniziarono subito a lavorare al loro progetto.

Invece gli americani se la presero comoda. Impelagati com'erano ad azzuffarsi tra di loro in una faida interna che vedeva da una parte l'esercito, con i suoi missili balistici, e dall'altra la Marina, con il suo razzo Vanguard, persero tempo prezioso e i russi ringraziarono.

Il 4 ottobre gli americani si risvegliarono da un sogno d'orato per piombare dritti dentro un incubo.

Pompelmi e pallette spaziali

Mentre lo Sputnik gira, alla stampa americana, memore del baldanzoso discorso di Ike, non rimane altro che interrogarsi sul fiasco a stelle e strisce; scrive il *New York Herald Tribune*:

> Occorre da parte nostra uno sforzo gigantesco nel campo della ricerca scientifica e tecnologica simile a quello attuato con il Progetto Manatthan per la bomba atomica. È tardi. Molto tardi. L'orologio segna mezzanotte meno 2 minuti.

Il successo sovietico va ben oltre il puro trionfo nel campo delle scienze. Lanciare un satellite nello spazio significa avere notevoli, ed evidenti, conoscenze nel campo della missilistica. In altri termini, porsi in un piano di netta superiorità militare nei confronti dell'avversario. Gli americani capiscono bene quello che sono riusciti a combinare i russi. Immettere un oggetto di ottanta chilogrammi di peso nello spazio, quasi dieci volte maggiore del "pompelmo spaziale" da 9 chili che può lanciare il loro razzo migliore, il Vanguard, significa disporre di un missile potente: un missile balistico intercontinentale. La prima reazione ufficiale è quella improntata a minimizzare l'accaduto. Mentre Ike gioca a golf nella sua tenuta a Gettysburg, il portavoce della Casa Bianca dichiara alla stampa che "il lancio del satellite non costituisce una sorpresa". Sulla stessa rotta si pone il contrammiraglio Rowson, uno dei pezzi da novanta della Marina statunitense, il quale, spavaldamente, afferma che lo Sputnik non è altro che un "pezzo di ferro che quasi tutti potrebbero lanciare"; ci pensa poi il corrispondente stampa britannico ad affondare l'ammiraglio definendolo "il più stupido commento del mondo".

Naturalmente il modesto tentativo di non dare troppa importanza al fatto fallisce miseramente.

Molti si domandano se in tutto questo la politica poco aggressiva di Eisenhower, scarsamente incline a lasciar carta bianca ai militari e ai

L'*Espresso* dedica allo Sputnik ampio risalto. L'articolo afferma che molte persone saputa la notizia dello storico lancio sono corse a comprare binocoli e piccoli cannocchiali per vedere con i propri occhi il prodigioso satellite sovietico. All'interno, un servizio pone l'attenzione sulla prossima tappa dell'era spaziale: il lancio di un uomo nello spazio. Il candidato ideale, si precisa, non dovrebbe pesare più di 63 chili. L'ultima pagina è dedicata alla prima parte di un racconto di Artur Clarke, *L'altra faccia del cielo*

loro missili da guerra e poco propenso alle spese folli, abbia agevolato l'ascesa dei russi. Scrive il corrispondente del *Corriere della Sera*:

Il fatto che esso [lo Sputnik, n.d.r] confermi i progressi sovietici nell'intero settore del meccanismo dei razzi a propulsione e dei missili ha rinnovato le critiche che molti esponenti politici rivolgono da tempo al governo Eisenhower per aver rallentato in base a considerazioni di economia di bilancio i programmi del Pentagono.

Gli fa eco Raymond Cartier, che da New York, sulle pagine di *Epoca* del 20 ottobre, pubblica un articolo molto duro sulla politica americana in fatto di corsa allo spazio. Cartier riprende un discorso di Eisenhower, che aveva parlato di "scienza pura" riferendosi ai missili nello spazio, e attacca:

L'amara faccenda del satellite artificiale russo si colloca in una competizione serrata tra Stati Uniti e la Russia per la supremazia militare. L'aspetto di scienza pura che esso ha è un inganno. L'America e la Russia non avrebbero speso fortune di capitali e di intelligenza per le lune artificiali se queste non fossero state legate a quelle armi decisive che sono i razzi.

La chiusa del giornalista silura Ike e getta un velo oscuro sul futuro:

Lo Sputnik ha già fatto una vittima, la popolarità già ammalata di Eisenhower. Egli aveva addormentato l'America nell'illusione della distensione. E l'America si risveglia con questa palla rossa che gira, gira, gira non come prodigio della pace ma come minaccia di annientamento.

La seconda vittima è certamente Wall Street. L'indice del Down Jones crolla. Passata l'euforia, milioni di dollari vanno in fumo a causa di una "palletta nello spazio", secondo la definizione appioppata allo Sputnik dallo stesso presidente americano. L'effetto di quel satellite "rosso" che gira attorno al mondo si abbatte anche sul cittadino comune. Accanto alla preoccupazione dei militari, serpeggiano sconforto e paura nell'opinione pubblica filo-occidentale. Non mancano i casi, soprattutto in America, di vero terrore nei confronti dell'orda comunista:

> Quella luna rossa mi rende nervoso, ho l'impressione di essere prigioniero e di sentirmi continuamente osservato

ammette un impiegato di New York intervistato da un giornalista. "I MiG! I MiG!" [sigla che identifica varie classi di aerei da guerra russi, n.d.r], urla terrorizzata l'insegnante ai suoi ragazzi mentre dalla finestra indica aerei in avvicinamento. Ma quali MiG, fanno notare gli attenti bambini, sono solo i meravigliosi caccia americani. Esagerazioni, certo, ma con un solido fondo di verità. Scrive *L'Espresso* del 13 ottobre:

> Il fatto che la prima luna artificiale lanciata nello spazio interplanetario porti il simbolo della falce e del martello e non quella della bandiera stellata ha introdotto nelle coscienze americane non un allarme specifico di carattere militare ma qualcosa d'assai più profondo: il dubbio e l'insicurezza sulla supremazia tecnica e scientifica degli Stati Uniti, finora indiscussa.

Dubbio e insicurezza, una miscela dirompente. I russi paiono in grado di sfidare gli Stati Uniti. E di vincere. Lo "spaventoso giocattolo nelle mani di bambinoni privi di religione o morale", secondo quanto scritto da *l'Osservatore Romano*, lo ha appena dimostrato.

Dall'altra parte la propaganda comunista e filo-sovietica sa sfruttare con grande abilità lo strepitoso successo. "È la campana a martello per il colonialismo", dice impietosa Radio Cairo l'8 ottobre; "È il vento dell'Est che ha sconfitto quello dell'Ovest', gli fa eco Mao dalla lontana Cina.

La stampa russa, in verità, non coglie subito la portata dell'avvenimento; e non è l'unica, anche i vertici del Partito, Krushev compreso, non si accorgono praticamente di nulla. Paradossalmente, sarà la stampa estera a dar loro la sveglia. La *Pravda* del 5 ottobre si limita a riportare un modesto articolo che riprende il comunicato della Tass. Si citano le misure dello Sputnik, si rende omaggio alla figura del padre della cosmonautica sovietica, quel Konstantin Tsiolkowski che a inizio secolo teorizzava voli spaziali, e si chiude con una bella sviolinata al "coscienzioso lavoro della nuova società socialista che rende reali i sogni più arditi dell'intera umanità". Solo il 6 ottobre il quotidiano stravolge la sua edizione per dare tutto lo spazio in prima pagina allo Sputnik. Del satellite e del suo volo poco riporta. Gli articoli si soffermano soprattutto sull'eco che l'impresa ha avuto nel mondo e sulle numerose congratulazioni che sono giunte alla Russia da ogni paese, non solo da quelli in orbita sovietica, tranne che dal Giappone. Nei giorni successivi i russi riescono a capire qualcosa di più dello Sputnik e di quello che sta facendo nello spazio. Anche la mente dietro a tutta l'impresa spaziale sovietica, Serghiei Korolev, si cimenta con la penna e scrive un articolo sullo Sputnik. Naturalmente non si firma. Su Korolev, Krushev ha già imposto il segreto più totale. Intanto Mosca si riempie di cartelli: "Gloria al popolo sovietico', dicono, mentre nei negozi di giocattoli spuntano astronauti, razzi modellino e pianeti in carta pesta. Krushev gongola e si gode la rivincita. Per gli "statisti borghesi', ama ripetere il Segretario del partito, i russi non sono altro che un popolo che mangia minestra di cavolo su sandali di corteccia; ebbene, ecco quello che questo popolo ha saputo fare. Nessuno adesso osa fare più battute sulla mediocre qualità delle penne russe e sulla ridicola pretesa di Mosca di aver inventato tutto. Giusto pochi mesi prima, in primavera, Krushev durante un discorso rivolto alle grandi folle, aveva assicurato che l'Unione Sovietica avrebbe superato gli Stati Uniti nella produzione di latte, uova e carne; lo Sputnik certifica che la grande Russia ha certamente superato i rivali nella corsa tecnologica. In Italia, lo Sputnik è accolto con ammirazione, stupore e curiosità. Per i comunisti è roba di cui andar fieri. L'invasione dell'Ungheria giusto un anno prima pare già dimenticata. I cori dell'Internazionale invadono le vie della città e la camionetta con la scritta "vota comunista" è presto attrezzata con una grossa riproduzione dello Sputnik per scorrazzare in lungo e in largo. *L'Unità*, il cui primo articolo del giorno 5, un po' sullo stile della *Pravda*, è invero assai modesto, non si lascia scappare l'occasione di ricordare che la "nuova era nella storia dell'umanità" è stata aperta grazie alla "scienza del mondo del socialismo". Anche la poesia si scomoda per celebrare degnamente l'evento e Salvatore Quasimodo pubblica *Alla nuova Stella*. Un giovane giornalista scrive:

> Autunno, foglie rosse che cadono, macchine artificiali che salgono, una stagione che cambia. Una volta a queste faccende pensavano le nuvole.

Quel giornalista si chiamava Enzo Biagi.

In dicembre viene pubblicato un libro originariamente dato alle stampe dalle Edizioni di Stato russe, che si vanta di essere la prima traduzione al mondo del libro *Su Sputnik nel cosmo*, dove, secondo quanto riferisce la stessa pubblicazione,

Prima pagina di *l'Unità*, del 5 ottobre 1957. L'articolo dedicato allo Sputnik, che invero poco riporta sul volo se non quelle notizie apprese dalle note fonti sovietiche, Radio Mosca e Tass, rileva con una certa enfasi quale enorme impressione abbia suscitato in tutto il mondo il lancio del satellite. Dopotutto, come chiosa il giornalista, da tempo era di "dominio comune il fatto che la scienza sovietica si era posta all'avanguardia in questo campo". Comunque, per lo storico evento, la prima pagina è piuttosto modesta ma, con i successivi primati sovietici, anche *l'Unità* saprà adattarsi uscendo con prime pagine di grande spettacolarità ed enfasi i massimi scienziati sovietici rompono finalmente il silenzio e svelano in questo libro la grande avventura dell'uomo nello spazio.

E di grande avventura si tratta, quando gli esperti scrivono delle future imprese spaziali dirette verso la Luna e oltre. Ma di informazioni precise gli scienziati come al solito si guardano bene dal divulgarne. I dettagli tecnici delle missioni rimangono un mistero. Ben poco si sa, per esempio, sui razzi che sono serviti a mandare nello spazio lo Sputnik. E poco si continuerà a sapere negli anni successivi.

Anche per quanto riguarda la zona da dove sarebbero partite le missioni nulla è sicuro. Si fanno supposizioni, suffragate da alcune foto scattate dagli aerei spia, e si ritiene che la struttura di lancio sia a nord del Mar Caspio. Da parte sovietica si bada bene a menzionare il complesso di Baikonur e solo grazie alle stazioni di rilevamento sparpagliate tra l'America e l'Europa si riuscirà a individuare il luogo da dove partono i voli russi. Soltanto allora le autorità sovietiche cominceranno a divulgare il nome. Rimane curioso, e assai sintomatico, che molti anni dopo, in un libro russo del 1970 dedicato alle attività spaziali, l'immagine che dovrebbe essere quella del complesso spaziale di Baikonur altro non sia che una fotografia ritoccata della base statunitense di Cape Kennedy in Florida.

Nell'alone di mistero così sapientemente alimentato dalle fonti sovietiche si perde anche il nome del vero artefice dell'impresa spaziale sovietica, quel Serghiei Korolev conosciuto nell'ambiente cosmonautico con il nome di "progettista capo". Scrive Yurij Surin ne *Il segreto degli Sputnik* (1958):

> È abitudine dell'URSS mettere l'accento sullo sforzo collettivo e lo spirito di collaborazione, virtù suprema dello stato socialista... Il caso dello Sputnik era imbarazzante: come indicare i loro creatori, quali nomi mettere in primo piano dato che il successo dell'impresa aveva avuto bisogno del concorso delle discipline più svariate e delle tecniche più diverse?

Malgrado tutto, anche nel libro di Surin, alcuni nomi emergono, quali quello di Sedov e di Anatolij Blagonravov, un generale

Gli anni della luna

esperto di balistica che tornerà più volte ad apparire nelle pagine della stampa occidentale. Di Korolev nessuna traccia; dovrà morire, nel 1966, per tornare ad avere un nome. Ecco, dunque, il clima che si respira il giorno dopo l'impresa sovietica. Ma come aveva fatto l'America, la nazione tecnologicamente più avanzata del mondo a perdere una partita che pareva vinta? E, viceversa, come erano riusciti i russi a surclassarli così nettamente?

La risposta va cercata proprio nella famosa conferenza di Ike del '55. Fu quello l'inizio di tutto.

Le cause di una sconfitta

Marina contro Esercito

Dopo la storica conferenza del '55, sul tavolo di lavoro di Ike c'erano due progetti: da una parte quello dei militari con i loro missili balistici Redstone e Atlas, dall'altra il progetto del *Naval Research Laboratory* (NRL), ossia il gruppo di ricerca della Marina, che proponeva il razzo Vanguard. Nel primo gruppo lavorava Wernher von Braun che pochi anni prima costruiva i razzi V-2 per Adolf Hitler e che al termine della guerra, vista la mal partita, si era arreso con altri colleghi alla 44ª divisione americana.

Nel 1950 von Braun si era stabilito a Huntsville presso il Redstone Arsenal in Alabama, insieme a un folto gruppo di amici e scienziati della vecchia scuola tedesca. Il primo notevole risultato della "Huntsville gang" fu la realizzazione del razzo Redstone, una specie di V-2 alto 17 metri e pesante 30 tonnellate. Lanciato per la prima volta nell'agosto del '53, sarebbe diventato famoso per la sua affidabilità tanto da meritarsi l'appellativo di *The Old Reliable* (Il vecchio affidabile). Sul tavolo di Ike i militari avevano proposto una versione multistadio del Redstone, lo Jupiter C, che von Braun garantiva di costruire in tempi brevi.

L'NRL, invece, puntava tutto sul Vanguard, una versione multistadio del vecchio Viking, un razzo adibito a ricerche scientifiche che aveva già volato con successo raggiungendo gli strati alti dell'atmosfera. Gli esperti della Marina avevano deciso di muoversi interamente sul piano scientifico per promuovere il loro progetto: niente missili balistici, niente scopi militari dietro al lancio di un satellite, solo esperimenti scientifici. Il ragionamento aveva la sua logica: se lo scopo dichiarato era quello di mandare un satellite nello spazio per ricerche scientifiche allora quello avrebbe fatto la

Marina. Ike dal canto suo non era molto entusiasta di lasciare che lo spazio diventasse affare dei militari e dei loro giochi, quindi si espresse chiaramente in favore del Vanguard. "Il missile Vanguard è la scienza pura", diceva il vecchio generale, "Atlas, invece, è la difesa, quindi la vita di noi tutti".

Ma Eisenhower aveva per la testa un'altra idea. Per promuovere la politica di distensione tra le due superpotenze, aveva avanzato la proposta *Open Skies* (Cieli aperti).

Il presidente desiderava che tra USA e URSS si permettessero reciproche ispezioni aeree in modo da poter sorvolare il territorio dell'avversario senza conseguenze, affinché i due contendenti potessero vedere apertamente cosa stava combinando l'altro.

L'idea non era male, visto che i militari avevano sempre considerato l'aviazione il fiore all'occhiello del loro esercito, e la CIA aveva dato il suo consenso. Così, in occasione della conferenza di Ginevra del 1955, alla presenza del Primo ministro inglese Sir Anthony Eden, di quello francese, Edgar Faure e del Premier sovietico Nikolai Bulgarin, Eisenhower aveva presentato il suo programma. "In buona sostanza si tratta solo di un sistema di spionaggio", aveva replicato Krushev per nulla convinto. Alla fine non se ne fece niente. Ma Eisenhower non aveva intenzione di mollare. In seguito a un rapporto top secret della *Science Advisory Committee* che esortava le altissime sfere a prendere in considerazione il lancio di satelliti, Eisenhower spostò le sue mire un poco più in alto verso lo "spazio aperto"; magari con un satellite spia che ci volteggiava sopra. Rispetto agli aerei i satelliti avevano un gran vantaggio, potevano sorvolare il territorio nemico senza alcun rischio di essere intercettati e abbattuti. Detto fatto. Poco tempo dopo James C. Hagerty faceva il suo ingresso in conferenza stampa con l'annuncio del presidente.

Dunque, Ike aveva preso la sua decisione: sarebbe stata la Marina a lanciare un satellite durante l'Anno Internazionale di Geofisica. In tutta questa elaborata strategia, però, l'esercito non doveva dimenticarsi di costruire il suo missile balistico, tanto per essere al passo con i russi.

Von Braun non l'aveva presa tanto bene; i suoi esperimenti procedevano serrati e con buoni risultati, dunque, non aveva intenzione di alzare bandiera bianca. Con una certa dose di teutonica cocciutaggine nel settembre del '56 lanciò nello spazio il suo Jupiter C. Il missile viaggiò che era una meraviglia polverizzando ogni altro record. La fregatura arrivò all'accensione dell'ultimo stadio, il quarto, quello destinato a portare in orbita un eventuale satellite, i cui motori fecero cilecca. Il grande von Braun aveva forse commesso un errore? Niente affatto. Il Pentagono aveva sospettato che von Braun volesse fare di testa sua in barba a quanto stabilito da Eisenhower. Dunque, lo richiamarono a Washington per fargli una bella lavata di capo e, nel frattempo, spedirono al centro di lancio un paio di funzionari con un compito ben preciso: sabotare lo Jupiter, svuotare il quarto stadio del carburante necessario e riempirlo di sabbia.

Fine dei sogni di gloria. Korolev, che leggeva la stampa estera per tenersi sempre aggiornato, era venuto a sapere del tentativo del suo rivale e aveva sospettato che gli americani fossero vicini a compiere il grande balzo. Affrettò, dunque, i tempi, non sapendo che, invece, gli americani se la stavano prendendo comoda.

Dopo il tentativo di von Braun, la Marina, forte del consenso presidenziale, si era apprestata a dare le prime, modeste, dimostrazioni del proprio programma; nel dicembre del '56 e nel maggio del '57 aveva lanciato due razzi, ma senza che questi avessero le caratteristiche necessarie per immettere in orbita alcunché.

Il primo luglio si aprì ufficialmente l'Anno Internazionale di Geofisica, cui seguirono presto una serie di conferenze. In una di queste, in settembre, presso la sede di Washington, il capo della delegazione sovietica Anatoli Blagonravov dedicò parte del suo intervento ai satelliti artificiali. Un americano che capiva il russo intese che il lancio di un satellite da parte dell'URSS "sarebbe stata questione di giorni". Gli interpreti che redassero il documento ufficiale tradussero "nel prossimo futuro". E nessuno se ne curò troppo.

Korolev, un uomo solo al comando

Cosa stavano combinando in quegli anni i russi dall'altra parte del mondo?

Quando Eisenhower aveva sbandierato il suo proclama, i russi lo presero piuttosto sul serio. Sedov, che era a capo di una commissione per le "comunicazioni interplanetarie", in pratica un rifugio dove accademici dai nomi importanti si impegnavano a risol-

vere problemi di tutte le specie, dalla chimica alla meccanica cele-
ste, aveva ottenuto dal Cremlino il permesso di annunciare una
conferenza stampa durante il congresso in Danimarca.
L'occasione era propizia per dichiarare che i russi stavano lavorando al lancio di un satellite nello spazio.

Da un punto di vista tecnico – diceva Sedov – è possibile creare un satellite di dimensioni maggiori di quelle riportate dai
giornali che possiamo leggere oggi. La realizzazione di un progetto sovietico è atteso compatibilmente nel prossimo futuro.
Non posso precisare maggiormente la data.

L'annuncio era più che altro dettato dalla voglia di sfidare gli americani e privarli della gloria, più che per vera convinzione, ma questo
alla fine fu del tutto irrilevante giacché la dichiarazione di Sedov, che
per molto tempo sarebbe stato considerato in Occidente il vero
artefice delle imprese spaziali russe, ebbe ben poca risonanza.

In realtà i russi un programma spaziale ce l'avevano, eccome.
Dietro a tutto si muoveva con inattaccabile testardaggine Korolev,
che aveva le idee chiare su come arrivare nello spazio, Luna compresa. Animato da una determinazione a prova di gulag siberiano,
Korolev, la cui vita per certi aspetti aveva molti punti in comune con
quella di von Braun, dovrà spendere grandi energie per tener testa
alle alte gerarchie del partito e a quelle dei militari, per non parlare
dei colleghi invidiosi se non dichiaratamente ostili. Ciononostante
aveva ben compreso che era del tutto inutile pensare alla conquista dello spazio se prima non si convincevano le alte sfere a seguire ufficialmente la via dei satelliti; per far questo era altrettanto
necessario riunire sotto un'unica guida i gruppi migliori che separatamente avevano condotto ricerche in ambito missilistico.

Agli inizi degli anni Cinquanta Mikhail Tikhonravov aveva
affermato che era tecnicamente possibile lanciare un satellite e
che l'Unione Sovietica avrebbe dovuto iniziare a sviluppare un
programma adeguato. Tre anni dopo il centro di ricerche segreto
dove lavorava Korolev, nome in codice NII-4, approvò un documento incentrato sui satelliti e sul loro possibile utilizzo.
Parallelamente, un gruppo di studiosi dell'Accademia delle
Scienze, guidato da un matematico brillante e in piena ascesa,
Msitslav Keldysh, stava conducendo studi simili. Korolev intuì che

se si volevano raggiungere dei risultati conveniva operare congiuntamente e, soprattutto, con il benestare ufficiale del governo. Dunque, dando prova di grande sagacia e fermezza, promosse una serie di incontri tra il gruppo dell'NII-4, quello di Keldysh e quello di Tikhonravov. Alla fine del 1953 Korolev aveva proposto una bozza del programma sviluppato per i satelliti al Partito, ma senza riscuotere grandi interessi.

Per nulla mortificato, nella primavera dell'anno successivo, il 27 maggio del 1954, propose in via ufficiale al Ministro degli Armamenti che la Russia lanciasse un satellite artificiale. La richiesta era inserita in una lettera di presentazione allegata a un documento redatto da Tikhonravov in cooperazione con diversi scienziati e tecnici dell'industria, della difesa e dell'Accademia delle Scienze, nel qual documento era descritto in dettaglio il lancio di un "satellite semplice" mediante un razzo. Nello stesso lavoro si menzionavano stazioni orbitanti e missioni verso la Luna. Il satellite, dal ragguardevole peso di 3 tonnellate, sarebbe stato messo in orbita dal missile balistico R-7. Un missile che era nato per un unico scopo: portare una testata nucleare sopra il continente americano.

Nei due anni successivi il lavoro di ricerca e sviluppo di missili intercontinentali degli scienziati sovietici fu febbrile. Combinando l'esperienza di quegli esperti tedeschi che avevano scelto di consegnarsi all'Unione Sovietica al termine della guerra con quella del gruppo locale, i russi, che a partire dal 1955 disponevano di un missile R-5 in grado di volare per 1200 km, convogliarono gli sforzi nello sviluppo del missile balistico intercontinentale R-7.

I rapporti di spionaggio sull'attività sovietica che giungevano in Occidente indicavano con sempre maggior frequenza l'intensa attività dei russi. Per mezzo di una grande stazione radar attiva dal '55 presso Diyarbakir, un villaggio

Appendice 7, dell'ottobre del 1959, immagina così il futuro dell'umanità: una corsa al suicidio. Fin troppo chiara l'origine dell'apocalisse

arroccato sui monti della Turchia, che puntava attraverso il Mar Nero la zona nota come Kasputin Yar, gli americani poterono tenere sotto controllo l'attività missilistica dei rivali. Le sempre più diffuse notizie che i russi stessero allestendo una nuova base di lancio nella zona di Baikonur/Tyuratam spronarono lo sviluppo di un altro micidiale dispositivo di sorveglianza: il famoso aereo spia U-2. Nell'estate del 1956 le foto scattate da uno di questi velivoli mostrarono quello che si sospettava: la base di Baikonur era in pieno fermento.

Mentre in cielo, ad altissime quote, volteggiano gli aerei spia americani, Korolev aveva le sue belle difficoltà da superare per costruire l'R-7. La dichiarazione di Eisenhower, a cui era seguita quella di Sedov, era stata presa al balzo da Korolev per forzare la mano ai vertici e spronarli a sviluppare satelliti. Korolev aveva ottenuto un blando via libera da parte delle alte gerarchie. I militari consideravano la strada tracciata da Korolev e dai suoi amici, Keldysh e Tikhonravov, una inutile perdita di tempo. Ma qualcosa gli scienziati riuscirono a strappare: il gruppo poteva costruire il suo satellite, con una massa compresa tra 1000 e 1400 chilogrammi, a patto di dimenticare le strampalate idee sui viaggi spaziali, Luna compresa, e dedicare anima e corpo allo sviluppo del missile balistico. Il 30 gennaio 1956 il Segretario del Partito Krushev e il Primo Ministro Bulganin firmarono il programma spaziale di Korolev. L'idea era quella di sviluppare tre differenti tipi di satellite, denominati "Oggetto D": l'Oggetto D1 sarebbe stato un satellite scientifico, il D2 destinato a portare animali in orbita e, infine, il D3 sarebbe stato un satellite per non precisati scopi militari. Naturalmente a parte Korolev e il suo *entourage*, di entusiasmo intorno all'avventura spaziale non se ne vedeva neanche l'ombra.

La svolta capitò durante una visita del segretario del Partito al complesso di Baikonur. Krushev voleva rendersi conto di persona dello stato di avanzamento del programma missilistico e Korolev seppe sfruttare con grande abilità il momento. Lasciò che l'imponente R-7 colpisse l'immaginazione del leader del partito. Questi, ricordando il momento, scriverà nelle sue memorie:

Eravamo come bifolchi al mercato. Girammo e rigirammo intorno al razzo, toccandolo, e ritoccandolo per vedere se era abbastanza resistente.

A quel punto Korolev sferrò il suo attacco; dopo aver mostrato un modello del satellite immaginato da Tsiolkowski mezzo secolo prima, lo avvertì che gli americani in tempi brevi sarebbero riusciti a mandare nello spazio un oggetto simile in grado di volteggiare minaccioso sopra il sacro suolo russo.

Fu una mossa vincente. Krushev, rassicurato che il programma missilistico non avrebbe subito rallentamenti, si convinse che la Russia non poteva farsi giocare dai rivali americani e garantì a Korolev che il programma spaziale non avrebbe subito ritardi. Anzi, le sue risorse aumentarono, tanto che in quel 1956 poté disporre di una industria segreta nella città di Kaliningrad, conosciuta con il nome in codice di OKB-1. L'unico scotto da pagare per Korolev fu quello di perdere il nome. Il governo sovietico impose il segreto più assoluto. Serghiei Korolev scomparve, lasciando il posto al "progettista capo".

Tuttavia, nella base di Baikonur, in quella sperduta e desolata landa della grande Russia, tutto era ben lontano dal funzionare perfettamente. Di tempo non ce n'era molto e pure i colleghi ci mettevano del loro, *in primis* quel Valentin Glushko che aveva denunciato Korolev al KGB nel 1939. Inutile dirlo, tra i due non correva buon sangue. I problemi tecnici da risolvere, poi, erano ancora numerosi: il gigantesco R-7 consumava troppo carburante e aveva poca spinta. Se volevano lanciare in orbita un oggetto da una tonnellata ci volevano ben altri propulsori. Nell'autunno del '56, Tikhonravov suggerì che forse era il caso di abbassare un poco le pretese e di prendere in considerazione un satellite più leggero dell'Oggetto D, in grado di portare a bordo solo una radiotrasmittente e una batteria.

Il test di von Braun e del suo Jupiter C di pochi mesi prima aveva impressionato Korolev tanto da temere di essere battuto in questa sorta di corsa al primato spaziale. Allora, all'inizio del 1957, ritenendo che gli americani fossero vicini a un lancio importante, aveva scritto un documento indirizzato al Consiglio dei Ministri nel quale auspicava l'invio nello spazio di due "satelliti semplici", denominati in codice PS-1 e PS-2, dal peso non superiore ai cento chili. Il progettista capo esortava il Consiglio a dare il via libera al lancio durante il periodo aprile-giugno, ossia prima dell'apertura dell'Anno Geofisico Internazionale, allo scopo di battere sul tempo la concorrenza degli Stati Uniti che, come spiegava il testo

A due settimane dal lancio dello Sputnik la Gina nazionale riguadagna le copertine dei rotocalchi scalzando dai riflettori della ribalta lo Sputnik. All'interno di questo numero di *La Settimana Incom Illustrata* del 19 ottobre, trova, comunque, posto un ampio servizio di approfondimento dal titolo "L'uomo guarda allo spazio", dedicato al satellite russo e alle cause della sconfitta americana. L'articolo afferma che ormai l'Unione Sovietica nel campo della tecnologia "ha raggiunto l'autosufficienza"; in altre parole, all'alba dell'era interplanetaria l'URSS può fare a meno degli esperti tedeschi reclutati al termine della Seconda Guerra Mondiale

redatto, stavano effettuando delle prove con il loro razzo Vanguard. Il documento venne approvato dal governo sovietico il 15 febbraio.

Le cose, però, all'inizio non andarono molto bene; i test non erano soddisfacenti, la forma del satellite ancora non del tutto chiara e l'R-7 non ancora affidabile. E poi per i militari quello sforzo continuava a essere sempre una grossa perdita di tempo, quindi mal digerivano i tentativi di Korolev. Di fatto, il programma di lanciare tra aprile e giugno slittò.

Il test del 15 maggio fu un fiasco colossale. L'R-7 esplose due minuti dopo essersi staccato dalla rampa di lancio. Anche per quanto riguarda la costruzione del satellite non tutto stava filando liscio: un conto era posizionare una testata nucleare sulla sommità del razzo, un altro collocare un satellite con un minimo di apparecchiature scientifiche a bordo.

Tre mesi ancora e gli sforzi di Korolev trovarono giusto compimento. Il 21 agosto il razzo R-7 portò a termine un test perfetto. Sei giorni dopo la Tass batté un annuncio che risuonava piuttosto minaccioso per la controparte americana:

Qualche giorno fa è stato lanciato un missile balistico intercontinentale multistadio a lunga gittata [...] I risultati ottenuti dicono che sarà possibile lanciare un missile verso qualsiasi regione del globo terrestre. La soluzione dei problemi relativi a un missile balistico intercontinentale rende possibile raggiungere remote regioni senza ricorrere all'aviazione strategica, attualmente vulnerabile ai moderni mezzi di difesa aerea.

Gli Stati Uniti, che tanto stimavano la loro arma di offesa migliore, l'aviazione con i loro bombardieri a lunga gittata, si ritrovarono improvvisamente a rivedere la loro strategia.

Il successivo test fu ancora un successo. A questo punto Mosca non indugiò oltre: il 6 ottobre un R-7 avrebbe messo in orbita un satellite artificiale. Ma Korolev era preoccupato. Aveva visto che durante la conferenza a Washington per l'IGY, il delegato statunitense avrebbe presentato nel giorno scelto dai russi per il lancio una relazione dal titolo *Satelliti attorno al pianeta*. Questo poteva significare che gli americani erano pronti al grande balzo. A fine settembre chiese che la data di lancio fosse anticipata di due giorni, ossia il 4 di ottobre. Accordato.

"Ho aspettato tutta la mia vita un giorno così", disse quando la tensione dell'evento si era finalmente smorzata e da un'ora la voce metallica del suo satellite riecheggiava in tutto il mondo. Poi alcune lacrime rigarono il volto del burbero progettista capo.

La Russia aveva vinto lo spazio cosmico con quello che a quel tempo chiamavano il "Satellite Artificiale della Terra".

Baikonur e la Città delle Stelle

Nel 1954 una commissione governativa russa fu incaricata di cercare un luogo idoneo per la costruzione di missili balistici. Il vecchio centro spaziale di Kasputin Yar dove erano avvenuti i primi test si era rivelato troppo piccolo per le ambizioni sovietiche. Alla fine delle ricerche si giunse a individuare un luogo nei pressi di Tyuratam, nella Repubblica del Kazakhstan, che aveva le caratteristiche desiderate: ben isolato – Mosca distava quasi 2000 km – e sufficientemente vicino all'equatore terrestre. Nel '55 vi giunsero il primo nucleo di militari cui presto si aggiunsero tecnici e ingegneri specializzati. L'inaugurazione cadde il 2 giugno dello stesso anno. Il posto era tutt'altro che accogliente. Sperduti nel bel mezzo delle lande kazache, ai confini della "steppa della fame" dei nomadi kirghisi, gli scienziati dovettero fare buon viso a cattiva sorte. Così ricorda Vasilij Mishyn, uno dei progettisti del razzo che ha messo in orbita lo Sputnik:

> Ci portarono in quella zona deserta del Kazakhstan dove non c'era nulla, ma proprio nulla, e lì ci dissero che avremmo dovuto lanciare in fretta i razzi destinati allo spazio... Fortunatamente eravamo un gruppo di giovani tecnici con grande entusiasmo: la guerra ci aveva forgiato per bene... ed entro breve tempo in quella zona ci adattammo a vivere prima in baracche poi sorse un vero e proprio centro accoglienza.

Al cosmodromo, che via via aumentava le proprie dimensioni, venne dato il nome di Baikonur, dal nome della città più vicina, che in realtà distava più di 300 km di distanza. Tutto era concesso pur di depistare lo spionaggio americano. Nelle immediate vicinanze del cosmodromo iniziò a sorgere una città che nel gennaio del '59 prese il nome di Leninsk e successivamente Zvezdograd, la Città delle Stelle. Essa comprendeva gli alloggi del personale, gli edifici per gli allenamenti e gli studi e una serie di infrastrutture tali da rendere la città autosufficiente.

Dopo mezzo secolo di onorata carriera, Baikonur si appresta a chiudere i battenti. A fine novembre 2007 il presidente Putin ha firmato un decreto per la costruzione di una nuova base spaziale a Amurskaya Oblast, a 8000 km di distanza da Mosca, nella parte orientale della Russia, al confine con la Cina. L'inizio dei lavori è fissato per il 2010.

Un cane nello spazio

Se gli americani pensano che ormai peggio di così non possa andare, devono presto ricredersi. Il risveglio dall'incubo Sputnik è peggiore dell'incubo stesso.

Nonostante il trionfo dello Sputnik, infatti, il Segretario del Pcus non ha intenzione di cullarsi troppo sugli allori e vuole che

Prima pagina del *The New York Times* del 4 novembre 1957. Si riporta la notizia del lancio di un secondo satellite da parte della Russia con un cane a bordo. Per bocca della segretaria e portavoce Anne Wheaton, il presidente tranquillizza gli americani dicendo che non "è una sorpresa questo secondo lancio russo". Il Presidente non ha intenzione di modificare il programma della sua giornata, non andrà in chiesa e, informano, rimarrà tutto il giorno alla Casa Bianca

....

si lanci in orbita un altro satellite. Ormai è fin troppo chiaro quanto sia importante far ascoltare al mondo intero un ronzio elettronico che proviene dallo spazio. Per giunta si presenta alle porte un'occasione assai favorevole: il quarantesimo anniversario della Rivoluzione d'Ottobre. Quando Korolev si presenta a rapporto al Cremlino, Krushev gli dice:

> Non credevamo sarebbe riuscito a lanciare uno Sputnik prima degli americani. Lo ha fatto. Bene. Ora, per favore, lanci qualcosa di nuovo nello spazio per il prossimo anniversario della Rivoluzione.

Insomma, latte, uova e carne promessi alle folle possono aspettare un altro po'.

Sull'onda dell'entusiasmo, Krushev propone di lanciare un satellite che sia in grado di trasmettere al mondo le note dell'Internazionale Socialista. A Korolev la propaganda non interessa e, in linea con un programma già presentato all'inizio dell'anno, appronta la missione Sputnik 2. Con una differenza. Lo Sputnik 2 è tutt'altro che un satellite "semplice". È un oggetto piuttosto complesso e grande. Niente a che vedere con il suo illustre predecessore. Ha la forma di un cono a tre stadi: la prima parte contiene due esperimenti per la misura della radiazione X e ultravioletta nell'alta atmosfera; il secondo blocco contiene le antenne radio; la terza sezione, infine, è adibita ad "alloggio". A bordo del satellite trova posto una cagnetta, primo essere vivente a essere immesso in orbita attorno alla Terra. In fondo all'ultima sezione è alloggiato un esperimento dedicato ai raggi cosmici. Quando il 3 novembre il cane è lanciato nello spazio, l'evento è, ancora una volta, sensazionale. I Russi mettono a segno un altro colpo mentre ancora l'eco dello Sputnik volteggia alto. A bordo della nuova luna rossa si trova un essere vivente, non più fredde apparecchiature di metallo, ma un cuore caldo che batte e pulsa.

Il cane è una bastardina femmina di due anni catturata dagli accalappiacani di Mosca che l'hanno chiamata Kudrjavka (Ricciolina). I giornali all'inizio fanno un po' di confusione sul nome e, di volta in volta, gliene assegnano sempre uno diverso, Albina, Damka e così via. Un comunicato di Radio Mosca fa chiarezza e consegna alla storia un nome facile e ben memorizzabile per gli occidentali: Laika. Secondo il *Corriere d'informazione*, Laika indosserebbe una specie di tuta in grado di farle provare "una sensazione di benessere". Pare alquanto improbabile che la cagnetta lassù nel cosmo se la stia godendo e se mai l'animale abbia provato sensazioni del genere devono essere state certamente piuttosto brevi. Infatti, come i progettisti sanno bene, Laika è destinata al sacrificio. Il satellite non è stato progettato per tornare sulla Terra. Dopotutto se si volevano rispettare i tempi di consegna imposti da Krushev bisognava pur soprassedere su qualcosa. Questo, però, non è molto chiaro alla stampa occidentale che, anzi, avanza varie ipotesi su come i russi possano recuperare l'animale.

Da un articolo del prestigioso *Financial Times*, ripreso dalla stampa italiana, si legge:

> Le dichiarazioni del generale Blagonravov e di altri scienziati sovietici fanno capire l'intenzione di recuperare quasi certamente la cagnetta che sta attualmente girando intorno alla Terra sul secondo satellite russo.

Spetta all'immancabile Radio Mosca spazzare via ogni dubbio:

> Lo scopo degli esperimenti russi non è quello di far ricadere sulla Terra le preziose apparecchiature né l'animale che esso contiene.

Dopo aver strabiliato il mondo, nella notte tra il 13 e il 14 gennaio 1958, il satellite si disintegra nell'atmosfera terrestre dopo aver compiuto 2570 orbite. Con esso scompare anche la povera Laika.

Scrive Dino Buzzati sulle pagine del *Corriere dell'informazione*:

> Laika, felice di esplorare gli spazi per prima? Laika ebbra di velocità? Laika soddisfatta di "non fare nessuno sforzo per respirare"? Laika compiaciuta del perfetto battito cardiaco? Ma nessuno venne, nessuna mano le accarezzò la gola; i suoi lamenti non furono percepiti dai perfetti apparecchi degli osservatori sovietici. Dio soltanto li udì... Mai in vita sua la cagnetta Laika alzò una zampa contro un lampione, muri o prati, occorre forse aggiungere perché?

La tragica fine di Laika indigna l'opinione pubblica che non è pronta a inaugurare l'era spaziale con un decesso, sia esso quello di un animale. Sugli scienziati sovietici piovono critiche da ogni parte. In patria è una tragedia nazionale e molte delle bambine nate in questo periodo saranno chiamate con il nome della sfortunata cagnetta. La Lega Nazionale per la Difesa Canina aveva invitato tutti gli amanti dei cani a osservare un minuto di silenzio per ogni giorno che il povero animale trascorreva nello spazio. Alla sua morte, davanti al palazzo dell'ONU viene organizzata una manifestazione con i cani portati a guinzaglio, mentre alcune delegazioni si recano all'ambasciata dell'Unione Sovietica, in Inghilterra, per manifestare il loro dissenso: agli imbarazzati delegati sovietici non rimane altro che spiegare che anche i russi amano i cani e che a Laika erano stati forniti tutti gli accorgimenti possibili per render il viaggio confortevole. A un certo punto, esasperati da tanta "svenevolezza borghese", i russi passano al contrattacco e un membro dell'Accademia delle Scienze domanda agli occidentali, sulle pagine della *Pravda*, le ragioni del loro silenzio di fronte allo "sfruttamento crudele dei popoli coloniali votati a una morte lenta".

A parte questo, il lancio di Laika scombussola la stampa occidentale e anche qualche esperto. Si teme che i russi abbiano ormai pronta una missione umana diretta verso la Luna, forse addirittura già in corso e non ancora annunciata. Si immaginano carburanti fantascientifici che gli scienziati russi avrebbero messo a punto per spingere i loro missili oltre la fantasia. Scrive il *Daily Mail* l'indomani l'impresa di Laika:

> Si presentano 4 sensazionali possibilità. La prima è che il razzo sovietico trasporti addirittura un uomo sulla Luna. La seconda è che esso trasporti una scimmia o un altro animale. La terza è che contenga una bomba atomica la cui esplosione sarebbe visibile da Terra. La quarta ipotesi è che il razzo sovietico compia un giro intorno alla Luna e faccia quindi ritorno sulla Terra.

Nulla di quanto prospettato dal *Daily Mail* ha immediato riscontro, anche se il razzo per la Luna non tarderà ad arrivare.

Nonostante lo strepitoso colpo messo a segno, gli scienziati russi hanno, però, commesso una grossolana leggerezza mancando di cogliere un importante risultato scientifico.

Sergei Vernov aveva convinto Korolev a installare a bordo del satellite i contatori per misure di radiazione, sottolineando l'importanza che tali esperimenti avrebbero avuto nel pianificare future missioni con umani a bordo. I contatori vennero istallati e, durante il volo orbitale, riuscirono a captare un intenso flusso di particelle fuori dall'atmosfera. Gli esperti russi si ritrovarono tra le mani una messe inaspettata di dati piuttosto sorprendenti. Agirono, dunque, in maniera molto circospetta nell'interpretarli e, soprattutto, nel divulgarli. Ci si mise anche la segretezza del programma a mortificare qualsiasi proposito di cooperazione scientifica. L'apogeo dell'orbita del satellite cadeva oltre il Polo Sud, fuori dalla portata di ricezione delle basi di ascolto sparse in territorio russo, ma ben dentro la fascia di particelle cariche che circonda la Terra. Poiché il satellite, sprovvisto di un apparecchio di registrazione, inviava i dati su una frequenza criptata, gli specialisti russi si ritrovarono nella sconfortante posizione di non poter chiedere aiuto ai colleghi degli altri paesi senza rivelare i codici segreti di accesso.

Dal comunicato ufficiale *Studio dello spazio cosmico mediante i missili e i satelliti* apparso sulla *Pravda* il 15 luglio 1959 e riportato sul libro *L'URSS e lo spazio* pubblicato per i tipi della Lerici Editori nel 1960, si legge del raffinato programma di indagine delle radiazioni cosmiche dei russi e dei risultati ottenuti dai loro satelliti:

Mediante il secondo satellite artificiale sovietico sono state eseguite per la prima volta ricerche prolungate sui raggi cosmici al di fuori dell'atmosfera terrestre. Il 7 novembre 1957 [...] venne registrato un aumento del 50% nell'intensità delle radiazioni. In quel momento le stazioni terrestri non registravano alcun aumento di intensità. L'effetto era dunque prodotto da particelle di piccola energia che non raggiungono la superficie terrestre.

Dati più precisi arriveranno con il lancio dello Sputnik 3, tanto che nella stessa relazione si legge:

Questo fatto indica che le particelle non arrivano direttamente dallo spazio cosmico, ma fluttuano lungo le linee di forza del campo magnetico. Il campo magnetico della Terra costituisce per le particelle di piccola energia una trappola di tipo particolare, nelle quale le particelle possono seguire traiettorie praticamente chiuse per un periodo di tempo molto lungo.

I dati ottenuti con lo Sputnik 2, alla fine, vengono messi da parte e ripresi solo in seguito, quando ormai per il primato è troppo tardi. L'Explorer 1 rivelerà l'errore dei russi e il fisico americano van Allen ringrazierà.

Nel frattempo, oltre oceano, gli Stati Uniti accusano uno svantaggio scoraggiante. Eisenhower minimizza, ma al Senato si punta l'indice contro di lui, reo di aver tagliato troppo il bilancio dedicato alla costruzione di missili. Ci si mette anche l'ex presidente Harry Truman, che incolpa indirettamente il senatore Joseph McCarthy e la sua politica dissennata, volta a perseguitare senza tanti riguardi le migliori menti del paese.

Il secondo lancio russo è ancor più preoccupante di quello dello Sputnik 1. La Russia è riuscita a mandare nello spazio ben oltre che una semplice palletta di metallo lucente. Stavolta si tratta di una capsula di grandi dimensioni, mezza tonnellata di roba, cane compreso. Generali e senatori statunitensi sono in piena crisi isterica e commentano sarcastici "Abbiamo preso i tedeschi sbagliati", riferendosi al fatto che gli scienziati tedeschi, primo fra tutti Werner von Braun, passati agli americani al termine della Seconda Guerra Mondiale, non si sono rivelati all'altezza della controparte russa, nelle cui fila militano alcuni elementi di quel formidabile gruppo di scienziati che aveva lavorato per il Terzo Reich. Ma la sfida è solo all'inizio e gli americani, proprio con il loro tedesco d'importazione, hanno pronta la riscossa.

Intanto in Russia, tra un missile e l'altro, si trova il tempo di espellere Boris Pasternak colpevole di aver pubblicato all'estero, in Italia per la precisione, il suo celebre Dottor Zivago.

Laika mistero risolto

Quello che è accaduto a Laika è stato per molto tempo avvolto nel mistero. La propaganda russa abilissima a comunicare i trionfi saprà essere evasiva e misteriosa sulle vicende meno nobili della corsa allo spazio. A parte il fine propagandistico della missione, ai russi interessava capire bene la risposta di un organismo vivente alle sollecitazioni del volo spaziale e Laika faceva parte di una lunga serie di animali da laboratorio adibiti a questo scopo. Dopo la sua terribile fine, al Cremino giunsero numerose proteste. I russi si difesero e la stampa italiana riportò la notizia che alla cagnetta era stata procurata una morte indolore tramite iniezione letale dopo una settimana di volo spaziale. L'ipotesi durò per molti anni; nella trasmissione del 1970 *Un minuto di Storia*, Alberto Lori raccontava così la fine della cagnetta:

> Laika morì nel settimo giorno della sua impresa dopo aver succhiato attraverso il cannello il cibo che era stato preventivamente avvelenato.

Dopo molti anni, sulla fine di Laika si è cominciato a far chiarezza. In un congresso del 2002 Dimitri Malashenkov, dell'Istituto per problemi biologici di Mosca, che al tempo dello Sputnik era diretto da Oleg Gazenko responsabile del "progetto animali spaziali", ha riferito che il povero animale era morto d'infarto poche ore dopo il lancio, tra la terza e la quarta orbita, a causa di un aumento incontrollato della temperatura all'interno della navetta generato da un problema allo scudo termico. Finalmente la verità, dunque? Pare di no. Una versione non ufficiale trapelata da Mosca all'inizio del 2007 riporterebbe il decesso di Laika a pochi istanti dopo la partenza del razzo per un guasto all'impianto di ossigenazione. In altre parole, Laika nello spazio ci sarebbe arrivata già cadavere.

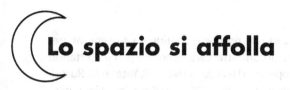

Lo spazio si affolla

Lo Sputnik è il colpo di pistola che fa scattare dai blocchi di partenza la corsa allo spazio. Nel volger di pochi anni razzi e satelliti di ogni forma e dimensione attraversano l'atmosfera per volteggiare intorno alla Terra, far rotta verso la Luna e gli altri pianeti. Satelliti per ogni evenienza e scopo: per lo studio dell'atmosfera, delle radiazioni, meteorologici, per le telecomunicazioni, per lo spionaggio. I Russi faranno incetta di primati, ma da un punto di vista puramente numerico l'inerzia penderà tutta in favore degli Stati Uniti capaci di immetterne in orbita a decine.

Sputnik fatti in là!

Dopo due Sputnik in orbita, gli Stati Uniti cercano il riscatto. Dopo un rinvio di due giorni, il 6 dicembre 1957, un Vanguard, il razzo voluto dal presidente, è pronto a dimostrare che anche gli americani possono sviluppare la loro supremazia tecnologica. Televisioni e giornalisti chiamati a raccolta sono pronti a immortalare lo storico avvenimento. Quello che succede di lì a breve di storico ha solo la figuraccia in diretta Tv. Il comando di lancio è stato appena dato quando una enorme palla di fuoco avvolge il razzo staccatosi di qualche metro da terra. Un gran botto e i sogni di rivincita americani terminano ancor prima di iniziare.

"*Oh what a Flopnik!*" scrivono il giorno dopo i giornali. Altro che rivincita. Mezzo mondo ride del tentativo degli Stati Uniti. Anche i russi non possono fare a meno di prendersi gioco dei maldestri rivali e una delegazione presente alle Nazioni Unite offre la propria assistenza tecnica agli americani in caso di bisogno. Insomma, oltre il danno la beffa.

Gli anni della luna

L'orgoglio americano ne risente, e continuerà a risentirne per lungo tempo. Si cerca di contrattaccare, almeno a parole, gettando ombre sul modo di operare dei russi; scrivono R. Yates e M. Russell nel loro *Space Rockets and Missiles* (1960), tradotto in italiano per i tipi della Opere Nuove con il titolo *Razzi Missili e Satelliti* (1962):

> Quando si parla dei fallimenti americani in queste occasioni si deve tener presente, nel paragonare i successi delle nostre attività spaziali con quelle dell'Unione Sovietica, che non vi è un mezzo che consenta di sapere quanti sono i fallimenti subiti nell'altro campo. Al popolo sovietico e all'opinione pubblica mondiale è permesso conoscere soltanto le imprese russe che riescono, mentre la stampa libera degli Stati Uniti riporta le notizie sia dei successi che dei fallimenti americani. Questa osservazione non mira a svalutare i risultati sovietici in alcun modo, dato che i meriti vanno riconosciuti laddove è ovviamente possibile farlo, ma semplicemente per sottolineare che un effettivo e veritiero bilancio può essere tracciato soltanto se si sommano i fallimenti e i successi per entrambe le parti.

Tutto giusto. Le autorità sovietiche non comunicano mai in anticipo le date dei lanci, facendo del mistero una delle loro armi migliori. Dal mistero, poi, è facile che nascano voci di corridoio difficilmente controllabili e con i primi voli umani nello spazio si raggiungeranno vette molto alte in questo senso. Ma c'è poco da fare, allo stato attuale delle cose, i russi sono superiori agli americani nella corsa allo spazio e questo è sotto gli occhi di tutti. Ci si mette anche un giornalista a gettare benzina sul fuoco. Un'inchiesta pubblicata dal *Chicago Sun Times*, ripresa in Italia da *La Settimana Incom illustrata* del 21 dicembre, svela definitivamente tutti i retroscena della vicenda riportando alla memoria quanto accadeva quattro anni prima, nel 1953, presso l'amministrazione di Eisenhower, cioè al tempo in cui Korolev presentava al Cremlino i suoi progetti di conquista spaziale.

Nell'articolo Willy Ley, stretto collaboratore di von Braun, racconta quanto era accaduto:

> Gli scienziati americani si sentivano dire che dovevano prendere i loro romanzi di fantascienza e portarseli a casa. Nessuno impedì agli scienziati di pubblicare articoli sui viaggi spaziali

nelle riviste popolari o specializzate, ma ogni tentativo di fare qualcosa di più venne scoraggiato. Malgrado queste resistenze [...] una proposta per la costruzione di un satellite artificiale riuscì a trasformarsi in un progetto vero e proprio. Il 25 giugno 1954 ebbe luogo una riunione nell'Ufficio Ricerche Navali del Pentagono alla quale parteciparono alcuni personaggi di primo piano [...] il dottor Wernher von Braun e il dott. Fred Whipple. Fu discusso come un missile Redstone [...] avrebbe potuto mettere in orbita l'ultimo di questi razzi [l'ultimo stadio di quelli che componevano il missile, n.d.r] [...] l'idea venne chiamata "progetto orbita". Ma verso la metà del '55 fu deciso a Washington di sperimentare il lancio di un satellite senza usare alcun missile militare, il che, si diceva, avrebbe potuto fare una "cattiva impressione" sul pubblico.

La storia raccontata da Ley smaschera definitivamente Eisenhower e il suo grossolano errore di valutazione. Adesso tutta l'opinione pubblica conosce i motivi di una disfatta.

Messo alle strette dallo strapotere dei russi, e dai fiaschi della Marina, Ike fa marcia indietro e chiama in tutta fretta gli esperti dell'esercito a togliere gli Stati Uniti da quell'imbarazzante posizione. Scrivono ancora Yates e Russell:

Per riguadagnare il nostro prestigio perduto, decidemmo di battere l'unica strada che ci restava e che, secondo alcuni esperti di razzi, avremmo dovuto imboccare sin dall'inizio. Ci rivolgemmo agli esperti militari che da anni lavoravano ai razzi, onde ottenere le attrezzature e le cognizioni necessarie per mandare nello spazio un satellite.

In altre parole il turno di von Braun è arrivato.

Il tedesco, da due anni naturalizzato americano, non perde tempo e si mette subito al lavoro. Viene fissata una data di lancio: 28 gennaio. Anche perché, giusto per evitare brutte sorprese, è previsto un altro tentativo di un Vanguard per i primi di febbraio. Ma il 28 non si può lanciare niente a causa delle brutte condizioni meteorologiche. Il tutto viene spostato al 31. Dopo una lunga fase di attesa perché tira un brutto vento anche quella sera, alle 22.47 al fuso orario degli Stati Uniti dell'Est, il missile Juno I si solleva dalle rampe di lancio di Cape Canaveral. Pochi minuti dopo, alle 22.55, il satellite Explorer 1, un sigaro lungo più di due metri per quindici centimetri di diametro, entra in orbita. Occorrono quasi due ore prima di ricevere il segnale dal satellite, due ore di snervante attesa, ma alla fine la stazione radio di Goldstone in California cattura la voce dell'Explorer. L'America tira un sospiro di sollievo.

> Gli Stati Uniti hanno messo con successo in orbita attorno alla Terra un satellite per scopi scientifici. Questa è la nostra partecipazione all'Anno Internazionale di Geofisica.

Questo dice il messaggio che Eisenhower rivolge alle Nazioni Unite.

Un'ora dopo, alla conferenza stampa organizzata per l'avvenimento, William Pickering, direttore del *Jet Propulsion Laboratory*, James van Allen e Wernher von Braun vengono immortalati in una foto che li ritrae sorridenti mentre mostrano ai giornalisti un modello dell'Explorer 1.

Il successo ottenuto dal lancio americano rinvigorisce l'orgoglio della parte occidentale del mondo. "È arrivata la luna americana", gridano gli strilloni a Roma; "Sputnik fatti in là", ribattono dall'altra parte dell'oceano.

L'Explorer 1 compie il miracolo di riaccendere le speranze di riguadagnare quella supremazia tecnologica, e militare, mortificata dai successi russi. L'Explorer ha permesso di pareggiare i conti.

Scrive l'editorialista del *Corriere della Sera* dell'1 febbraio:

> Si ha fondato motivo di ritenere che in un avvenire non troppo remoto la civiltà occidentale riuscirà a dettar legge anche in questo campo e ad allontanare per sempre lo spettro della guerra.

In Italia le sinistre accolgono l'Explorer quasi con ostentata indifferenza; se Nenni è "contento della riuscita anche di questo esperimento", Pertini si augura "che questi progressi vengano esercitati a scopo di pace", mentre per Natoli "l'avvenimento può essere considerato positivamente".

La prima pagina del *Corriere della Sera* del 1° febbraio 1958 è completamente dedicata al lancio del satellite americano. Si pone l'accento, oltre che sui meriti scientifici della missione, peraltro ancora da valutare, sulla risonanza psicologica dell'avvenimento. Negli articoli all'interno emergono spesso parole quali "rivincita", "orgoglio" e "supremazia". Un ampio servizio è dedicato al genio che ha permesso il grande balzo, Wernher von Braun

Per il centro-destra è l'occasione buona per farsi sotto e pareggiare i conti; l'M.S.I parla di "tremendo contraccolpo per molti corvi del malaugurio", mentre per Saragat "gli Stati Uniti stanno superando rapidamente la posizione di inferiorità in questo campo".

Che poi il satellite americano sia ben più leggerino degli Sputnik – arriva si e no a 14 chili – ben poco importa: oggi, in definitiva, si celebra una rivincita, quella della parte filo-occidentale del mondo.

A parte i contraccolpi di natura politica che dominano la scena del dopo Explorer, da un punto di vista scientifico il sigaro spaziale americano coglie un importante risultato. Quello che i russi avevano mancato.

L'Explorer, infatti, è stato equipaggiato con quasi cinque chili di strumentazione scientifica; questa comprende un contatore Geiger-Muller per la rivelazione di raggi cosmici, un sensore di temperatura interno, tre sensori esterni, un rivelatore di impatto da micrometeoriti. Il contatore geiger, progettato in fretta e furia dal fisico James van Allen, riesce a prendere dati sulle radiazioni piuttosto sorprendenti. I dati che le stazioni di terra ricevono mostrano delle discrepanze tra le misure attese dagli scienziati e quelle rilevate dal satellite: ad alcune altezze l'accordo è ottimo, ad altre praticamene nullo e il contatore segna inspiegabilmente zero. Quello zero, si scopre, non indica "0" eventi rilevati bensì che il contatore è andato in saturazione perché ne ha rilevati troppi.

La conferma alle congetture degli scienziati giunge più tardi con le misure effettuate dall'Explorer 3 – lanciato il 26 marzo dopo il fiasco del numero 2 lanciato il 5 di marzo – che conferma quanto supposto da van Allen: la terra è circondata da una fascia di particelle cariche intrappolate dentro le linee chiuse del campo magnetico terrestre che avvolgono, come un guscio protettivo, la Terra proteggendola dai raggi cosmici. Ogni altro dubbio è fugato. Compreso quello che riconduceva gli alti valori di radiazione misurati agli esperimenti dei russi con le armi nucleari.

Nella conferenza dell'estate del 1958 il nome "fasce di van Allen" viene usato per la prima volta e da allora ufficialmente riconosciuto.

La storia vuole che il primato degli americani a qualcuno non sia piaciuto. Serghiei Vernon, lo scienziato responsabile degli esperimenti scientifici sullo Sputnik 2 e del futuro Sputnik 3, rivendicò la scoperta, adducendo a suo favore alcuni dati pubblicati su riviste russe. La tesi non aveva convinto la comunità scientifica internazionale, tanto che iniziò a circolare una battuta sul povero Vernon: "Sapete cosa ha fatto Vernon? Ha scoperto le fasce di van Allen".

Un mese e mezzo dopo il lancio dell'Explorer, il 17 marzo 1958, la Marina ottiene il primo, e tanto inseguito, successo, mettendo in orbita il proprio satellite. Il lancio è perfetto, il satellite è ancora lassù che gira al contrario dei suoi fratelli più famosi, ma pochi se ne accorgono, impegnati come sono a rendere omaggio all'Explorer e a chi l'aveva spedito alle grandi altezze.

Il giorno seguente il *The New York Times* scrive che il duplice lancio americano autorizza a pensare che "gli Stati Uniti potranno raggiungere e anche superare i Russi nella conquista dello spazio". Poi però, giusto per evitare inopportuni stati di euforia, memori del recente passato, ammonisce:

L'Unione Sovietica non ha certamente dormito sugli allori dopo il lancio degli Sputnik: c'è da aspettarsi che da un momento all'altro venga annunciata una nuova realizzazione sovietica in questo campo.

Ci hanno visto giusto. La macchina americana ha iniziato a muoversi, ma quella dei russi detta ancora il passo. E Krushev è già pronto per un'altra delle sue battute.

La più grande delle Lune in cielo

Dopo il lancio del primo Explorer da Mosca erano giunte le congratulazioni di rito per il successo della missione; l'occasione era buona anche per stuzzicare gli avversari e mortificarne le ambizioni; Radio Mosca aveva dichiarato che i russi erano pronti a "lanciare il loro terzo satellite che peserà il doppio dello Sputnik 2, cioè più di una tonnellata". Di fronte a tanta capacità, la "matita spaziale" di von Braun appariva, dunque, ben poca cosa. Di fatto, però, all'annuncio non era seguito alcun fatto. Anzi, il minaccioso silenzio russo era stato sfruttato dagli americani che, il 26 marzo del 1958, avevano immesso in orbita il terzo satellite della famiglia Explorer.

La latitanza russa era ben giustificata. Quando Radio Mosca rompe il silenzio, il mondo apprende che in orbita attorno alla Terra c'è un oggetto dai numeri impressionanti: lo Sputnik 3. L'annunciatore dichiara che si tratta della "più grande tra le lune artificiali orbitanti attorno alla Terra", talmente grande che, come confermano gli scienziati, può essere vista a occhio nudo.

Krushev, che proprio in questi giorni si è sbarazzato di Bulganin prendendone il posto quale Primo Ministro dell'Unione Sovietica, non poteva sperare in un regalo migliore per la sua investitura; gli americani, come dice, "dormono sotto una Luna Rossa". Durante una riunione al Cremlino dichiara:

> Non è mia intenzione disprezzare o insultare gli Stati Uniti, ma non posso dissimulare la soddisfazione che questo nuovo lancio mi procura. Se confrontassimo lo Sputnik 3 con i satelliti artificiali americani, basandoci su un rapporto puramente matematico, giungeremmo alla conclusione che occorrerebbero un grandissimo numero di essi per eguagliare il volume del nostro Sputnik.

Krushev ha tutte le ragioni di sentirsi orgoglioso; il suo nuovo giocattolo è grande e grosso, pesa 1327 chilogrammi ed è pieno di attrezzature scientifiche. Record questi che gli americani possono solo ottenere nei loro sogni, o quantomeno, come dichiara von Braun a chi lo intervista in proposito, con non meno di due anni di lavoro.

Lo Sputnik 3 è il modello che gli esperti russi avrebbero voluto mandare in orbita all'inizio della corsa allo spazio. Il suo carico lo rende a tutti gli effetti un satellite puramente scientifico; a bordo si trovano strumenti di misura per vari tipi di radiazione cosmica, di alte energie, solare, oltre a rivelatori di impatto da micrometeoriti. Purtroppo a causa di registratori mal funzionanti, nonché per la cocciutaggine di uno dei responsabili scientifici del progetto che aveva giurato sul funzionamento di un apparecchio che non dava affatto buone garanzie, i dati sulle fasce di van Allen raccolti dal rivelatore non possono essere registrati e vanno perduti, avvantaggiando di fatto gli americani che si impossesseranno del primato della scoperta. Saranno loro, poi, con il lancio del terzo satellite della serie Pioneer (6 dicembre 1958) a misurare la profondità della fasce di van Allen.

Nel ping pong spaziale a chi immette in orbita il marchingegno più grande, un fatto inizia a essere chiaro all'amministrazione americana: i russi stanno vincendo perché hanno investito denari nella ricerca e nell'educazione scientifica dei giovani. Dunque, per recuperare lo svantaggio occorre muoversi anche in questa direzione. La risposta non tarda ad arrivare ed è commisurata al problema. Più di 50 milioni di dollari vengono dirottati in favore della *National Science Foundation* che li utilizza per firmare assegni di ricerca per giovani studiosi. Una somma analoga viene assegnata agli istituti per l'educazione scientifica di ogni ordine e grado. Con il *National Defense Education Act*, cioè una legge che garantisce aiuti federali ai singoli stati dell'Unione, vengono promossi nuovi programmi di educazione scientifica e si esortano le menti più brillanti del paese, premi Nobel compresi, a recarsi nella classi degli studenti per spiegare il mestiere dello scienziato. Si pongono in questo anno le basi statutarie di quello che diventerà da lì a qualche anno il primo museo interattivo di scienza del mondo, L'Exploratorium di San Francisco, concepito e promosso da Frank Oppenheimer, fratello di quel Julius Oppenheimer che, al tempo della Seconda Guerra Mondiale, era direttore del Progetto Manatthan, presso i laboratori di Los Alamos.

La seconda, fondamentale decisione, è quella di costituire un organo che sovrintenda, diriga e sviluppi tutta l'attività legata all'esplorazione spaziale per scopi civili. Le sconfortanti diatribe interne nel recente passato hanno insegnato qualcosa. Il Congresso americano spinge per la creazione di un ente unico e, per agevolarne la costituzione, decide di porre le attività di ricerca spaziale sotto il controllo del Naca (*National Advisory Committe for Aeronautics*), un comitato esistente dal 1915 che gestisce l'aviazione civile. Il 29 luglio Eisenhower firma l'atto di costituzione del nuovo ente il cui acronimo diventerà celebre in tutto il mondo: NASA (*National Aeronautic and Space Administration*). La via è tracciata e in ottobre l'ente americano inizia a tutti gli effetti la sua attività.

Mentre l'America celebra la nascita della NASA, l'Italia aspetta di conoscere il successore di Pio XII, venuto a mancare il 9 ottobre. L'attesa dura diciannove giorni: il 28 ottobre 1958 sale sul soglio pontificio Giovanni XXIII. Anche il "Papa buono", parlando ai fedeli, ricorda le grandi imprese che l'uomo sta compiendo in questo fine decennio:

> I popoli, e in particolare le giovani generazioni, seguono con entusiasmo gli sviluppi delle mirabili ascensioni e navigazioni spaziali; oh come vorremmo che queste imprese assumessero significato di omaggio reso a Dio creatore e legislatore supremo.

Le mirabili ascensioni chiudono il 1958 in maniera molto spettacolare, almeno per gli Stati Uniti. Il 19 dicembre viene spedito nello spazio da un razzo Atlas – un missile balistico a tutti gli effetti – il satellite Score. Le dimensioni e il peso del satellite, quasi tre volte lo Sputnik 3, autorizzano gli americani a essere euforici e non solo perché è bello grosso. Lo Score è munito di un registratore e di antenne per trasmettere alle stazioni a terra segnali preregistrati. A questo sistema Eisenhower affida il suo messaggio natalizio indirizzato al mondo:

> Vi parla il presidente degli Stati Uniti – esordisce Ike – grazie alle meraviglie del progresso scientifico, la mia voce vi giunge da un satellite artificiale che viaggia nello spazio. Il mio messaggio è semplice. Con questo mezzo comunico a tutta l'umanità il desiderio dell'America di pace sulla Terra e di buona volontà verso gli uomini di tutto il mondo.

Gli anni della luna

Walter Molino dedica allo Score la prima pagina di *La domenica del Corriere* del 4 gennaio 1959. Gli auguri per il Natale targato 1958 giungono direttamente dallo spazio. Eisenhower ha affidato la sua voce al registratore e alle antenne del satellite Score che diffonde gli auguri presidenziali al mondo intero. Ancora è presto per parlare di telecomunicazioni ma il primo importante passo è stato compiuto

Krushev avrebbe voluto ascoltare l'Internazionale Socialista diffondersi dallo spazio e invece gli tocca sentire i messaggi natalizi di Ike. Ma non è molto preoccupato. Alla fine del secondo e ultimo Anno Internazionale di Geofisica gli scienziati sovietici hanno ormai a portata di razzo il bersaglio più ambito.

I Lunik sulla Luna

Gli Sputnik, Laika, gli Explorer hanno aperto la via alle profondità dello spazio. Nel descrivere e raccontare i successi delle missioni, i mezzi di informazione aspettano da un momento all'altro di comunicare il passo più atteso: la Luna. Vincere l'attrazione terrestre, imprimere la velocità di 11,2 km/s necessaria a liberarsi dall'abbraccio della gravità terrestre è la nuova desiderata tappa dell'era spaziale.

Quando il 2 gennaio 1959 la solita Radio Mosca annuncia alle 2 ora italiana il lancio di un nuovo "ordigno spaziale", le telescriventi di tutto il mondo battono all'impazzata quanto dichiarato nel comunicato:

In seguito all'ultima opera dei tecnici e degli scienziati è stato creato un razzo pluristadio l'ultimo stadio del quale può raggiungere la velocità di 11,2 chilometri al secondo e rendere possibili i voli interplanetari. Oggi 2 gennaio 1959, un razzo cosmico è stato lanciato dall'Unione Sovietica verso la Luna.

Il suo nome è Metchka, ribattezzato Lunik, porta l'iscrizione "Unione delle Repubbliche Socialiste Sovietiche" e arriverà a una distanza di poche migliaia di chilometri dalla Luna, prima di venir catturato in un'orbita solare. A Mosca si fa festa grande, gli operai improvvisano cori per strada e gli studenti delle università festeggiano già al mattino presto. Una nave spaziale russa è in rotta per la Luna.

Il 3 gennaio Krushev parla davanti al Soviet Supremo:

> Il lancio del Lunik I significa che noi siamo i primi al mondo a tracciare il sentiero dalla Terra alla Luna. Questa vittoria del popolo russo fa crollare le calunnie dei nemici che tentano di abbattere il regime sovietico.

Gli americani sono beffati un'altra volta. Nello stesso giorno in cui Krushev parla ai Soviet, il portavoce di Eisenhower legge un comunicato stampa nel quale si esprime soddisfazione per il successo sovietico. In realtà c'è poco da esser soddisfatti; l'opinione pubblica, gli scienziati e il parlamento cominciano a non poterne più dei modi del presidente e del suo governo, sempre a rincorrere i successi degli altri.

L'umiliazione è doppia anche perché i russi sono riusciti laddove gli americani avevano fallito solo pochi mesi prima. Durante l'estate del '58, ancor

La notizia che gli Stati Uniti stanno approntando la prima missione verso la Luna capeggia sulle prime pagine di molte testate italiane. Il *Corriere di Napoli* del 17 agosto 1958 dedica il titolo principale al razzo "Thor-Able" diretto verso la Luna. Molti sono i condizionali che accompagnano l'articolo e si avanza la possibilità che "forse" verrà teletrasmessa l'immagine della faccia nascosta della Luna. Il razzo per la Luna finirà la sua avventura poco più di un minuto dopo la partenza

prima che la NASA fosse costituita per sedare i bisticci tra Marina ed Esercito, era stato varato un programma di avvicinamento lunare simile a quello del Lunik e programmato il lancio di sonde lunari vere e proprie, i Pioneer. La cosa era tutt'altro che segreta e ampiamente presente sulla stampa. A metà agosto fu tentato il primo lancio. Sorprendentemente, l'eccitazione che accompagnava l'avvicinarsi del conto alla rovescia era stata smorzata da dichiarazioni fin troppo caute che la stampa aveva subito ripreso: per gli esperti l'ambizioso progetto aveva ben poche possibilità di riuscita. Detto e fatto. Dopo 77 secondi dall'accensione dei motori, il razzo Thor-Able per la Luna finì in polvere e fumo. In ottobre arrivò il turno del primo Pioneer. Dopo aver raggiunto i 127 mila km di altezza, la sonda finì per ripiombare a terra disintegrandosi a contatto con l'atmosfera terrestre. Il secondo Pioneer, lanciato dall'esercito in dicembre con un razzo di von Braun, non ebbe miglior sorte. Se non altro gli scienziati americani trovarono ugualmente il modo di essere soddisfatti giacché durante la sua breve esistenza il Pioneer II era riuscito ad accertare la presenza di una seconda fascia di van Allen. Ma questo era tutto. La Luna era rimasta lontana e fu parziale riscatto il messaggio che il presidente aveva affidato al satellite Score.

Dopo neanche un paio di settimane dagli auguri natalizi, il Lunik spazza via ogni possibile soddisfazione. Un portavoce del Pentagono inquadra la situazione con un'analisi piuttosto lucida:

Il nostro errore, se è un errore, è quello di creare mezzi avanzati per esattezza di congegni nelle loro minuscole dimensioni. I russi non si curano della raffinatezze e si concentrano nel lanciare potenti ordigni che in un certo senso, a confronto con i nostri mezzi e strumenti filigranati, possono sembrare rudimentali.

La via scelta dagli esperti americani, dunque, quella della miniaturizzazione, sembra perdente e gli exploit dei russi parrebbero dimostrarlo appieno. La strada imboccata si dimostrerà, invece, quella giusta ma solo il tempo lo dimostrerà; allo stato attuale gli americani sono costretti a rincorrere i rivali russi e ascoltare le audaci dichiarazioni di Blagonravov:

Lo spazio si affolla

Il successo di questo esperimento [il Lunik, n.d.r] dimostra che l'Unione Sovietica è in grado di portare sulla Luna ogni tipo di materiale che consenta la costruzione di capannoni spaziali con riserva di ossigeno.

La colonizzazione della Luna è lontana ma, nella realtà, una nuova e ben più spettacolare missione sta per essere completata dalla poderosa macchina spaziale russa. Bisogna aspettare settembre, il 12 per l'esattezza, per un annuncio clamoroso: la seconda sonda di classe Lunik ha colpito la Luna.

Prima solo avvicinata, adesso la Luna è stata raggiunta da un manufatto umano "pilotato", il Lunik II. A Mosca c'è grande euforia. Il Planetario della capitale ha messo a disposizione del pubblico 15 telescopi e si fa pazientemente la fila per scrutare la Luna colpita, sperando forse di vedere un bel buco. Gli astronomi dell'Osservatorio di Karkhov in Ucraina affermano di aver visto una tenue esplosione da impatto sulla superficie lunare; il dato viene riportato anche dai nostri quotidiani secondo i quali gli astronomi ucraini avrebbero visto un grande anello nero nell'istante in cui il razzo è giunto a destinazione. Gli esperti occidentali hanno seri dubbi in proposito e non danno molto credito a una affermazione del genere. Anzi, qualcuno avanza forti perplessità su quanto dichiarato. I russi, che non dicono nulla di preciso sul luogo e le modalità d'impatto, potrebbero aver program-

Prima pagina di *Paese Sera* del 14 settembre con le ultimissime della notte. La pagina, con la spiegazione di quanto compiuto dai sovietici, sovverte l'usuale impostazione dei quotidiani: solo un grande disegno con brevi didascalie sormontato da un titolo di forte presa. Ulteriori approfondimenti si trovano nelle pagine interne: si riportano i dati tecnici, i commenti degli altri giornali e non si manca di sottolineare come la Rai non abbia interrotto la normale programmazione per dare spazio alla notizia

mato un timer che spenga il segnale radio, l'unico indizio fornito dell'avvenuto contatto con la Luna, al momento opportuno. Questo, almeno, è quello che si pensa. Per mezzo dei dati rilevati con il radiotelescopio del centro di ricerca Jodrell Bank a Manchester, in Inghilterra, gli esperti si mettono sotto a far calcoli e tracciare traiettorie. Storia già vista con il primo Sputnik. E ancora una volta è tutto vero, non rimane che accettare l'idea che i russi siano riusciti a colpire il bersaglio grosso.

"Il razzo sovietico ha centrato la Luna", titola l'Unità del 14 settembre, "l'URSS ha dato all'umanità la grande vittoria".

L'organo del partito dà grandissimo risalto all'impresa e si sprecano commenti, colmi di retorica, sulle grandi capacità della scienza sovietica e del suo popolo:

> È giusto dire che più grande di ogni altra è forse l'emozione nostra popolare, l'emozione degli uomini semplici. I quali ben sanno che questo avvenimento è il prodotto mirabile del lavoro e della scienza della società socialista, ed è il segno più grande di pace e di umana concordia che il mondo abbia mai ricevuto. Gli operai, i contadini, gli intellettuali, le grandi masse diseredate e misere che quarant'anni fa vinsero la loro rivoluzione e strinsero nelle mani l'avvenire, lanciano oggi la loro bandiera fin su di un altro mondo e danno essi all'umanità intera e per l'umanità intera la più grande delle conquiste.

La prima pagina del quotidiano si chiude con un box dedicato all'imminente visita di Krushev negli Stati Uniti; naturalmente non si può fare a meno di notare la "fortunata" coincidenza: il Lunik II ha provveduto ad annunciare l'arrivo del premier russo in modo molto spettacolare. Il 15 settembre Krushev sbarca a Washington pronto a iniziare un lungo tour costellato di visite e incontri ufficiali. È piuttosto in forma, il premier. Come ormai suo stile, alterna frasi di distensione e amicizia ad altre minacciose e un poco guascone; durante il discorso che tiene all'Assemblea Generale delle Nazioni Unite non esita a proporre un disarmo totale per poi offrire al presidente americano una riproduzione dell'emblema delle Repubbliche Socialiste Sovietiche che il Lunik II ha lasciato sulla Luna appena tre giorni prima.

E a proposito di bandiere lasciate sul suolo lunare, l'avvenuto contatto tra la Luna e una sonda apre un altro fronte di dibattito. Poiché la Luna non è più un miraggio irraggiungibile si comincia a riflettere sulla giurisdizione da applicare alle conquiste spaziali. Le terre lunari a chi potrebbero o dovrebbero appartenere, se mai possano avere un proprietario?

Alexander Topchiev, professore emerito dell'Accademia Sovietica delle Scienze, smentisce prontamente che la Russia abbia avanzato alcuna pretesa territoriale in seguito all'atterraggio del Lunik II. Ma la questione è ben lontana dall'essere definita.

Nel settembre del 1960 Eisenhower suggerisce una bozza di costituzione spaziale. Meglio cautelarsi, pensa il presidente, di fronte all'avanzata russa nello spazio, dunque propone che:

Primo, ci si accordi sul principio che i corpi celesti non siano soggetti a rivendicazioni nazionali; secondo, ci si accordi sul principio che le nazioni di tutto il mondo non sfrutteranno i corpi celesti per azioni di guerra; terzo, nessuna nazione potrà mandare in orbita o mantenere in stazioni orbitanti armamenti atomici; quarto tutti i lanci di veicoli spaziali dovranno in precedenza essere controllati dalle Nazioni Unite.

Sulla stessa scia si pone Krushev:

La scienza e la tecnologia apriranno all'uomo prospettive sempre più ampie. Dobbiamo mettere al servizio della prosperità dei popoli ogni vittoria conseguita nello spazio.

Ma non sono altro che dichiarazioni di facciata. Di fatto, a pochi mesi dallo storico balzo di Gagarin, ognuno continuerà ad avvantaggiarsi e a procedere per la propria strada.

In mezzo a buoni propositi, exploit scientifici e minacce di bombardamenti atomici, qualcuno interpreta con altri sentimenti l'avvenuto contatto con la Luna. Scrive Giuseppe Ungaretti:

La Luna rimarrà la Luna, e ci saranno sempre giovani che di sera al suo lume appartati si sorprenderanno a dire felici parole; troppi satelliti artificiali non riusciranno mai con le loro indiscrete apparizioni a disturbarne l'incanto antico.

Al naturale, antico incanto della Luna, e della sua faccia nota, se ne aggiunge presto un altro. Il 27 ottobre *l'Unità* apre il quotidiano con una prima pagina strepitosa: la foto del volto nascosto della Luna.

"Il volto ignoto è questo", recita la testata a caratteri cubitali. Artefice della clamorosa ripresa è una nuova sonda russa. La Tass aveva iniziato giorni prima a diramare bollettini su quella che i sovietici chiamavano "stazione interplanetaria automatica", abbreviata con la sigla MAS, composta dalle iniziali delle parole russe *Meĭplanetnaja Avtomaticiskaja Stanûya*.

Il giorno del lancio, il 3 ottobre, le stazioni radio avevano interrotto la normale programmazione con il seguente annuncio:

> Attenzione, attenzione, attenzione, cari compagni. Ascoltate ora i segnali provenienti dal cosmo del terzo razzo cosmico lanciato oggi.

I bollettini sul volo si erano susseguiti con una certa continuità svelando a poco a poco dettagli sulla missione della nave cosmica sovietica che, in occidente, venne ribattezzata con il nome di Lunik III.

Un articolo dello scienziato Feodorov apparso nell'edizione speciale della *Pravda* del 5 ottobre aveva puntualizzato:

> Per la prima volta verrà effettuato un collegamento radio con una stazione navigante al di là della Luna.

La strepitosa prima pagina di *l'Unità* del 27 ottobre 1959 riporta la "telefota trasmessa da Mosca" della faccia nascosta della Luna. La didascalia riporta i nomi che gli scienziati russi hanno dato alle conformazioni geologiche dislocate sul volto della Luna mai prima osservato

Lo stesso giornale riportava una vignetta umoristica in proposito: si vedeva un selenita che dirigeva il traffico lunare indicando al Lunik III il cartello di conversione a U.

Visto che ogni occasione è buona per vantarsi di fronte al nemico storico, non manca, in questa nuova tappa della conquista dello spazio, un po' di polemica. Il corrispondente dell'Accademia delle Scienze Sovietica scrive su un quotidiano di Mosca:

> Nel secolo scorso il grande romanziere Giulio Verne descrisse così bene il volo dalla Terra alla Luna, attribuendolo al progresso americano, come se vi avesse preso veramente parte: questo errore di attribuzione poteva essere commesso fino a pochi anni fa, ma oggi anche la massa riesce a capire che ciò che esiste di più progredito nel nostro tempo appartiene di diritto al paese del comunismo.

La replica del vicepresidente degli Stati Uniti, Nixon, non si lascia attendere:

> I Russi, in alcuni settori delle attività e delle ricerche scientifiche si sono dimostrati più avanti di noi, ma noi possiamo e vogliamo raggiungerli per dimostrare che le opere di libertà e non quelle del comunismo aprono le vie del progresso.

Insomma, siamo alle solite.

Tuttavia, di fronte alla foto diramata il 27 ottobre non può che esserci unanime ammirazione per il lavoro degli scienziati sovietici. Alla annuale seduta del COSPAR – acronimo per *Committee for Space Research*, assise internazionale di tutti gli esperti del settore spaziale – i risultati della missione Lunik III vengono mostrati a tutti i presenti che altro non possono fare se non congratularsi con gli esperti russi.

E il volto nascosto della Luna si ricopre di nomi quali il cratere Tsiolkowski, il cratere Lomonsov, i monti Sovietsky, il mare di Mosca. Un mare che, come scrive la *Pravda*, "attende la caravelle del primo Colombo delle stelle".

Messi a confronto con l'abilità e la precisione della scienza sovietica i vertici americani sono preda dello sconforto. "Se conti-

Le iniziative per inaugurare la nuova era delle telecomunicazioni non mancano; l'articolo che *Epoca* dedica al Telstar ne riporta una: la cittadina di Alba, in Piemonte, è stata selezionata per provare, unica su tutto il territorio nazionale, un collegamento USA-Europa in diretta via satellite. Il Telstar metterà in contatto le voci del sindaco di Alba con quella del primo cittadino di Medfor, nell'Oregon. Secondo quanto riporta il corrispondente, il sindaco americano ha voluto imparare qualche parola di italiano per non sfigurare durante la storica comunicazione. Non è dato sapere se il sindaco piemontese abbia usato simile cortesia

nueremo di questo passo dovremo passare alla dogana sovietica quando atterreremo sulla Luna", dichiara von Braun, mentre per Yates e Russell questo probabilmente è "il momento più nero per l'America da quando è cominciata l'era spaziale". Il malumore è alto in casa americana e l'opinione pubblica è tutt'altro che serena. Eisenhower, con decisione resa nota il 21 ottobre, pone sotto il controllo della NASA l'intera Sezione missili balistici dell'Esercito, quella, insomma, dove lavora von Braun.

In realtà gli americani iniziano, seppur a fatica, a recuperare lo svantaggio, se non altro da un punto di vista puramente numerico. I fallimenti sono numerosi e tra Explorer, Discoverer e Pioneer sono molti i satelliti andati perduti; ma non sono neanche pochi quelli che vanno in orbita. Anzi, considerando un rapporto puramente numerico, alla vigilia del volo di Gagarin, per ogni satellite russo ce ne saranno quattro americani.

I russi si concentrano sulle imprese spettacolari", dice Esenhower in conferenza stampa, "noi abbiamo messo in orbita satelliti in grado di fornirci informazioni di ogni tipo.

Il che è effettivamente vero. Informazioni come quelle che garantisce, per esempio, il satellite Tyros, il primo di una serie dedicata alla meteorologia. Lo scopo del progetto è quello di analizzare le condizioni meteorologiche dell'intero globo terrestre in modo da consentire in massima sicurezza la navigazione aerea e marittima. Il buon esito del lancio è accolto con favore anche da parte sovietica:

> Io penso che l'esatta foto del tempo fornita dai satelliti meteorologici ci aiuterà a risolvere finalmente il problema delle previsioni: potremmo dire non soltanto che tempo farà domani ma fra un mese e forse addirittura per l'intera stagione

dice con fin troppo ottimismo il direttore dell'ufficio meteorologico di Mosca.

Tra le informazioni più ricercate ci sono naturalmente quelle di natura *top secret*, che garantisce di saper cogliere Midas, un satellite da "ricognizione". Progettato con un dispositivo di rilevazione infrarossa in grado di individuare lanci di missili balistici, Midas è il capostipite della famiglia dei satellite spia. Il primo di una lunga serie. Tre anni dopo, nel 1963, gli Stati Uniti decidono di rendere operativo un programma di spionaggio più raffinato, abbozzato nel 1959, denominato "progetto Vela". Il via al progetto viene dato in seguito al trattato firmato il 5 agosto 1963 da USA, Russia e Inghilterra noto come *Partial Test Ban Treaty*. Il trattato prevede il bando "parziale" degli esperimenti nucleari: in altre parole, nessuno può condurre esperimenti con armi nucleari sulla superficie del pianeta o in atmosfera, ma può farli nel sottosuolo terrestre. In seguito alla crisi dei missili a Cuba di pochi mesi prima, le due superpotenze si erano riavvicinate, giungendo allo storico compromesso cui si associarono numerose altre nazioni co-firmatarie. Dunque, per controllare che l'avversario rispettasse i patti, gli Stati Uniti decidano di rendere operativo il progetto *Vela*.

Il progetto è suddiviso in tre categorie: *Vela Uniform*, in grado di captare eventi sismici nel sottosuolo, *Vela Sierra*, per monitorare attività nucleari in atmosfera, e *Vela Hotel*, che sposta il suo occhio indagatore allo spazio. Il programma chiuderà i battenti a metà degli anni Ottanta, dopo aver lanciato 12 satelliti della classe Sierra e Hotel.

Ben altra menzione merita il satellite Telstar. Non per nulla si guadagna le copertine delle riviste quale primo satellite adibito a telecomunicazioni. Per il settimanale *Epoca* si tratta di un vero e proprio evento. Al satellite, "la stella che rende amici gli uomini di tutto il mondo", vengono dedicate parole importanti già in copertina:

Velocissima e invisibile, corre nel cielo per raccogliere voci, immagini e suoni e mandarli prodigiosamente a creature lontanissime fra loro: quando compare all'orizzonte cancella tutti i confini e fa della Terra un solo grande paese.

Tutto questo continuo lancio di satelliti nello spazio, oltre a mettere in bella vista i muscoli dei due contendenti, mira a portare a breve un uomo nello spazio. Le due superpotenze ci stanno lavorando da tempo e i rispettivi programmi Mercury e Vostok sono già in fase esecutiva.

Il lavoro è sporco e per assicurare che il primo aviatore delle stelle torni a casa sano e salvo occorre che qualcuno si sacrifichi per lui.

Laika ha aperto la via. Sulla sua scia, cani e scimmiette, rospi e topolini si apprestano ad affrontare sempre più numerosi i silenzi dello spazio.

Uno zoo nello spazio

L'avventura degli animali nello spazio era iniziata ben prima di Laika. Nel 1949 i russi avevano varato un programma di ricerca biologica con lo scopo di sottoporre cavie animali alle condizioni che gli scienziati supponevano essere tipiche dei viaggi spaziali. I russi optarono per le cagnette che venivano selezionate presso l'Istituto Pavlov, vicino Leningrado. Furono selezionati in base al carattere e all'indole 24 esemplari suddivisi in tre gruppi. Il primo gruppo era costituito dagli esemplari migliori, dall'umore stabile, dal buon carattere e temperamento, dunque ideali per affrontare un viaggio verso le stelle; Laika faceva parte di questa élite. Il secondo raggruppava i soggetti più irrequieti e difficili da controllare; infine, nel terzo gruppo figuravano le cagnette più pigre e indolenti. Gli animali furono sottoposti a test durissimi: prove di rotazione e vibrazione, rumori assordanti, costrizione fisica, immersione in acqua, esposizione a radiazione di varia natura.

Accanto a questo gruppo principale, dal quale sarebbero emerse le cagnette cosmonaute, i russi eseguirono esperimenti su un altro campione di esemplari sul quale agire con molto meno riguardo. Dagli esperimenti condotti su questo gruppo di animali sacrificabili gli scienziati poterono ricavare dati e informazioni importanti sulla fisiologia degli animali e tarare al meglio gli strumenti da utilizzare con il gruppo migliore. Di questa colonna fantasma non se ne ebbe notizia fino a quando Wilferd Burchett, un giornalista inglese che insieme a Antony Purdy scriverà un libro su Gagarin, non ne riporterà l'esistenza e il tragico destino. La loro epopea iniziò nel luglio del 1951 quando partirono per le alte quote, circa 120 chilometri di altezza, Dezin e Tsygan. Quest'ultima, divenuta eroina ancor prima di Laika, fu adottata da Blagonravov e terminò i suoi giorni al calduccio in una dacia in Kazakistan. Più furbi di alcuni loro sfortunati compagni che non fecero più ritorno, Smlaya e Bolik, forse intuendo la fregatura, se la diedero a zampe levate al termine dell'addestramento. Tra caduti sul campo, eroi e furbacchioni, la fase di sperimentazione biologica coprì all'incirca un decennio, fino al 1960, durante il quale furono compiuti circa 160 lanci ad alte quote.

Solo a ridosso del primo volo umano, i russi avviano il programma di esplorazione spaziale canina ufficiale. I sospetti della CIA si materializzano nella primavera del 1960 quando parte la navetta Korabl Sputnik 1, ribattezzata in occidente Sputnik 4, o Astronave 1, come appare scritto nel libro di Gatland. Il primo

Walter Molino immagina così il ritorno a terra delle cagnette Strelka e Bielka sulla prima pagina di *La Domenica del Corriere* del 4 settembre 1960. All'interno si può leggere un articolo dedicato al prossimo viaggio sulla Luna di una spedizione umana. L'ottimismo è piuttosto alto e si hanno serie speranze che già sul finire di questo 1960 un uomo possa volare nello spazio. All'interno di un box di approfondimento viene proposta la bozza di una navetta Mercury. Se sull'attività sovietica è impossibile sbilanciarsi perché "di quanto stiano facendo i russi non sappiamo quasi nulla", ben altre certezze offrono gli americani e il loro profeta principale, von Braun. In una intervista, lo scienziato dichiara che il viaggio dell'uomo verso la Luna sarà un'avventura a tappe, cinque per l'esattezza, necessarie a rifornire la navetta di carburante per mezzo di serbatoi posti attorno alla terra su orbite differenti. Il nome del razzo che li porterà sulla Luna sarà Saturn. E almeno questo è vero

Lo spazio si affolla

ospite a bordo, però, non è un cane ma un manichino di peso e forma simili a quelle di un essere umano. Il 17 maggio gli abitanti di New York vedono le quattro tonnellate e mezza della navetta passare sopra le loro teste. La *Pravda*, stavolta, è stranamente taciturna, salvo poi lasciar trapelare la notizia che l'astronave è stata distrutta poiché priva di controllo. Molti anni dopo si verrà a sapere che la capsula con a bordo il manichino ridiscese sulla Terra dopo 843 giorni nello spazio, mentre il modulo strumentale volteggiò in orbita per più di cinque anni.

La missione del 15 luglio 1960 non ha né nome, né ricordo. Avrebbe dovuto chiamarsi Korabl-Sputnik 2, ma dopo 17 secondi il razzo esplode uccidendo all'istante le due cagnette a bordo, Chaika e Lisichka. Sul tragico volo cala il segreto più assoluto e nessuno in occidente ne verrà a conoscenza. Il successo arride ai russi nell'agosto del 1960 quando la Tass annuncia il lancio della navetta Korabl-Sputnik 2. La navetta ospita le cagnette Belka e Strelka alloggiate all'interno di un contenitore fissato al sedile. Insieme alle due cagnette viaggiano nello spazio un giorno intero anche topolini, ratti, insetti, alghe marine, funghi e batteri. Il 20 agosto Radio Mosca annuncia che gli abitanti di questa arca spaziale sono atterrati felicemente a dieci chilometri dal punto stabilito. Dopo il buon esito della missione, i russi rilasciano le prime circospette informazioni sulla navetta e i suoi ospiti. Si viene a sapere che le cagnette sono state espulse dalla capsula e che sono atterrate con il paracadute agganciato al sedile a pochi metri di distanza dalla capsula. Gli esperti russi sono lesti ad affermare che, comunque sia, sarebbero stati in grado di recuperare i due cani anche se questi fossero rimasti dentro la navetta. Come riporta Gatland, la procedura adottata ha un valido motivo:

> Allora fu spiegato che questa era una procedura di emergenza usata in questa occasione per provare il sistema di salvataggio prima di tentare i voli spaziali di esseri umani.

Questo appare certamente sensato, come è probabile che la procedura di eiezione dall'abitacolo sia stata introdotta in seguito alla tragica esperienza del volo precedente che aveva visto la morte delle due cagnette Chaika e Lisichka. A seguito della missione la cagnetta Belka, apparentemente uscita dalla capsula in buone condizioni, riporterà qualche problema tanto che si inizierà a parlare di "mal di spazio".

Ad alcuni anni di distanza si scoprirà che insieme al folto campionario di esseri viventi, la navetta ospitava anche brandelli di tessuto umano. La pelle era stata donata dagli stessi medici del programma spaziale russo allo scopo di studiare gli effetti delle radiazioni sul corpo umano. I campioni vennero imbottigliati in contenitori di vetro sterilizzati che, al termine della missione, vennero riconsegnati ai laboratori di analisi. La pelle fu trapiantata nuovamente ai legittimi proprietari per osservarne lo sviluppo. I risultati parevano incoraggianti e gli specialisti si convinsero che un uomo avrebbe potuto resistere un giorno intero nello spazio senza patire conseguenze letali.

Ma qualcosa ancora non funziona a dovere. Il 1960 è in procinto di concludersi e i russi sono costretti a rivedere le loro tecniche di lancio. Il 1° dicembre parte la navetta Korabl-Sputnik 3 con a bordo le cagnette Pchelka e Mushka. Poco dopo il lancio, gli specialisti rilasciano dichiarazioni sorprendenti: "Non sappiamo se l'intenzione sia quella di far tornare la capsula sulla Terra". I russi mettono le mani avanti. La missione non sta procedendo come da programma. Dopo essere passata sopra Roma, la navetta fa perdere le proprie tracce. L'ultima a captarne i segnali è la BBC di Londra nella notte tra l'1 e il 2 dicembre. Poi Radio Mosca annuncia che la nave spaziale si è disintegrata a contatto con l'atmosfera.

Più fortunate sono le cagnette Sciutka e Kometa, partite il 22 dicembre da Baikonur per una missione segreta e senza nome. Al decollo il razzo R-7 si guasta e danneggia la capsula che, ciononostante, riesce a far rotta verso terra. Gli specialisti russi si mettono subito alla ricerca del relitto piombato nella remota regione siberiana di Tunguska. Questa volta la sorte è favorevole. Stremate, impaurite e semicongelate – ci sono 40 gradi sotto lo zero in Siberia – Sciutka e Kometa vengono tirate fuori ancora vive dalla capsula di volo.

A parte i problemi tecnici ancora da risolvere, come l'ultima missione ha evidenziato a proposito dell'affidabilità del razzo R-7 e delle procedure di sicurezza delle navette russe, l'autunno sovietico è sconvolto da una tragedia di enormi proporzioni. Il 23 ottobre esplode sulle rampe di lancio di Baikonur un missile R-16. Lo ha progettato Mikhail Kuzmic Yangel adottando soluzioni tecniche innovative. Nell'esplosione muoiono 190 persone e il progetto di Yangel viene accantonato. Nonostante la tragedia, la macchina spaziale russa lavora a pieno regime e con il sopraggiungere della primavera del 1961 appronta le due ultime missioni con cani a bordo prima di tentare la via dello spazio con un uomo.

Il 19 marzo parte per lo spazio la navetta Korabl Sputnik 4, rinominata in occidente, con l'incertezza dovuta alle missioni segrete, Sputnik 8 o Sputnik 9. A bordo sono stipati topolini, porcellini d'india, rettili, piante, un manichino vestito con una tuta da astronauta e la cagnetta Cernuska. Ridotto a una sola orbita, il viaggio dell'arca spaziale termina felicemente per tutti 1 ora e 40 minuti dopo. Il manichino torna sulla terra dopo essere stato eiettato con il sedile, mentre il resto della ciurma è rimasto a bordo della capsula. Il programma Korabl Sputnik termina il 25 marzo 1961 con la messa in orbita della cagnetta Zvezdochka in compagnia del manichino cosmonauta Ivan Ivanovich e del solito materiale biologico. La capsula viene munita anche di un apparecchio trasmettitore che manda alle stazioni a terra le registrazioni di due ricette di zuppe. Quando in occidente si capta il segnale, si diffonde la notizia che i russi hanno inviato nello spazio un uomo e che questi sia perito nel compimento della propria missione.

La notizia si rivela infondata, salvo alimentare le prime insinuazioni sui lanci sovietici con uomini a bordo. Il gran giorno, effettivamente, è vicino: ad assistere alla partenza della cagnetta Zvezdochka ci sono già tutti i cosmonauti in lizza per diventare il primo uomo a orbitare attorno alla terra.

Per gli Stati Uniti le cose hanno seguito un percorso molto simile. Il programma, fin dalla sua nascita, ossia all'inizio degli anni Cinquanta, aveva gli stessi obiettivi scientifici di quello della controparte sovietica, salvo preferire le scimmie ai cani. Iniziarono nel 1952 con i primi test ad alte quote. A varie riprese scimmie e topolini bianchi furono lanciati per mezzo di razzi V-2 e Aerobee a quote fino a 130 km. In questi esperimenti le scimmie, ricoperte di strumenti di misura, venivano anestetizzate prima del lancio per evitare complicazioni. I test dimostrarono che le scimmie non riscontravano particolari problemi durante il volo, tranne il fatto che solo una di loro tornò a terra sana e salva. Ma i soccorsi impiegarono tempo prezioso a individuare il punto di atterraggio e la povera scimmietta morì per un colpo di calore. Able e Baker partiranno il 28 maggio 1959. Dalla loro missione si recupereranno dati preziosi sugli effetti della gravità zero sugli organismi viventi; seguiranno le loro impronte Sam (4 dicembre) e Miss Sam (31 gennaio 1960). Il più famoso scimpanzé spaziale, Ham (prosciutto), prende la via delle stelle il 31 gennaio 1961. Appositamente addestrato, Ham doveva premere ogni 20 secondi, con la mano destra, una leva che accendeva una spia rossa. Nel contempo con la sinistra doveva agire su un'altra leva per spegnere una spia blu che si accendeva ogni 2 minuti. A ogni errore una scarica elettrica lo ammoniva di stare più attento e una spia bianca, di una serie lasciata accesa per tranquillizzare l'animale, si spegneva. Dopo essersi meritato la prima pagina di *Life* che lo ritrae sorridente in compagnia di un marinaio, Ham morirà due anni dopo in uno zoo per una polmonite. Il 29 novembre 1961 è il turno di Enos a volteggiare nello spazio, ma non è una grande notizia: gli astronauti del progetto Mercury scalpitano, mentre già da qualche mese Yuri Gagarin è entrato a buon diritto nell'olimpo degli indimenticabili.

La tragedia di Baikonur

Il 23 ottobre sulle rampe di lancio di Baikonur scaldava i motori il nuovo missile R-16. Lo aveva progettato Mikhail Kuzmic Yangel adottando soluzioni tecniche innovative rispetto al colossale R-7. Oltre a essere più piccolo e maneggevole rispetto al razzo di Korolev, l'R-16 usava come propellente una miscela di idrazina e acido nitrico anziché ossigeno liquido e kerosene. Korolev non era molto convinto del carburante utilizzato da Yangel, lo trovava troppo pericoloso e i fatti che seguirono gli diedero triste ragione.

Al momento della partenza una perdita di acido nitrico interruppe momentaneamente il conto alla rovescia. Mitrofan Nedelin, il comandante delle forze missilistiche sovietiche, non aveva alcuna intenzione di fare brutta figura davanti a Krushev e ordinò che la falla venisse riparata alla meglio. Tecnici e scienziati si mossero in direzione del razzo per vedere cosa si poteva fare inconsapevoli del fatto che, nel frattempo, un propulsore dell'ultimo stadio si era accidentalmente acceso. Un istante e l'intera struttura di sostegno fu avvolta dalle fiamme. L'R-16 imbevuto di propellente fuoriuscito dalla perdita si accese come una torcia, investendo con una gigantesca esplosione tutto quello che lo circondava. I tecnici giunti a ripararlo morirono sul colpo, mentre la palla di fuoco si allargava a dismisura. Le fiamme investirono gli edifici della base di lancio per centinaia e centinaia di metri e non ci fu scampo né per gli scienziati né per gli osservatori di Krushev giunti fin là. Anche il maresciallo Nedelin fu vittima dello spaventoso rogo.

In seguito alla sciagura le autorità imposero il segreto più totale. Nulla di quanto accaduto fu fatto trapelare fuori; anche i familiari e i parenti delle 190 vittime accertate furono costretti per lunghi anni a tenere segreto il lutto.

☾ Uomini nello spazio

Vedo la Terra azzurra

In uno sperduto angolo della Grande Russia, vicino al villaggio di Smelovka, nella regione di Saratov, una contadina, Anna Taktarova, si appresta a dare inizio alla sua giornata. Questo 12 di aprile dell'anno 1961 non ha nulla di speciale e bisogna lavorare i campi. D'improvviso, piccolo poi sempre più grande, si materializza dal cielo un uomo appeso a un paracadute. La giornata di Anna sta per cambiare in modo impensabile.

Un po' prima, alle ore 8 locali (le 10 in Italia) la radio russa aveva interrotto la normale programmazione con un annuncio:

> Gavarit Mosvka, Gavarit Mosvka ["parla Mosca, parla Mosca", n.d.r], tra poco ascolterete la lettura di un importante comunicato Tass sul primo volo di un uomo nello spazio.

Il volto di Yuri nella prima pagina della rivista *Tempo*, del 22 aprile 1961. L'articolo all'interno pone al lettore una domanda: è giusto rischiare la vita di un uomo quando è possibile con i satelliti artificiali ottenere informazioni precise sulla natura del cosmo? In un box di approfondimento si cerca di analizzare l'impresa di Gagarin dal punto di vista americano. Kennedy ha ereditato da Eisenhower un pesante fardello. Ci vorranno mezzi e direttive finalmente chiare per competere con il programma spaziale russo

Due minuti di attesa durante i quali la frase viene ripetuta più volte, poi il mistero si dirada; la voce di Yuri Levitan, il radiocronista che aveva annunciato al mondo la vittoria di Stalingrado e la presa di Berlino, legge il comunicato della Tass:

> È avvenuto oggi 12 aprile il primo volo nello spazio di una astronave sovietica con un uomo a bordo.

Da Mosca, ancora una volta, giungono notizie straordinarie. Quindici minuti dopo la radio diffonde un dispaccio più preciso:

> La prima astronave del mondo con un uomo a bordo è la Vostok, lanciata il 12 aprile dall'Unione Sovietica e inserita in un'orbita circumterrestre. Il primo cosmonauta è il maggiore Yuri Gagarin. Contatti radio bilaterali sono stati stabiliti e mantenuti con Gagarin. Il veicolo spaziale, esclusa la parte del razzo vettore, pesa 4725 chilogrammi.

Con queste parole il mondo viene a sapere che il sogno si è avverato. Le modalità con le quali viene rilasciata la notizia sono identiche a quelle tramite le quali tutti sono venuti a conoscenza dello Sputnik. Le informazioni tecniche sono poche, ma in compenso abbondano la retorica, la propaganda e le indicazioni delle frequenze sulle quali si può agganciare la voce del cosmonauta durante le sue comunicazioni con le stazioni di controllo a terra.

E dallo spazio giunge la voce di Gagarin, il cui primo messaggio, come recita il copione imposto, è dedicato al Comitato Centrale del Partito Comunista Sovietico e al Presidium che "attraverso la grande rivoluzione socialista ha permesso la storica impresa". Adempiuto ai doveri, il cosmonauta si lascia andare: "Vedo la terra azzurra ", dice, "è bellissimo".

Siamo alle solite, con i soliti messaggi di propaganda; in Occidente qualcuno sbotta, ma si soprassiede. L'impresa di quel piccolo uomo è immensa. La Piazza Rossa si riempie di neve e di gente festante, mentre la strepitosa notizia rimbalza in ogni angolo della Terra. Nelle case, nelle officine, lungo le strade, i russi si abbracciano e piangono. Un uomo è nello spazio. La fantasia diventa realtà. Un uomo, un "invidiabile giovane", come lo definisce *La Domenica del Corriere*, ha aperto all'umanità la via dello spazio. La Tass alterna comunicati ufficiali a programmi con festose canzoni popolari. Dopo l'euforia iniziale, si ritorna attaccati alla radio per seguire gli sviluppi della vicenda.

Nello stesso momento, in Italia, a Firenze, si sta svolgendo l'annuale incontro del COSPAR. Qui, duemila tra studiosi ed esperti discutono tra loro e aggiornano la comunità scientifica sui recenti sviluppi dell'astronautica. L'annuncio del volo di Gagarin stravolge la scaletta degli interventi e tutto passa in secondo piano. Si stappano bottiglie di chianti e si brinda.

Ricorda quei momenti Giancarlo Masini, direttore dell'ufficio stampa dell'evento:

> Gli studiosi più bersagliati dai giornalisti giunti a Firenze da ogni dove furono ovviamente quelli della delegazione sovietica e quelli della delegazione americana. Capo dei sovietici era l'accademico Anatolj Blagonravov, un meccanico celeste tra i più apprezzati [...] Ricordo che lo bloccammo in albergo alle 8.30 (data la differenza di fuso orario di Mosca) e ne ricevemmo una risposta sorprendente. Ci disse che non ne sapeva nulla. Soltanto dopo le insistenze dei giornalisti e dopo che egli si era messo in contatto con l'ambasciata russa a Roma ci disse che la grande impresa di Gagarin era attesa anche da lui, che aveva lavorato con i suoi calcoli alla definizione della traiettoria e che quello non doveva che considerarsi l'inizio di più grandi avventure umane nel Cosmo.

Aperta la breccia del silenzio i giornalisti si fanno sotto con domande più precise sulla navicella, sul razzo, sul volo di Gagarin ma non ottengono altro che vaghe risposte. Continua Masini:

> Blagonravov non sapeva o non era autorizzato a rispondere. Come non rispose se non in termini generici alle mille altre domande che gli vennero fatte sul sistema di discesa e altro. Non minore imbarazzo, sia pure per altri motivi, i giornalisti provocarono al capo della delegazione americana Richad W. Porter. Come mai gli americani si erano lasciati battere un'altra volta?

Neanche a dirlo, cambiano gli attori, stavolta tocca a Blagonravov fare la parte che era stata di Sedov durante lo Sputnik, ma il copione è sempre quello. Per gli americani è tornata l'ora degli incubi. Le giustificazioni fornite rimangono preda dell'imbarazzo e della vaghezza. Non rimane altro che congratularsi con gli avversari e unirsi ai festeggiamenti.

Dopo un volo di 108 minuti, iniziato a bordo della Vostok 1 (Oriente) sulla rampa di lancio del cosmodromo di Baikonur, il maggiore Yuri Gagarin tocca terra nei pressi del villaggio di Smelovka. Anna Taktarova, contadina della Grande Russia, è la prima persona a corrergli incontro. "Lo vidi arrivare come un viandante e gli offrii una tazza di latte", dirà in seguito Anna. A impresa compiuta sarà costretta a rivivere per la propaganda il momento dell'incontro con Gagarin, mentre fotografi e operatori della televisione immortalano il momento. Anna si è appena conquistata la sua piccola fetta di storia.

Dell'impresa i sovietici realizzano un documentario intitolato *In volo verso le stelle*, nel quale si ha modo di vedere una nave Vostok priva di particolari costruttivi avente la forma di una sorta di grossa supposta spaziale con la scritta CCCP Vostok.

Sul luogo dell'atterraggio si riversano gli uomini del governo e quelli dei servizi segreti che piantano un cartello con la scritta "Non rimuovere. 12 aprile 1961 – 10.55 ora di Mosca". L'anonimo avviso sarà poi sostituito con un obelisco e la scritta "Y.A. Gagarin atterrò qui". I servizi segreti ritornano anche nei giorni successivi per cercare di recuperare i pezzi dell'astronave, della tuta di Yuri e di tutto quello che si era sparpagliato dopo l'atterraggio, che i contadini avevano arraffato come ricordo dell'uomo venuto dalle stelle. Anche la stampa non tarda a sbarcare in forze. In quello sperduto angolo di Russia arrivano giornalisti, fotografi, inviati speciali provenienti da ogni parte del mondo.

Appena atterrato, la Tass informa che Gagarin ha detto:

> Vi prego di informare il Partito, il Governo, e personalmente Nikita Serghievic Krushev che l'atterraggio è stato normale, che mi sento bene e che non ho riportato ferite o scalfitture di sorta.

La risposta del Premier sovietico giunge repentina. Recita il telegramma:

Caro Yuri Aleveyevich, è per me una grande gioia felicitarmi di cuore con voi in occasione della vostra superba, eroica impresa: il primo volo cosmico sull'astronave satellite Vostok. Tutto il popolo sovietico plaude alla vostra valorosa impresa che sarà ricordata nei secoli come esempio di coraggio, di valore, di eroismo al servizio dell'umanità.

La memorabile giornata di Yuri termina con la solita partita serale a biliardo con il collega Gherman Titov.

Yuri diventa Eroe dell'Unione Sovietica e si merita le tre cose più ambite per un sovietico di quel tempo: un appartamento di quattro stanze in un quartiere residenziale, una dacia in campagna e una automobile con autista. Il 14 aprile è festa grande a Mosca. Al Palazzo della Scienza gli invitati di tutto il mondo ascoltano l'uomo delle stelle. "Vi sarete sentito molto solo lassù," domanda uno. "No, affatto," risponde Yuri, "sentivo di avere milioni di amici in tutto il mondo. Sentivo che tutto il popolo sovietico stava provando la mia stessa emozione".

Diventa un personaggio pubblico. I potenti della terra fanno a gara per incontrarlo, ospitarlo, pranzare con lui. Cecoslovacchia, Bulgaria e Finlandia sono le prime tappe di un lungo viaggio. A luglio l'illustre ospite sbarca in Inghilterra. Il 15 viene ricevuto dalla Regina Elisabetta: modestia e simpatia tutt'altro che formali lo rendono come sempre una persona squisita e godibilissima. Ovunque vada lo aspettano bagni di folla immani, tanto che il *Times* parla ormai di vera e propria isteria collettiva. Anche la nostra Lollobrigida ha l'occasione di conoscerlo durante una visita in Unione Sovietica. La Gina rilascia un'intervista alla tv russa nella quale si compiace di aver conosciuto il cosmonauta; l'intervista viene riportata anche dai nostri cinegiornali, tra i quali *La Settimana Incom* che, con la solita garbata ironia, non tarda a prendersi beffa dell'accento ciociaro della Gina ormai diventato internazionale.

Gagarin viene nominato ambasciatore di pace tra USA e URSS. La sua impresa va oltre il tempo e sarà cantata da David Bowie con *Space Orbit*, Elton John con *Rocket Man* e Claudio Baglioni che comporrà *Gagarin*. A due anni di distanza dal volo, i suoi interventi faranno ancora il tutto esaurito. Durante una conferenza stampa nell'ottobre del 1963 a New York, i giornalisti americani lo prendono d'assalto con domande di ogni tipo. Uno di loro, probabilmente memore del discorso che aveva fatto Kennedy alle Nazioni Unite, e più volte riproposto a proposito della possibilità di instaurare una collaborazione tra russi e americani, gli chiede perché la Russia non intenda cooperare con gli Stati Uniti per mandare un uomo sulla Luna; Gagarin risponde che gli sembra di aver sentito che sono gli Stati Uniti che non vogliono prendere in considerazione un'ipotesi simile. Una sorta di gioco della parti al quale Gagarin è ormai abituato e al quale partecipa con pazienza senza mai eccedere nei toni.

La sua faccia, pulita, rasata, da bravo ragazzo – proprio come voleva Krushev – capeggia ai quattro angoli del pianeta e riesce a fare una cosa piuttosto complicata in questa epoca: avvicinare gli uomini. Non c'è giornale, rivista, di costume o di scienza, che non gli dedichi speciali e approfondimenti. Tutti verranno a conoscenza di quel ragazzo di campagna, figlio di proletari, che un tempo faceva l'operaio in una fonderia, poi il pilota, poi il cosmonauta.

Grand Hotel del 22 aprile – settimanale di attualità e letture illustrate – dedica una pagina composta da quattro foto a "Yuri Gagarin olimpionico dello spazio", inserendola tra i fotoromanzi *L'angelo dell'ombra* con Alberto Farnese e Alessandra Panaro, e *Il conte di Montecristo*. L'ultima di copertina è dedicata a un disegno

La Domenica del Corriere del 23 aprile 1961. La prima pagina è dedicata al "maggiore sovietico Iurii Akeksieievic Gagarin". La nave a bordo della quale viaggia Gagarin assomiglia in modo evidente alle ben più conosciute navette americane Mercury, presentate alla stampa poco prima del volo di Gagarin. Gli americani ancora una volta arrivano secondi, ma alla stampa poco importa, almeno in queste euforiche fasi iniziali. La "grande vittoria" di Gagarin è un passo gigante "verso la conquista delle stelle da parte degli uomini". L'ultima di copertina è invece dedicata all'altra faccia del genere umano: quella di Adolf Eichmann, chiamato a deporre per crimini contro l'umanità davanti ai giudici di Gerusalemme

dell'illustratore Di Buono che raffigura il volo del cosmonauta sovietico. Poiché non si hanno informazioni precise, il disegno dell'astronave è puramente di fantasia e non a nulla a che vedere con le forme di una Vostok. Anche la copertina di *La Domenica del Corriere* soffre delle stesse mancanze: Walter Molino è costretto a immaginare le forme della nave russa raffigurandola molto simile alla ben più famosa e pubblicizzata navetta americana Mercury.

Chi si appresta a raccontare il viaggio di Gagarin fa spesso uso del paragone con le altre storiche imprese per cercare di descriverlo. Il volo di Yuri viene accostato ai viaggi dei grandi navigatori del Cinquecento che indirizzavano la prua alla scoperta di terre ignote. Per *L'Espresso*, il viaggio di Gagarin è superiore:

> Il volo di Gagarin non è solo il più grande avvenimento scientifico del secolo, ma anche probabilmente il più grande avvenimento della storia moderna [...] Nel Cinquecento i navigatori esplorando nuove terre trovavano intorno a sé la stessa atmosfera e, sotto la loro nave, oceani identici a quelli che avevano già solcato. Esplorando il proprio pianeta, l'uomo aveva solo scoperto altri uomini dalla pelle un po' più chiara o un po' più scura. Aveva scoperto altre vegetazioni, più dense o più grasse di quelle che conosceva. Ma in realtà tutte queste cose non erano cose nuove, ma solo delle varianti di ciò che l'uomo conosceva.

Con toni simili si pone Radio Parigi che rapporta il viaggio di Gagarin a imprese cronologicamente più vicine; dice il commentatore nazionale:

> Di fronte al sensazionale *exploit* dell'astronauta russo, Lindberg e i suoi voli transoceanici, Hillary e la scalata dell'Everest, fanno ormai la figura dei normali escursionisti.

In Italia si chiedono parole di commento a scrittori, registi, scienziati e politici. Si spazia dalle considerazioni di merito per la scienza sovietica, a quelle ideologiche e non manca mai la speranza che una tappa del genere possa portare a un mondo migliore. Per Togliatti la notizia del volo sbalordisce e più ancora commuove. Continua vittoriosa la conquista dello spazio. E continua a opera del primo paese socialista del mondo.

Per Saragat, al contrario di quanto accade in Italia, è tutto merito di una società meritocratica che permette ai figli dei contadini di accedere alle università:

> Il successo della tecnica sovietica è il risultato di una riforma scolastica che, nonostante le frange classiche rappresentate dal catechismo marxista leninista obbligatorio per tutti gli scolari, ha tradotto nel campo degli studi un criterio di selezione dei giovani veramente democratico. Nella Russia sovietica i giovani dopo la frequenza obbligatoria della scuola media accedono agli studi superiori se superano un esame di ammissione […] e chi lo supera frequenta i corsi universitari a spese dello Stato.

Poco indulgente lo statista nei confronti di un paese ancora in parte analfabeta, soprattutto nelle campagne. All'alba di questo nuovo decennio, la scolarizzazione dell'Italia è roba da farsi, tanto che il Ministero della Pubblica Istruzione decide di avvalersi dei servizi della Rai per supplire alle carenze scolastiche degli italiani; così, se nel mondo furoreggia Gagarin, da noi una delle star più apprezzate è il maestro Manzi, che, con *Non è mai troppo tardi* (1961), insegna ai non più giovani a scrivere correttamente.

Paese Sera nell'edizione delle ultimissime della notte di mercoledì 12 – giovedì 13 aprile. Gagarin è il protagonista assoluto. All'interno un ampio speciale ripercorre le tappe dell'astronautica, pone l'accento sulla dimensione umana dell'impresa e riporta le innumerevoli dichiarazioni rilasciate da politici, scienziati ed esponenti della cultura in merito al volo di Gagarin

Mentre scienziati e medici si pongono questioni di carattere tecnico sul viaggio di Gagarin, Primo Levi affianca le gesta del cosmonauta a quelle tristemente conosciute di un gerarca nazista:

> È significativo che mentre da un lato si celebra il processo Eichmann, della distruzione e del male, dall'altro venga a contrapporsi questa capacità di crescita della vita umana al di là di ogni limite.

Epoca dedica al "navigatore dell'infinito" un ampio reportage fotografico che copre gli istanti significativi dell'avventura di Yuri: la partenza, il volo, il rientro, la festa, i parenti, l'omaggio della Piazza Rossa. Non manca proprio nulla e tutto prontamente elargito dall'abile apparato propagandistico russo. Luigi Barzini Jr, figlio di quel Luigi Barzini che a inizio del Novecento compiva uno straordinario viaggio da Parigi a Pechino a bordo dell'autovettura Itala, si sofferma ad analizzare, non senza critica, i motivi del successo di Gagarin e più in generale della cultura sovietica. Solo un

> immenso popolo ricchissimo di riserve e di ingegno, retto da un regime ferreo, che non bada al costo di denaro, sacrifici e vite umane poteva portare a termine in così poco tempo e così perfettamente, un'impresa simile. Tipicamente sovietico è il segreto che l'ha avvolta e l'avvolgerà ancora.

Serpeggia il dubbio tra i cronisti occidentali che non tutto sia così limpido come vorrebbero far credere i russi; continua ancora Barzini:

> Come mai [...] erano già pronti i francobolli con la data esatta, le centinaia di migliaia di fotografie di Gagarin, i bottoni con il suo ritratto da appuntare sul bavero?

Per i quotidiani americani è ancora una volta l'ora delle giustificazioni condite da un poco di sarcasmo: i russi hanno un uomo nello spazio e che fanno gli americani? Dormono. La prima reazione ufficiale di Washington è affidata a un messaggio di congratulazioni di Kennedy, il presidente che ha preso il posto di Eisenhower giusto un annetto prima:

Facciamo le nostre congratulazioni agli scienziati sovietici e agli ingegneri che hanno reso possibile l'esperimento. L'esplorazione del nostro Sistema Solare è un'ambizione che noi e tutta l'umanità dividiamo con l'Unione Sovietica. Anche il nostro programma Mercury tende allo stesso scopo.

La seconda risposta è quella di indirizzare il 5% degli stanziamenti annuali alla ricerca spaziale. In pratica, un budget enorme. Dunque ricerca scientifica ed educazione alla scienza, con tanti soldi a disposizione, è la via tracciata da Kennedy sulla scia di quanto iniziato dopo la beffa dello Sputnik. Eppure basta leggere quello che riporta la stampa per rendersi conto che certe cose apparivano oscure solo agli addetti ai lavori. Ancora una volta si rileva l'importanza di educare i giovani, e i meno giovani, a una cultura della scienza. Scrive Albert Ducrocq, autore di pubblicazioni a titolo astronautico:

> Chi conosce la particolare psicologia che anima i giovani sovietici [...] può facilmente capire il suo stato d'animo [lo stato d'animo di Gagarin, n.d.r] al momento in cui è salito sull'astronave. Più simile allo stato d'animo di un appassionato di scienza che di un mistico dell'avventura. Per Gagarin come per milioni di suoi coetanei l'amore per la scienza è coltivato fin dall'infanzia.

Razzi, sputnik, astronavi, sistemi solari in miniatura e tanti libri sono i regali che i padri russi fanno ai loro piccoli. Regali dove l'aspetto tecnico, come sottolinea Ducrocq, prevale su quello fantascientifico. Non è un caso dunque che si faccia la fila al Planetario di Mosca per ascoltare le spiegazioni degli scienziati, e non solo per vedere se il razzo sovietico ha fatto un buco sulla Luna oppure no. Non è questo quello che conta. Conta che i giovani russi sono educati a pensare che sulla Luna ci si può arrivare, e non solo sulle ali della fantasia. Gli americani lo hanno capito tardi.

Poco dopo lo storico evento, Gagarin pubblica le proprie memorie autobiografiche *La via del cosmo* (Editori Riuniti, 1961). La mano della censura sovietica interviene pesantemente ritoccandole a beneficio del buon nome dell'URSS. È una prassi consolidata. Verranno omesse le difficoltà incontrate dal cosmonauta nella sua fase di rientro e solo in seguito si saprà che Gagarin ha toccato terra appeso a un paracadute e non a bordo della Vostok come avevano lasciato intendere i russi e come era costretto a riferire lo stesso cosmonauta qualora venisse interrogato sull'argomento. Scrive Gatland in proposito:

> Durante una visita a Parigi riuscii a interrogare Gagarin sui vari aspetti della sua missione pionieristica. Egli confermò che era rimasto nella capsula invece di catapultarsi per un recupero separato col paracadute.

La prima volta che l'Occidente ha la possibilità di vedere dal vivo una Vostok capita in occasione della Mostra aerea di Tushino nel luglio del 1961, quando viene esposto un modello a grandezza naturale della capsula. Ma c'è il trucco. I russi hanno pesantemente carenato il muso della Vostok cosicché l'interno dell'astronave risulta completamente nascosto; non solo, per aumentare la confusione nell'osservatore occidentale, hanno munito il retro della capsula, all'altezza dei razzi, di un anello di coda sostenuto da otto alette. Gli osservatori occidentali ritengono che l'aggiunta posticcia serva a stabilizzare l'astronave esposta, salvo poi accorgersi che lo stesso disegno compare nella lunga serie di cartoline, francobolli e documenti celebrativi, compreso il video, dedicati all'impresa di Gagarin.

Le caratteristiche tecniche della navetta saranno mantenute segrete per almeno altri quattro anni e saranno svelati solo nel 1965, in occasione della Fiera dell'Economia di Mosca. In quell'occasione verrà presentata ai visitatori una Vostok senza carenatura e senza l'anello con le alette disposto in coda. Solo in quel momento gli esperti potranno accorgersi che la capsula utilizzata da Gagarin per il rientro aveva forma sferica.

Scrive Gatland in proposito:

> In più di un'occasione ho interpellato personalità spaziali sovietiche senza ricevere nessuna risposta soddisfacente, se non questo consiglio "Creda alla Mostra di Mosca" [...] si può soltanto concludere che i Russi volevano tenere l'Occidente, e specialmente l'America, nell'ignoranza delle caratteristiche essenziali del progetto.

Neanche l'eroe in persona è immune dalle ingerenze del Partito. La lunga ombra del regime avvolgerà l'impresa del proprio cosmonauta; gestirà la vita dell'uomo delle stelle, ne farà il porta-bandiera della scienza sovietica e lo metterà da parte quando non ce ne sarà più bisogno. Fino al tragico epilogo.

Quattro mesi dopo l'impresa di Gagarin, gli abitanti di Berlino vedono dalle finestre delle loro case che la città sta cambiando. Sandro Paternostro, in un servizio per la televisione del 17 agosto, racconta di carri armati schierati a presidio, di soldati con "moderne mitragliette" spianate, di specchietti utilizzati dalle guardie sovietiche per accecare con i raggi del sole i corrispondenti occidentali giunti fin là a vedere un muro che taglia in due la città. Yuri, il piccolo uomo nato nel villaggio di Kluskino nella lontana regione di Smolensk ha riunito il mondo, i grandi della terra lo hanno nuovamente diviso.

Programmi Mercury e Vostok

Nel volger di due primavere, dall'aprile del 1961 al giugno del 1963, lo spazio diventa teatro di primati dove si affrontano a suon di record cosmonauti sovietici e astronauti statunitensi, inquadrati, rispettivamente, nei programmi Vostok e Mercury. A seguito, arriveranno le missioni Voshkod e Gemini.

Yuri è stato il primo, ma le mosse avevano preso avvio già molti anni prima per entrambi i contendenti.

Alla fine degli anni Quaranta i sovietici avevano varato il progetto RD-90 che mirava a lanciare due uomini nell'alta atmosfera lungo una traiettoria suborbitale. Korolev e Tikhonravov erano le menti dietro al progetto. Inizialmente si pensava di utilizzare un razzo R-5 capace di sospingere lungo una traiettoria parabolica una capsula ancora non ben definita. Furono prese in considerazioni varie ipotesi costruttive, tra le quali la realizzazione di una navicella dotata di ali e pilotabile fino a terra, o un'altra frenata mediante pale di elicottero. Tuttavia, i buoni risultati conseguiti nella costruzione del potente vettore R-7 avevano fatto crescere le prospettive di impiego, tanto che il progetto suborbitale venne accantonato in favore di più ambiziose missioni spaziali umane e satellitari. Ingegno, passione ed entusiasmo non mancavano

Non sono passati che pochi mesi dalla messa in orbita dello Sputnik che già avanza l'ipotesi che i russi stiano compiendo voli spaziali con uomini a bordo di astronavi. In questo numero del 19 gennaio 1958, Walter Molino interpreta a suo modo la notizia, non confermata, che un russo sarebbe stato lanciato a 300 chilometri d'altezza

certo al gruppo del futuro progettista capo.

Con un documento datato 22 maggio 1959 prese ufficialmente avvio il progetto Vostok (Oriente), articolato in quattro punti: ricerca e sviluppo per voli spaziali con o senza uomini a bordo, satelliti da ricognizione, navette spaziali con uomini a bordo, fotoricognizione spaziale ad alta definizione. Un team di 7000 persone, tra scienziati, tecnici e ingegneri, progettò e costruì la navetta, costituita essenzialmente da due parti: un modulo che recava con sé gli strumenti e il motore a reazione necessario a immettere la navetta nella giusta orbita di rientro e un modulo di forma sferica, munito di tre oblò, destinato a ospitare il cosmonauta. Per rendere la struttura più leggera fu deciso che il cosmonauta sarebbe stato espulso automaticamente dalla navetta, durante la fase di rientro, una volta raggiunta la quota stabilita. Fino all'ultimo gli esperti dibatterono in merito all'opportunità o meno di permettere al cosmonauta di pilotare manualmente la navetta. I servizi segreti non ne volevano sapere di lasciare i comandi al pilota, temevano che potesse disertare consegnando la nave al nemico, mentre per i medici c'era ancora il sospetto che il volo cosmico potesse far perdere la ragione al cosmonauta. Si decise, dunque, di rendere la Vostok totalmente automatica, relegando il pilota a semplice passeggero. Tuttavia, come ricorderà Vitali Volovich, medico personale di Gagarin, in una intervista rilasciata a la Repubblica, gli esperti ipotizzarono di fissare al sedile del primo uomo nello spazio un plico, che il cosmonauta avrebbe aperto solo su ordine impartito dalla stazione di controllo a terra, contente le istruzioni per sbloccare i controlli manuali.

La soluzione non parve così intelligente e si decise di comunicare al cosmonauta pochi istanti prima del decollo i codici di sblocco del sistema automatico.

Il primo uomo nello spazio venne scelto da una lista finale di venti candidati provenienti dalle maggiori stazioni aeronautiche del paese e individuati dopo una lunga serie di test di natura psicofisica. Si richiedeva per prima cosa una costituzione non superiore ai 70 chilogrammi di peso per 170 centimetri di altezza: la Vostok non poteva permettersi cosmonauti robusti o troppo slanciati. Tra i criteri di selezione, una solida convinzione politica e, non ultimo, l'aspetto esteriore, anche se questo non era un requisito ufficiale, solo gradito a Krushev. Il volto rassicurante dell'URSS poteva passare anche per un bel volto pulito e ben rasato. Nel febbraio del 1960 venne stilata una lista di 20 candidati. Di età compresa tra i 23 e i 34 anni, erano per la maggior parte graduati delle scuole di aviazione e piloti di MiG. Iniziò subito una dura fase fatta di teoria da studiare e prove fisiche da superare. I candidati furono sottoposti a test attitudinali e di resistenza allo stress fisico e mentale. Tra le prove più temute c'era la camera di isolamento. Agli allievi non veniva comunicato nulla se non che dovevano infilarsi in una camera all'interno della quale pressione, temperatura e illuminazione erano gestiti a totale discrezione degli esaminatori per un periodo di tempo compreso tra uno e dieci giorni. Condizioni durissime che portarono alla tragedia. Valentin Bondarenko, uno de venti della lista, stremato da dieci giorni di isolamento morì arso vivo dentro la camera a causa di un incendio da lui stesso, incautamente e involontariamente, appiccato.

Il 25 gennaio del 1961 il numero dei candidati si ridusse a sei. Alloggiati presso la *Città delle Stelle*, gli ultimi rimasti vennero sottoposti a una ulteriore serie di test. Furono questi sei che il 25 marzo assistettero al lancio della cagnetta Zvezdochka e del manichino Ivan Ivanovic. In aprile, la cerchia si restrinse ancora. Sarebbero stati Yuri Gagarin, German Titov e Grigory Nelyubov a giocarsi la possibilità di essere il primo uomo a orbitare attorno alla Terra.

Con il benestare dei servizi segreti alla fine si decise: Gagarin, il preferito di Korolev, primo, Titov secondo e Nelyubov la riserva della riserva. Sulla decisione pesò non solo l'aspetto morale del candidato, Gagarin era figlio di contadini, mentre Titov era figlio di un insegnante dunque di un intellettuale, ma anche quello più propriamente professionale: si riteneva che Titov fosse più adatto a sopportare una missione di lunga durata dato il suo carattere risoluto, al contrario di Gagarin caratterialmente meno dotato del rivale. E così fu.

Per quanto riguarda il terzo cosmonauta di questo primo ristrettissimo gruppo, Gregory Nelyubov, il destino sarà molto poco generoso con lui. Deluso dell'esclusione, costretto ad accompagnare i due cosmonauti alla rampa di lancio in abiti civili, entrerà in una spirale depressiva che lo porterà a essere cacciato dal gruppo di cosmonauti in quanto coinvolto come ubriaco in un incidente d'auto. Cancellato da tutta la letteratura spaziale russa dell'epoca – furono utilizzate per l'operazione anche raffinate tecniche di fotoritocco pur di non farlo comparire in alcun documento – dimenticato o ignorato anche dai colleghi d'aviazione, porrà fine alla sua vita il 18 febbraio del 1966 gettandosi sotto un treno in corsa.

In occidente, il lancio di un uomo nello spazio da parte dei russi fu anticipato da notizie infondate. Di voli spaziali sovietici con uomini a bordo si era cominciato a parlare praticamente all'indomani dell'impresa dello Sputnik II. Le insinuazioni che affollavano le pagine della stampa occidentale furono tutte smentite dall'URSS, fin quando, dopo il lancio del Lunik 3 nel 1959, la rivista sovietica Ogonek pubblicò una relazione corredata da foto che mostravano l'addestramento di alcuni giovani al volo spaziale. Che si trattava di pura e semplice "immaginazione giornalistica" lo ribadirono alcuni scienziati sovietici giunti in visita negli Stati Uniti poche settimane dopo il volo del Lunik. La delegazione dichiarò che i russi non avevano in programma alcun lancio spaziale con uomini a bordo, meno che mai senza prima averne garantito la totale e completa incolumità.

Le garanzie dei russi non servirono a rassicurare gli americani che avevano in proposito ben più di un sospetto e il lancio dello Sputnik IV aveva impensierito non poco la NASA; la Tass aveva annunciato il viaggio con le parole:

Da alcuni anni l'Unione Sovietica sta conducendo studi scientifici e attività sperimentali per preparare un volo umano nello spazio extra atmosferico.

In aggiunta, l'agenzia aveva dichiarato l'esistenza a bordo della capsula di un manichino dalle forme umane. Il che fu tutto meno che tranquillizzante.

Paese Sera nell'edizione serale dell'11 aprile, riporta in prima pagina la clamorosa notizia di un lancio russo nello spazio con un uomo a bordo. La notizia si rivelerà del tutto infondata. Tuttavia la storia di Ilyushin non si smonterà mai definitivamente, arricchendosi di anno in anno di nuovi particolari, come quello che lo ricondurrebbe in Cina, dove sarebbe atterrato, segregato nelle prigioni del paese. In basso capeggia piuttosto evidente la notizia del processo ad Adolf Eichmann

Il culmine venne raggiunto nelle giornate di aprile del 1961. Da Mosca iniziò a trapelare la notizia secondo la quale un cosmonauta era stato lanciato in tutta segretezza il 7 aprile, giorno in cui, peraltro, gli americani avevano annunciato che, a breve, avrebbero lanciato un uomo in volo suborbitale con la navetta Mercury.

Il giorno undici fonti non identificate asserirono che il cosmonauta era tenuto sotto controllo medico a causa di complicazioni dovute al volo. Si specificava che il pilota era figlio di un noto progettista di aerei, ma null'altro era possibile sapere poiché le fonti ufficiali non lasciavano trapelare nulla e Radio Mosca taceva.

La notizia, evidentemente assai appetitosa, fu ulteriormente abbellita da un corrispondete francese dall'Unione Sovietica, il quale puntualizzò che il misterioso pilota altri non fosse che Vladimir Ilyushin figlio del famoso progettista di aerei e che, in seguito al volo, aveva riportato ferite alle gambe.

La notizia fu dichiarata priva di qualsiasi fondamento e smontata dagli stessi addetti ai lavori. Ilyushin, che in quei giorni si trovava in Cina per un convegno stando a quello che riporta Gatland nel suo libro, si era fatto male mesi prima a causa di un incidente automobilistico, in seguito al quale era costretto a viaggiare con un bastone.

Anche il governo americano, per bocca di Pierre Salinger, allora Segretario di Stampa della Casa Bianca, dichiarò di non avere alcuna informazione in proposito ma, tant'è, anche alla stampa di casa nostra la notizia parve di un certo rilievo e non esitò a sbatterla in prima pagina. *Paese Sera*, nell'edizione delle ultimissime, riportò l'annuncio del Daily Worker, l'organo di stampa del partito comunista inglese, secondo cui un cosmonauta russo, figlio di un noto progettista aeronautico, era stato lanciato in orbita. Da quanto si legge nell'articolo, il giornale inglese era sicuro "al novanta per cento" della fondatezza della notizia, avendola recuperata da una fonte "solitamente degna di fede". L'articolo all'interno, invero assai modesto, ha poco da raccontare se non voci di corridoio incontrollate e incontrollabili. A un certo punto ai giornalisti arrivò la notizia che il primo cosmonauta della storia fosse in realtà una donna. Blagonravov, intercettato al congresso del COSPAR a Firenze, si rinchiuse in un cortese quanto deciso silenzio. Da lì a poche ore avrà modo di raccontare la storia giusta, almeno quella nota.

Ciononostante, i dubbi in proposito continueranno anche negli anni a venire. La data del 7 aprile 1961 ritornerà in un articolo che *Epoca* pubblicherà nel luglio del 1962 a proposito del programma spaziale russo; secondo Ricciotti Lazzero in quel giorno sarebbe stato lanciato nello spazio il cosmonauta Vassilievic Zovodoski il quale, dopo una partenza regolare, non sarebbe più riuscito a comunicare con la stazione di controllo a terra. Ogni altro tentativo sarebbe risultato

L'avventura dell'uomo nello spazio è affar pericoloso, almeno per quanto riguarda il mensile *Scienza e Vita*. In questo numero di febbraio del 1959, Georges Dupont visita il Dipartimento di Medicina Spaziale della NASA in Texas. Il Dipartimento, pieno di "scritte sconcertanti: Servizio di Astro-Ecologia (!), Servizio di Bioastronautica, Servizio di Bio-gravitica (!!)", è diretto da Hubertus Strughold, al tempo della Seconda Guerra Mondiale al servizio del Terzo Reich. L'articolo descrive i pericoli cui potrebbe andare incontro il futuro viaggiatore dello spazio: solitudine, radiazioni, e soprattutto la tanto temuta gravità zero, i cui effetti sono ben lontani dall'essere chiari

vano e il cosmonauta non avrebbe più fatto ritorno a terra. Il condizionale è d'obbligo giacché i corrispondenti della stampa, come riferisce Lazzero, non riuscirono a ottenere alcuna informazione in proposito. In questa vana ricerca di cosmonauti scomparsi giocheranno un ruolo di primo piano due italiani, i fratelli Judica Cordiglia, le cui registrazioni rubate dalla stazione di ascolto di Torre Bert misero in crisi le autorità sovietiche, alimentando le insistenti voci che circolavano intorno alla schiera dei cosiddetti "cosmonauti fantasma".

Messo da parte il vociferare sui tentativi russi, che stavano combinando gli americani nel frattempo?

Appena costituita, nell'ottobre del 1958, la NASA ricevette l'incarico di progettare una capsula in grado di portare nello spazio un uomo. L'ambizioso progetto fu affidato a un gruppo di lavoro stanziato a Langsley Filed in Virginia, sotto la supervisione di Robert Gilruth. In seguito il gruppo prese posto a Houston in Texas presso il *Manned Space Center*. A breve, la NASA commissionò i primi contratti per la realizzazione della capsula, cui fu dato il nome Mercury, il messaggero alato degli dei. Tempo 14 mesi e la *McDonnell Aircraft Corporation* fu in grado di consegnare il primo velivolo.

Al contrario della Vostok, la Mercury non richiedeva all'astronauta di dover essere espulso dall'abitacolo. La navetta era progettata per ammarare dolcemente appesa a tre paracadute. Parallelamente alla realizzazione del modulo abitativo, la NASA iniziò il lavoro di selezione degli astronauti. Il modulo da compilare per partecipare alle selezioni era datato febbraio 1959 e garantiva ai selezionati uno stipendio che andava dagli 8 ai 12 mila dollari annuali. La prima lista di aspiranti astronauti comprendeva 508 nomi, tutti piloti provenienti dall'aviazione militare. Da questa lista ne furono scelti 32, pronti a iniziare la lunga fase di prove preliminari e test attitudinali. Oriana Fallaci ha scritto pagine assai gustose in *Se il sole muore* a proposito delle prove cui vennero sottoposti i candidati, che, per inciso, secondo il dottor Fyfe della Scuola di Medicina Spaziale di San Antonio, sarebbero dovuti essere tutti dei preti, perché nessun altro è miglior candidato di un prete a volare nello spazio.

Il 2 aprile 1959 la NASA annunciò ufficialmente che l'elenco di coloro che avevano superato tutte le prove era costituito da sette nomi, nessuno dei quali in odor di santità: il maggiore Gordon Cooper, il capitano Virgil Grissom, il maggiore Donald Slayton, il capitano di corvetta Scott Carpenter, il capitano di fregata Alan Shepard, il capitano di fregata Walter Schirra, il tenente colonnello John Glenn.

Mentre per loro ebbe inizio il periodo di preparazione al volo spaziale, che prevedeva, tra l'altro, dei voli parabolici a bordo di Boeing riadattati per simulare l'assenza di gravità (i russi utilizzavano per questo un MiG biposto oppure, alle brutte, l'ascensore dell'Istituto delle Scienze di Mosca che, con certi accorgimenti, era lasciato andare in caduta libera per alcuni secondi, prima di essere frenato e arrestato), i tecnici e gli scienziati continuarono la serie di prove ed esperimenti per garantire piena funzionalità della navetta e del razzo che l'avrebbe immessa in orbita.

Le cose, infatti, non stavano andando proprio come sperato. Nell'estate del 1960 un test di grande importanza portò alla distruzione del razzo Atlas. In novembre fu un razzo Redstone, progettato da von Braun, a fallire durante la fase di accensione, innalzandosi di pochi centimetri prima di schiantarsi a terra.

I fallimenti non impedirono alla NASA di organizzare il 9 aprile 1961 una presentazione in grande stile degli astronauti Mercury. La rivista Life si assicurò l'esclusiva ricoprendo i sette di denaro. Così, senza aver fatto ancora nulla, Glenn e soci divennero prontamente eroi nazionali, orgoglio di una America che aveva preso un sacco di bastonate. Anche le rispettive signore si meritarono gli onori delle cronache. Life dedicò una copertina anche a loro, ritraendole con la stessa inquadratura utilizzata per i più famosi uomini.

I volti degli eroi irruppero nelle riviste di mezzo mondo; Cape Canaveral non aveva più segreti. Alla base degli astronauti in Florida tutto avveniva sotto gli occhi delle telecamere e degli obiettivi delle macchine fotografiche; le fasi di allestimento e di lancio erano seguite passo dopo passo fino al "fulmineo balzo nel cielo". Tutto pubblico, tutto sbandierato in barba alla segretezza in stile sovietico.

La situazione l'indomani il volo di Gagarin era questa.

A neanche due settimane dal trionfo russo, il 25 aprile la NASA fallisce un test cruciale il cui scopo è quello di immettere in orbita una capsula priva di equipaggio. All'interno del modulo i tecnici hanno installato un apparecchio in grado di simulare il respiro e la sudorazione umana. Dopo 40 secondi dall'accensione il razzo Atlas devia dalla traiettoria stabilita e all'ufficiale di sicurezza non resta altro che premere il bottone dell'autodistruzione. Mesta soddisfazione risiede nel fatto che la capsula di salvataggio si è separata dal razzo come da procedura di emergenza, ammarando con i paracadute.

Il fiasco è duro da digerire per la NASA. Ma lo è ancora di più accettare che i russi sono migliori di loro. Gli astronauti scalpitano. Sono sulla bocca di tutti, sulle prime pagine dei giornali, sotto contratto per una rivista famosissima e non fanno null'altro che test a terra. Lo sconforto è aumentato dal fatto che la NASA continua a mandare nello spazio degli scimpanzé, cosa questa che fa divertire moltissimo i piloti collaudatori dell'aviazione che hanno la possibilità di rifarsi e prendersi gioco dei ben più famosi piloti astronauti.

Per i sette astronauti d'oro lo spazio è affare da uomini, non da animali. E così alla fine la decisione è presa. Il primo americano è pronto a salire su una navetta Mercury per un volo sub-orbitale. La *Freedom Seven* si stacca dalle rampe di lancio il 5 maggio 1961, dopo una snervante attesa durata quattro ore. Per tre giorni la Florida è stata sconvolta da un gran brutto tempo e anche in questa fredda mattina di primavera bisogna attendere che i capricci di Giove Pluvio cessino. Se non altro l'attesa porta a conoscere il

Il "cosmonauta" Alan Shepard immaginato da Walter Molino per *La Domenica del Corriere* del 14 maggio 1961. "Anche l'America ha conquistato lo spazio", recita senza troppa enfasi l'articolo all'interno. Di seguito la terza e ultima puntata di *1972: Cronaca del primo viaggio interplanetario*, un racconto fantastico di una spedizione umana verso Marte. Titolo di questa puntata "Addio Marte! Torniamo alla vecchia Terra". Motivo? Semplice, su Marte non c'è nessuno

nome dell'astronauta rinchiuso dentro la navetta, visto che la NASA lo aveva tenuto nascosto fino all'ultimo: si tratta di Sam Shepard.

Il divertimento preferito di Sam è l'imitazione di un personaggio creato dal comico della televisione Bill Dana, José Jimenez, un astronauta pauroso che non ne vuol sapere di rischiare la vita nello spazio. Anche in questa mattina di maggio spunta fuori José che, spalleggiato da Glenn e Grissom, implora gli Stati Uniti di non mandarlo nello spazio. Poi torna Shepard, l'astronauta tosto e preparato, che ama le donne, le auto veloci e i riflettori della celebrità, uno che vuole essere sempre il primo, intelligente più degli altri ma con un gran caratteraccio. È lui che entra nella Mercury all'alba del 5 maggio.

La lunga attesa, rinchiuso nella piccola cabina della navetta, impossibilitato a muoversi gli provoca, però, un inatteso fuori programma. Secondo quanto ha riportato Tom Wolfe nel suo *The Righs Stuff* (tradotto in Italia con il titolo *La stoffa giusta*, da cui è stato tratto l'omonimo film vincitore di due oscar nel 1984), Shepard è colto da un impellente bisogno di urinare. Poiché non è possibile arrestare la missione per una simile, e non considerata, evenienza all'astronauta viene ordinato di "farsela addosso". E lui obbedisce, riempiendo la tuta fino al torace. Rilassato e bagnato, Shepard è pronto per essere lanciato nello spazio davanti a milioni di persone che seguono l'evento in televisione. Si tratta di un breve volo balistico durante il quale l'astronauta sperimenta la possibilità di manovrare manualmente la navetta facendole compiere dei beccheggi. Il volo si svolge senza problemi di sorta e dopo 15 minuti e 22 secondi Shepard viene ripescato senza un graffio dalle acque del mare. "È una bella giornata ragazzi, che volo", dice ai soccorritori.

L'America rifiata. Kennedy accoglie il primo astronauta americano alla Casa Bianca e, davanti a decine e decine di giornalisti, gli conferisce un encomio. Anche il nostro presidente del Consiglio, Fanfani, invia i suoi rallegramenti al presidente americano.

"Il mondo occidentale alle 15.35 di ieri, ha potuto tirare un sospiro di sollievo" scrive *Il Resto del Carlino* del 6 maggio. Certo, non sfugge a nessuno che il volo di Gagarin è stata ben altra cosa, ma il "Progetto Mercurio" ha le carte in regola per garantire all'occidente di recuperare lo svantaggio maturato. Se non altro, il tempo perduto è servito a rendere sicuri i voli spaziali, tali da non far correre alcun rischio all'astronauta a bordo. Anche se tutto ciò ha significato perdere il primato. Ma questo, secondo la stampa, è l'unica vera regola di democrazia che conta veramente.

Il 21 luglio la NASA è pronta a replicare il buon esito della sua prima avventura spaziale con un uomo a bordo di una navetta. Il prescelto è Virgil Grissom, portato alle grandi quote dalla capsula Liberty Bell. Grissom, pilota di guerra decorato in Corea, è uomo di poche parole, taciturno e schivo. Affronta il volo come deve e tutto sembra filare liscio; tocca i 190 chilometri di altezza, lassù dove il cielo "è nero, molto nero". La fase di ammaraggio, però, è drammatica. Il portello della capsula si apre prima del previsto e la Mercury inizia a imbarcare acqua. Grissom si getta in mare attendendo i soccorsi dell'elicottero che di contro si sta preoccupando di recuperare la navetta. L'astronauta viene tratto in salvo ma la navetta affonda. Per la NASA la missione è un mezzo fiasco, anche se ufficialmente, la posizione presa è esattamente improntata al contrario. Viene aperta un'inchiesta e molto saranno le voci che imputeranno all'astronauta un attacco di panico che gli avrebbe fatto aprire anticipatamente il portellone.

"Ero spaventato", dice in conferenza stampa l'astronauta e un giornalista, perfido, lo costringe a ripetere quanto dichiarato: "Sì, ero spaventato, soddisfatti?"

Il volo di Titov

Siamo in piena estate, gli americani riflettono su quanto è successo alla loro ultima navetta Mercury adagiata sul fondo del mare e Yuri Gagarin si sta riposando in Nuova Scozia (Canada), ospite nella villa del miliardario Cyrus Eaton.

"Yuri, Yuri, Titov sta per essere lanciato. Parti subito per Mosca dove dovrai riceverlo", dice al telefono un corrispondente della Tass al primo uomo delle stelle.

È la notte del 6 agosto e Gagarin parte alla volta della capitale russa. Alle 8.40 ora italiana, Yuri Levitan informa il mondo che una nuova nave spaziale con un uomo a bordo è in orbita attorno alla terra. La Tass informa che il cosmonauta ha in programma di compiere 17 orbite attorno alla terra e che si conta di recuperarlo vivo alle ore otto del 7 agosto. Un'impresa sensazionale, più

Per *Epoca* del 13 agosto, Titov è l'uomo meteora. Lo speciale da Mosca racconta tutte le fasi del volo del cosmonauta, avventurandosi anche in una descrizione della capsula. Il corrispondente Eward Collins scrive a proposito del rivestimento esterno della misteriosa navetta:"Il Vostok 2 pare fosse circondato da un primo strato vegetale destinato a incendiarsi e sparire completamente a contatto con l'atmosfera. Sotto di esso si troverebbe una ceramica straordinariamente resistente di cui nessuno conosce la formula. Un terzo strato formato di fibre artificiali, sul genere del nylon, copriva un involucro di un materiale su cui non si è mai avuta la minima indiscrezione, capace di resistere alle temperature più tremende"

di un giorno in orbita, di ben altra rilevanza rispetto ai voli parabolici degli americani.

Prima della partenza, il solo radiocronista autorizzato ad assistere al lancio raccoglie la dichiarazione ufficiale del cosmonauta davanti a tecnici e militari in alta uniforme schierati sull'attenti:

> Cari compagni e amici ho il grande onore di effettuare un nuovo volo negli spazi cosmici a bordo della nave spaziale sovietica Vostok 2 [...] Noi sovietici siamo orgogliosi che il nostro Paese abbia aperto una nuova era nella conquista dello spazio. La nostra potente madrepatria dispone di magnifiche navi cosmiche che partono dai cosmodromi sovietici nel nome della pace e del progresso. In questi ultimi minuti prima della partenza desidero ringraziare gli scienziati, gli ingegneri, i tecnici e gli operai sovietici che hanno creato la magnifica nave cosmica Vostok 2 [...] Il mio amico Yuri Gagarin è stato il primo ad aprire la via del cosmo e ciò costituisce una realizzazione eccellente dell'uomo sovietico.

Un'ora dopo, in orbita, il cosmonauta si ripete e lancia il solito messaggio a Krushev, al Comitato Centrale del Partito e al Popolo Sovietico. A terra Levitan annuncia il nome del pilota: è il capitano German Stepanovich Titov. Lo scopo della missione, prosegue Levitan, è quello di studiare l'influenza sull'organismo umano di un lungo soggiorno in orbita e di un volo lontano dalla superficie terrestre e la capacità al lavoro dell'organismo umano in condizioni di assenza di peso.

Gli scienziati sovietici sono convinti che un giorno di permanenza nello spazio possa fornire preziose indicazioni sulla risposta dell'organismo umano alle sollecitazioni del cosmo. Titov, nome in codice Aquila, è monitorato minuto per minuto da strumenti di misura e un collegamento radio e video permette agli scienziati di controllare le sue condizioni apparenti.

Intanto, come da programma, alla televisione inizia a circolare il filmato messo a punto nei giorni che precedevano la missione. La vita di German Titov si svela davanti agli occhi di milioni di persone: lui da piccolo, lui che gioca a tennis, i suoi familiari, le interviste degli amici, la famiglia, la scuola e via di questo passo.

Alle 10.18 del 7 agosto il volo di Titov ha termine. Dopo aver percorso una distanza complessiva di 700 mila chilometri, "ben più della distanza che separa la Terra dalla Luna", dice Radio Mosca tanto per chiarire bene il concetto, il maggiore Titov, promosso a grado superiore durante il volo, si concede alla gloria. Durante il suo volo ha avuto tempo di lanciare messaggi di amore e amicizia a tutti i popoli che stava sorvolando in quel momento, asiatici, europei, americani, africani, tutti hanno potuto ascoltare le parole di un russo nello spazio.

Stavolta non è un mistero che il cosmonauta sia rientrato a terra dopo essere stato espulso dalla navetta. Interessante, e ambigua, risulta a questo proposito la dichiarazione che rilascia durante una conferenza stampa a Mosca:

> Dopo l'accensione del retrorazzo, quando il veicolo entrò nella sua traiettoria di discesa, mi sentii molto in forma e deciso a tentare il secondo sistema di atterraggio. A bassa quota il sedile fu espulso e la parte finale della mia discesa venne fatta col paracadute.

I giornali russi stampano resoconti e corrispondenze dedicate al cosmonauta. Scrive la *Pravda*:

Nel cielo è apparsa una nave di forma strana. Scende lentamente e la gente delle zone vicine le corre incontro affrettandosi per vedere l'uomo che viene dal cosmo. La nave è grande, colossale. Ecco il nostro caro compagno Titov: è lievemente agitato, ma ci guarda con i suoi occhi chiari e luminosi. È sceso in un campo dove il grano era stato appena mietuto. Egli è stato subito abbracciato dai meccanici di una fattoria agricola che lavorano nei pressi. M. J. Andreyov si è diretto verso il cosmonauta e gli ha detto "Mio caro amico mi congratulo con te e con la nostra terra natia" […] Egli si reca in una casa vicina per telefonare a Krushev […] mentre migliaia di persone si sono raccolte intorno scandendo il suo nome.

L'eco del nuovo lancio sovietico è notevole quanto quello di Gagarin.

"Abbiamo la Luna in tasca", titola *l'Unità*, riportando una frase di Titov, che, durante le interviste, esorta le superpotenze a dialogare per favorire la pace e la distensione.

Il Corriere della Sera dedica la prima pagina interamente al viaggio della Vostok II e parla di "eccezionale impresa", resa ancor più memorabile dal fatto che il cosmonauta abbia potuto dormire nello spazio sette ore. La lunga permanenza in condizioni di assenza di peso, ben oltre il periodo trascorso da Gagarin, impressiona i corrispondenti occidentali. I giornali francesi rimangono particolarmente colpiti dal fatto che in un solo giorno Titov sia riuscito a vedere 17 volte il sole sorgere e tramontare. Come spesso accade, specie per la stampa schierata, dopo le lodi di rito il discorso scivola fatalmente sull'aspetto politico della vicenda. Ecco allora che

alla nobile soddisfazione di chi ritiene che i giganteschi progressi delle scienze facciano onore al genio dell'uomo senza distinzioni di patria, di razza, o di religione, si mescola necessariamente un senso involontario di apprensione: uno Stato già potentissimo, padrone di simili meccanismi nuovi e straordinari, quale uso farà di una superiorità forse effimera ma per ora imbattibile? La cosiddetta astronautica servirà ad ampliare gli orizzonti dell'uomo o a esasperare le gare e gli odi fino alla comune rovina. Sarebbe il colmo dell'assurdo, ma il regno dell'assurdo ha vasti confini.

Visto che da un punto di vista tecnico e scientifico i russi paiono inattaccabili, c'è sempre modo di criticare l'operato del regime sovietico, sempre così avaro di informazioni; scrive *il Corriere della Sera*:

> Purtroppo anche in questa occasione i sovietici non hanno rinunciato alla segretezza che circonda tutti i loro esperimenti spaziali. Il volo non era stato annunciato in anticipo [...] e nessuno straniero, nessun inviato speciale occidentale ha potuto assistere al lancio o all'atterraggio. I metodi sovietici rimangono ostinatamente diversi da quelli americani e noi ce ne rammarichiamo, se non altro per ragioni professionali.

Dunque, silenzio e mistero sono i comuni denominatori delle imprese russe, al quale si aggiunge una mistificazione che può raggiungere vertici paradossali. Dai resoconti ufficiali e dalle notizie rilasciate dagli scienziati, il volo di Titov ha dimostrato la grande adattabilità dell'organismo umano al volo spaziale: il cosmonauta non ha patito alcun malessere e l'assenza di gravità non ha influito sulla normale fisiologia del soggetto.

In realtà Titov qualche problema durante il volo l'ha avuto, ma questo lo si scoprirà più tardi.

> In condizioni di assenza di peso – riferirà il professor Vladimir Yazdovsky – il cosmonauta risentì spiacevoli sensazioni di carattere vestibolare, specialmente quando voltava bruscamente la testa o osservava oggetti in rapido movimento.

Al rientro, il cosmonauta non era in buona forma; i soccorritori lo trovarono spossato, in preda a malesseri, tra cui una forte nausea.

Ma queste erano notizie che si poteva evitare di dire. Il capolavoro della propaganda sovietica, comunque, non è ancora arrivato. Come il suo predecessore, anche Titov non si sottrae al rito del libro e pubblica le sue memorie, tradotte in italiano con il titolo *Le mie 17 aurore cosmiche*.

Alla base americana di Langley si accoglie la notizia del volo di Titov così come è venuta: "Nessuno di noi è rimasto sorpreso dal lancio sovietico. Sapevamo che potevano farlo". Rallegramenti ai sovietici, ma morale sotto i tacchi; e qualche senatore pensa già che satelliti di quelle dimensioni possano essere utilizzati dai russi come armi molto pericolose. Per risollevare le sorti degli stati Uniti occorrerebbe un miracolo, forse meglio un santo. Fortunatamente il santo a disposizione c'è.

L'America in orbita

Ovunque vada lo ricevono come un re, sua moglie come una regina. Fanfare, fiori, fotografie, inviti di Kennedy a passare i week end con lui e Jaqueline. La stampa ne esalta le infinite virtù, la vita di un santo un po' noiosetto.

Questo è il ritratto che tratteggia Oriana Fallaci di John Glenn, l'astronauta che nel febbraio del '62 ridà il sorriso agli americani.

Dopo le splendide missioni di Gagarin e Titov, agli americani non basta più lanciare una navetta con un pilota a bordo lungo una semplice traiettoria parabolica della durata di qualche minuto. L'America ha bisogno di un uomo in orbita e individua in quel suo figlio prediletto venuto dalla buona borghesia dell'Ohio l'uomo ideale. Pur non essendo giovanissimo, Glenn ha dimostrato durante i test attitudinali di che pasta è fatto. Eccelleva nelle prove fisiche e mentali, impressionando gli esaminatori per il suo autocontrollo, la freddezza e la capacità di giudizio. Insomma, l'uomo giusto da far girare intorno alla terra.

Solo il tempo complica le cose. Giorni e giorni di pessime condizioni meteorologiche interrompono il conto alla rovescia e fanno rinviare di volta in volta la data del lancio. Poi il gran giorno arriva. Il 20 feb-

L'avventura di John Glenn è seguita con gli occhi della sua famiglia, in questo numero di *Epoca* del 4 marzo 1962. Il giornalista Wainwroght racconta il volo dell'astronauta ospite nella piccola casa dei Glenn. Il numero successivo, dell'11 marzo, presenterà in esclusiva mondiale il racconto dell'evento scritto dall'astronauta in persona

braio 1962, alle 9.47 ora locale, John Glenn, quarant'anni, eroe pluridecorato della guerra di Corea, scandisce al microfono il conto alla rovescia: "Sei, cinque, quattro, tre due uno, zero. Decollo. In funzione. Siamo in movimento". Qualche minuto dopo Glenn è il primo americano a orbitare la Terra.

Nella loro casa ad Arlington, Annie Glenn, i figli Lyn e David insieme ai nonni, seguono alla televisione il volo nello spazio di John. "Vado un momento nel negozio all'angolo", aveva detto l'astronauta prima di lasciare la famiglia per recarsi dalla sua Mercury, "va bene", aveva risposto Annie, "ma non metterci troppo". Fa compagnia alla famiglia il giornalista Loudon Wainwroght, il quale scriverà il racconto di quel momento in esclusiva per le riviste *Life*, *Epoca* e *Paris Match*.

Intanto, lassù nello spazio, Glenn dialoga con le numerose stazioni di ascolto sistemate lungo il globo. Nel bel mezzo di uno di questi dialoghi, vede qualcosa di strano attorno alla navetta:

> Mi trovo in un enorme massa di particelle minutissime, sembrano stelline, non ho mai visto niente del genere... turbinano intorno alla capsula e passano davanti al finestrino.

La spiegazione fornita dalla NASA a missione terminata è che Glenn abbia visto minuscoli frammenti di vernice che si erano staccati dalla navetta. La sua abilità di pilota viene messa alla prova durante la seconda orbita. La Friendship 7 ha qualche problema di assetto e John è costretto a prendere i comandi per tenerla sotto controllo. Riduce sensibilmente il programma di osservazioni ed esperimenti per concentrarsi sul mantenimento della giusta traiettoria. A terra una spia manda un segnale preoccupante: si teme che lo scudo termico che deve proteggere la capsula al rientro nell'atmosfera terrestre sia andato in avaria. La stazione di comando decide di interrompere la missione alla terza orbita e a Glenn viene comunicato l'ordine di rientrare. L'avvicinamento alla Terra è complicato. "Quello fu un brutto momento e non c'era nulla che potessi fare", confesserà più tardi, "così continuai a occuparmi di ciò che stavo facendo: tenere la capsula sotto controllo e sudare, sudare, sudare, sudare a più non posso".

In buone condizioni, dimagrito di 3 chili, viene recuperato nel Mar dei Caraibi dopo poco meno di 5 ore di volo. A casa Glenn squilla il telefono e, dopo la chiamata di Kennedy, Annie riceve la telefonata più attesa "Annie? Sei felice? È stata un'esperienza fantastica".

Da quel momento lo aspetta la gloria. Shepard e Grissom sono dimenticati. Il presidente lo accoglie alla Casa Bianca e la famiglia Glenn inizia a frequentare sempre più spesso quella dei Kennedy. Dice il presidente a proposito del suo astronauta:

> Pochi giorni fa, quando il colonnello Glenn venne a trovarmi alla Casa Bianca, ebbi l'occasione di rilevare che, insieme agli altri astronauti, egli appartiene a quel tipo di americano di cui andiamo più fieri. Quando alcuni anni fa, come pilota dei Marines, cercò di misurasi in una gara di velocità con il Sole attraverso il Paese [Glenn aveva compiuto nel '57 un volo supersonico da New York alla California nel tempo record di 3 ore e 28 minuti, n.d.r] fu sconfitto. Ma oggi ha vinto.

Krushev non tarda a far avere al presidente Kennedy le sue felicitazioni per la riuscita della missione, cui si associano Gagarin e Titov che inviano i loro messaggi direttamente al collega astronauta. I russi hanno i loro bravi campioni, dunque, ma da questo febbraio del '62 anche gli americani possono vantarsi di averne uno.

In virtù di quel volo, Glenn irrompe nella vita quotidiana di milioni di cittadini, forte delle esclusive che ha con alcune delle più rinomate riviste internazionali. I giornali se lo coccolano, i fotografi se lo mangiano; la sua vita e quella della sua discreta e silenziosa compagna, sono un libro aperto. E di fronte alle fanfare, ai fiori e alle fotografie Glenn non si tira certo indietro. Dice di lui Shepard:

> Perfino quando si gratta il naso o fa pipì si comporta come se un esercito di ragazzini o di elettori lo stesse guardando.

Da questo momento si dedicherà alla carriera politica, anche se di lui, come astronauta, ne sentiremmo ancora parlare nel 1998, quando a 77 anni si imbarcherà a boro della navetta Shuttle.

Dopo Glenn, gli americani sono pronti a bissare il successo: Scott Carpenter è pronto a raggiunge lo spazio il 24 maggio a bordo della capsula Aurora 7. Il volo è tutt'altro che sereno. Su *Epoca* del 10 giugno Carpenter racconta il suo viaggio irto di difficoltà. Al termine del primo passaggio sopra il lato non illuminato della terra l'astronauta si accorge che ha consumato parecchio carburante nel compiere le manovre; anche la temperatura all'interno della tuta gli crea diversi problemi. L'astronauta suda moltissimo, il termometro sale a toccare i 39 gradi centigradi, e ha difficoltà a scandire le parole, sebbene rimanga sempre lucido. Se non altro scatta numerose foto a colori – che *Epoca* mostra in esclusiva ai suoi lettori riprendendo anche quella specie di "lucciole spaziali" che aveva visto Glenn fuori dal suo oblò. Sono previste sette orbite ma al termine della seconda è costretto a eseguire la manovre per il rientro a Terra, rinunciando a completare la lista di esperimenti. Tra quelli eseguiti ce n'è uno curioso: il lancio di un pallone di diversi colori tenuto al guinzaglio da un filo di circa 3 metri. Carpenter ha il compito di rilasciare nello spazio il pallone e riferire qual è il colore che vede meglio dalla capsula. Ma la situazione generale è lontana dall'essere ottimale; scrive nelle pagine di *Epoca*:

> Tra il momento in cui accesi i retrorazzi e il momento in cui Aurora 7 iniziò l'ingresso nell'atmosfera, la situazione divenne davvero difficile. La riserva di carburante era pericolosamente bassa e io non avevo affatto certezza che ne rimanesse abbastanza per portare la capsula nella posizione giusta. Se avessi iniziato il reingresso con un angolo errato e il carburante si fosse esaurito non sarei stato in grado di controllare la capsula durante la discesa. Le probabilità di sopravvivere a un rientro non controllato non erano molte.

Dalla stazione di comando poco si può fare se non sperare che vada tutto bene e attendere che il segnale radio dalla capsula venga ripristinato; a causa della guaina di plasma ionizzato che avvolge la Mercury al rientro è impossibile stabilire per qualche minuto alcun contatto con l'astronauta. La fortuna sorride e Carpenter, stanco e provato, viene ripescato dai soccorritori dalle acque a circa 200 km a largo di Porto Rico. Glenn lo accoglie con un abbraccio sotto gli occhi un poco preoccupati di Walter Marty Schirra, il terzo nella lista dei partenti. Dopo la quarantena di 2 giorni, anche Carpenter si concede il privilegio di essere accolto dal Presidente, il quale, in questa sorta di galateo spaziale ha già ricevuto le congratulazioni di rito da parte dei russi.

Gli americani stanno dimostrando che il tempo perduto è stato ben speso, anche se le navette Mercury non sono ancora del tutto affidabili. Tuttavia il pensiero non può fare a meno di cadere su quello che staranno combinando i russi, visto che ormai sono passati diversi mesi, e due astronauti americani in orbita, dal volo del loro ultimo cosmonauta.

Quando Radio Mosca rompe gli indugi, la dichiarazione pare un poco deludente. Un'altra Vostok, la terza, è stata messa in orbita dall'Unione Sovietica l'11 agosto 1962. A pilotarla il cittadino sovietico maggiore Andrian Grigorovich Nikolajev, un uomo, per dirla con Titov, "dotato di una resistenza di ferro e di una coraggiosa determinazione". Segue il solito rituale fatto di comunicazioni di ordinanza e di saluti a chi di dovere. Nulla di eccezionale, parrebbe. Il colpo a sorpresa giunge il giorno dopo. Radio Mosca annuncia che una seconda nave, la Vostok 4, è stata lanciata in orbita assieme al cosmonauta Pavel Romanovich Popovich.

Obiettivo di questo lancio di due navi spaziali in orbite vicine – precisa la Tass – è quello di ottenere dati sperimentali sulla possibilità di stabilire contatti tra le due navi stesse, di coordinare le manovre dei due piloti, e di controllare la diversa influenza delle identiche condizioni di volo spaziale sugli organismi umani.

Se volevano sorprendere i russi ci sono riusciti anche stavolta: due navette volteggiano affiancate, anche se ben distanti l'una dall'altra, attorno alla terra. "Nikolayev e Popovic a braccetto nello spazio", titola a grandi caratteri la *Gazzetta di Mantova*; l'eco del duplice volo passa in fretta di bocca in bocca. Il mondo intero si congratula con il

La *Gazzetta di Mantova* del 13 agosto dedica la sua prima pagina interamente al duplice lancio russo

governo sovietico, primo fra tutti Kennedy per "l'eccezionale impresa tecnica" compiuta; si associano anche gli scienziati per i quali l'esperimento sovietico è assolutamente fantastico giacché

> formidabili calcoli matematici hanno reso possibile il prodigioso appuntamento in cielo delle astronavi.

Dell'impresa si interessa anche il pontefice che, in un discorso tenuto ai fedeli, rivolge un pensiero agli astronauti, indipendentemente dalla bandiera che portano lassù:

> Diletti figli, appartenenti a tutte le genti, voi siete qui adunati come buoni fratelli, mentre il pilota sta sperimentando in modo quasi decisivo e certo determinante le capacità intellettuali, morali e fisiche dell'uomo, che continua quella esplorazione del creato che la sacra scrittura incoraggia nelle sue prime pagine *Ingredimini super terram et replete eam*.

Nello spazio i due cosmonauti conducono una lunga serie di esperimenti a seguito dei quali i russi riferiranno di aver ottenuto una grande quantità di dati e informazioni. Rendono l'avvenimento ancor più memorabile le prime trasmissioni televisive registrate che mostrano i cosmonauti durante le fasi della loro attività spaziale. Dopo 94 ore di volo per Nikolaiev e quasi 71 per Popovich, la duplice missione ha felicemente termine nelle terre a sud della regione di Karaganda.

"Mosca prepara il trionfo dei gemelli spaziali sulla Piazza Rossa", titola *l'Unità*, pronta a rimarcare l'indiscussa leadership dell'URSS nella corsa allo spazio. Gli esperti russi informano i colleghi occidentali che le condizioni di salute dei due sono ottimali e che il corpo umano ha reagito senza particolari sollecitazioni al prolungato periodo di assenza di peso. Al simposio del COSPAR del 1964, tuttavia, gli scienziati ammetteranno che i due cosmonauti avevano patito diversi disturbi di natura cardiovascolare, disturbi che erano continuati anche a dieci giorni dal termine della missione spaziale.

Il duplice lancio rinvigorisce le ipotesi che ormai l'Unione Sovietica sia pronta a inviare uomini verso la Luna; almeno ne è convinto John Sullivan che sulle pagine di *Epoca* del 19 agosto scrive:

Gli scienziati russi stanno già preparando il volo di una astronave verso la Luna: i lanci multipli di questa settimana servono al collaudo di nuovi sistemi per viaggi spaziali di quindici o venti giorni.

A suffragare quanto supposto vengono riportate le indiscrezioni di un giornalista della *Pravda Ukraini* di Kiev, tale N. Michailov, il quale ha avuto la possibilità di osservare dall'interno il "villaggio scuola" dove si stanno preparando i futuri viaggiatori lunari, e dal quale sono usciti i Nikolaiev e i Popovich dell'ultima missione.

Dall'altra parte del muro, gli americani procedono con il loro programma Mercury, dopotutto non hanno alcun motivo di modificare quanto pianificato. Dunque tocca a Walter Schirra apprestarsi a volteggiare intorno alla Terra.

Wally – per Oriana Fallaci – è quello con maggior umorismo, giovialità carica di simpatia [...] Fra tutti [i sette astronauti, n.d.r] è quello che si dà meno arie, il mestiere di astronauta per lui non ha nulla di eccezionale. Guglielmo Schirra, suo padre, diventò un asso dell'aviazione durante la Prima Guerra Mondiale [...] Nato Wally i coniugi Schirra gli curavano qualsiasi malanno con l'aeroplano: ottocento metri d'altezza per il raffreddore, mille per il morbillo, milleduecento per la scarlattina.

Il 3 ottobre, a bordo della Sigma 7, l'astronauta di origini siciliane rimane nello spazio per più di nove ore, compiendo sei orbite complete attorno alla Terra.

Anche lui riferisce di vedere le particelle fluorescenti che avevano già impressionato i due colleghi che lo avevano preceduto e aggiunge che è in grado di provocarne la formazione percuotendo le pareti della cabina. La missione è perfetta tanto che il pilota afferma in conferenza stampa di aver compiuto "un volo da manuale scolastico". A beneficio dei più giovani, Schirra puntualizza che "da lassù la Luna non sembra fatta di formaggio verde".

Il programma chiude felicemente i battenti con il volo di Leroy Cooper del 15 maggio 1963. È il viaggio più ambizioso, e lungo, di tutto il programma. All'inizio l'astronauta viene autorizzato a effettuare sette orbite, ma poiché tutto procede bene, si continua fino alle 22 programmate. La missione è importante per gli americani che hanno modo di valutare su un loro pilota gli effetti di una permanenza prolungata nello spazio in assenza di peso. Tra le osservazioni riportate dall'astronauta, quelle che impressionano maggiormente gli esperti al centro di controllo sono quelle relative ai dettagli terrestri che il pilota dice di poter distinguere. Cooper riferisce di vedere non solo valli e montagne, ma di distinguere strade serpeggianti, scie di imbarcazioni e addirittura fumo dai camini, veicoli e treni. Tutto questo agli scienziati della NASA appare impossibile, tanto che pensano seriamente che il loro astronauta soffra di allucinazioni spaziali. Quando anche i futuri piloti Gemini riporteranno osservazioni simili, l'onore di Cooper sarà pienamente riabilitato. Prima di apprestarsi al rientro, Cooper recita a beneficio delle stazioni in ascolto una preghiera all'Altissimo. Dopo 938.802 chilometri percorsi, "il più bello degli astronauti", promosso da maggiore a colonnello durante la diciannovesima orbita, ammara felicemente con la sua capsula Faith 7 vicino le isole Midway.

Il suo volto, stravolto dalla fatica, gonfio e segnato, viene immortalato in una foto che le riviste non tardano a pubblicare: il lato umano, sofferente e debilitato della conquista dello spazio. Una volta ripresosi, non rimane altro a Cooper che percorrere a bordo di una limousine scoperta la Pennsylvania Avenue di Washington per concedersi alla folla festante. Il lato spettacolare dell'impresa.

L'unico degli astronauti selezionati nel '59 a non raggiungere lo spazio è stato Deke Slayton fermato a terra per un problema al cuore.

Il programma Mercury ha chiuso i battenti felicemente e preziose sono state le informazioni ricavate dalle missioni. Ma i lanci spaziali incalzano in questo frenetico 1963, non c'è tempo di gioire per un astronauta che subito dall'altra parte del mondo si alza la posta. Impietoso scrive un giornalista:

Yuri Gagarin è diventato in pochi anni un patetico Lindberg delle stelle. C'è sempre di più c'è sempre qualcosa di nuovo.

Saggia, e scortese, previsione; i russi hanno esattamente intenzione di compiere qualcosa di nuovo, e straordinario, a conclusione del loro programma Vostok.

Il 14 giugno, alle ore 14.59 ora di Mosca, parte la Vostok 5. Ai comandi si trova il tenente colonnello Valery Bykovsky; le immagini del cosmonauta, nitide e ben definite che gioca a far fluttuare un libro in assenza di peso, arrivano nelle case degli italiani con il telegiornale della sera. Tuttavia, visto le sorprese precedenti, inizia a farsi largo una certa frenesia da primato, alimentata dalle solite voci di corridoio e, stavolta, anche da qualcosa di più autorevole. Il Primo Ministro Sovietico annuncia personalmente al leader laburista Harold Wilson che l'URSS ha in procinto di effettuare un secondo lancio ma, da politico navigato, non aggiunge altro. La fantasia dei giornalisti si scatena e si fa largo l'ipotesi che possa essere una donna la compagna di gita spaziale di Bykovsky.

L'attesa dura neanche due giorni. Durante una trasmissione televisiva appare il volto di una donna racchiuso dentro al grosso casco da cosmonauti e la voce del commentatore che dice:

> Quella che avete visto è la prima donna, una donna sovietica, lanciata nel cosmo. Alle ore 12.30 ora di Mosca è stata messa in orbita la nave satellite Vostok 6 guidata per la prima volta nel mondo da una cosmonauta, la compagna Valentina Vladimirovna Tereshkova.

È il 16 giugno, e il colpo sensazionale è arrivato. L'annunciatore prosegue il suo messaggio enunciando gli scopi scientifici della missione ed elencando i parametri della traiettoria della navetta. La Tass esalta il fattore umano dell'impresa e dichiara che il volo di Valentina eclissa la fama di qualsiasi altra donna nel mondo, nessuna delle quali, in nessun paese, ha mai potuto compiere l'avventura di Valentina, il "Gabbiano".

I giornali di tutto il mondo escono con titoli a quattro colonne. Il *Daily Express* parla di Valentina quale

> la vera Miss Universo: essa è veramente qualcosa di più di un simbolo del coraggio femminile. Milioni di donne nel mondo oggi la definiscono l'ambizioso simbolo dell'emancipazione femminile. Sta scrivendo in cielo una sensazionale pubblicità a favore del modo di vita di Krushev.

Il *New York Times* commenta:

Da molto tempo sapevamo che il mondo appartiene alle donne. Adesso i russi hanno fatto dello spazio un Cosmo delle donne.

E dal cosmo arriva la voce di Valentina, una voce piacevole, profonda e indimenticabile come l'ha definita un giornalista, che annuncia alle donne di tutto il mondo che per loro è iniziata una nuova era. A Mosca la Tass interrompe di continuo le trasmissioni per aggiornare gli ascoltatori sulle condizioni di salute dei due navigatori dello spazio. I dati medici e le osservazioni televisive indicano che entrambi i cosmonauti godono di ottima salute e sopportano il volo spaziale senza troppi patemi.

Dirà in seguito Valentina durante una conferenza stampa a Mosca:

> Ho sopportato lo stato di assenza di peso e mi sono adattata; certamente è stato piuttosto buffo dormire con le mani che penzolavano a mezz'aria [...] Ho mangiato di buon appetito, avevo una dieta variata. A dire la verità verso la fine cominciai a desiderare un po' di pane nero, di patate e di cipolle.

Pane nero e cipolle sono un tipico piatto povero della Russia, e di questa dichiarazione la propaganda saprà farne buon uso.

Intanto a terra, la radio manda in onda di continuo canzoni popolari dedicate a Valentina e se una bimba dovesse nascere in questi momenti il suo nome è già segnato. L'euforia dilaga e in occidente, non contenti dell'impresa, si attende che i russi rilancino, dichiarando l'invio nello spazio di una terza navetta. Le notizie non trovano conferma e il 19 giugno alle ore 13.12 la Tass riferisce che i due cosmonauti sono rientrati a terra sani e salvi. Entrambi stanno bene e, nel punto del loro atterraggio, sono stati circondati da folla entusiasta. La tv immortala il felice rientro della cosmonauta lasciando le immagini alla storia.

Che poi è tutto un falso sarà la stessa storia a dirlo.

Com'era successo al suo collega Gagarin, Valentina diventa un personaggio pubblico e inizia un tour mondiale. Durante una conferenza a Cuba una giornalista le chiede della sua vita privata, in particolare le domanda se e quando avrà intenzione di sposarsi. Valentina risponde che non sarà certo un segreto poiché sarà impossibile che la notizia possa sfuggire ai giornalisti.

Tempo qualche mese e la prima cosmonauta della storia convola a giuste nozze con Andrin Nikolayev, il pilota della Vostok 3. Come aveva immaginato, al matrimonio non manca la stampa, cosa di cui Krushev, gran cerimoniere dell'evento, non se ne dispiace affatto. In questa circostanza, alcuni attenti giornalisti scattano numerose foto dalle quali emerge una figura fino a ora pressoché ignorata dalle fonti occidentali. Qualcuno sospetta che quell'uomo sconosciuto e defilato, che non compare in alcuna foto né rapporto ufficiale, possa avere un ruolo importante nell'impresa spaziale sovietica. Quella misteriosa figura viene identificata in Serghiei Korolev.

Il matrimonio di Valentina, celebrato il 3 novembre, viene benedetto dallo steso Krushev che vede nell'evento una splendida occasione per promuovere il lato vincente, umano e tecnico, della migliore scienza sovietica.

Anche gli studiosi sono piuttosto interessati al lieto giorno. Durante il volo della cosmonauta attendevano sempre con una certa dose di trepidazione i dati relativi alla salute dei due cosmonauti; in particolare quelli di Valentina. I medici avevano incoraggiato un lancio nello spazio di una donna, interessati com'erano a capire quale potesse essere la risposta del corpo femminile alle sollecitazioni dello spazio. Poiché non c'era alcun tipo di letteratura in proposito, e neanche teorie soddisfacenti, si riteneva che l'apparato di riproduzione femminile avesse potuto patire un qualche tipo di problema da una permanenza prolungata nello spazio. Dal volo di Valentina si attendevano risposte anche in tal senso. Ma i referti medici ricavati dalla missione, pur dimostrando la sostanziale buona salute della cosmonauta, non avevano sbrogliato tutti i dubbi. Dunque il matrimonio con un cosmonauta era occasione felice anche dal punto di vista della scienza: erano tutti piuttosto ansiosi di capire che cosa sarebbe uscito fuori dall'unione di due cosmonauti.

Dovranno aspettare i giusti tempi della natura. Esattamente dodici mesi dopo il volo nello spazio della mamma, Valia, una splendida bambina di quasi 4 chili di peso, annuncerà al mondo di star bene. La notizia verrà comunicata con un ritardo di 48 ore, probabilmente per dare tempo ai medici di eseguire tutta una serie di accertamenti clinici.

Il volo di una cosmonauta dà il via a una ondata di riflessioni sulle capacità delle donne di compiere imprese ritenute alla sola portata degli uomini. La sorpresa, inutile negarlo, almeno nella parte occidentale del mondo, è stata davvero grande. Sui giornali si sprecano le opinioni in proposito. Su *La Stampa* il professor Meda, direttore dell'Istituto di Fisiologia generale dell'Università di Torino, scrive:

> La comparsa di una donna tra i pionieri dei viaggi cosmici può forse rappresentare una sorpresa e molti si saranno stupiti che la donna, in genere ritenuta meno idonea fisicamente dell'uomo, abbia potuto superare tutte le difficoltà inerenti a una impresa spaziale.

Tuttavia, come si ribadisce sulle pagine della *Gazzetta del Popolo*, è questa presunta emotività e inferiorità fisica a far si che la donna

> metta nella competizione sportiva una passione che indubbiamente compensa talune deficienze fisiche […] Più che una speciale fatica fisica, l'astronautica richiede un perfetto equilibrio organico e un sistema nervoso temprato. Con l'allenamento si può raggiungere anche in una donna, purché costituzionalmente idonea, questo alto livello di efficienza.

Sarà anche questione di passione ed equilibrio, ma gli americani non sono per nulla convinti. Quando la NASA aveva avviato le selezioni per aspiranti astronauti, aveva aperto le iscrizioni anche al gentil sesso. Alla fine della solita trafila di test ed esami fisico attitudinali era stata compilata una lista che comprendeva 13 candidate alcune delle quali avevano ottenuto punteggi negli esami superiori a molti colleghi maschi. Dunque, la possibilità di impiegare una donna per i viaggi spaziali non fu, almeno a priori, scartata. Il veto giunse con ogni probabilità proprio dai colleghi, da quei sette che avevano firmato per *Life*. Glenn, Shepard e compagnia, gente temprata da decine di battaglie, non potevano ammettere che una donna potesse fare il loro mestiere. Era una questione di ruoli, insomma, un po' come era toccato alle scimmie. A un certo punto i primati è bene che se ne ritornino nelle gabbie e le donne a fare il ruolo delle mogli in attesa che l'eroe torni dalla guerra. Più o meno il discorso si riduceva a questo.

L'oggettiva difficoltà del programma spaziale ci metteva del suo. L'America degli anni Sessanta non era pronta al sacrificio di una donna nell'altare delle conquiste spaziali. Farlo avrebbe significato traumatizzare la società, con il rischio di far cambiare atteggiamento all'opinione pubblica, fino a quel momento in gran parte spavaldamente schierata con i suoi eroi in lotta contro il pericolo rosso. Per L'Unione Sovietica il gioco valeva il rischio.

Le 13 ragazze selezionate prenderanno ognuna la propria via, per nessuna delle quali sarà quella delle stelle. Dovranno passare 21 anni prima che Sallly Ride possa salire a bordo dello Shuttle Challenger il 18 giugno 1983.

Pochi mesi dopo il viaggio di Valentina, J. F. Kennedy attraversa su una limousine scoperta le strade di Dallas.

La vera storia del volo di Valentina

Il volo di Valentina Tereshkova propagandato come un esempio della perfetta scienza sovietica, fu, in realtà, un volo molto tribolato. Già dopo il suo rientro, alcuni ottusi esponenti del partito gettarono discredito sul comportamento della cosmonauta, tacciata di debolezza e di instabilità psicologica nel momento del pericolo. Ma Valentina aveva le sue buone ragioni per essere preoccupata. La navetta, a un certo punto del suo orbitare, aveva perduto l'assetto giusto per il rientro, dunque, una volta che da terra fosse giunto il comando di accensione dei razzi, la Vostok sarebbe stata spinta fuori dall'orbita terrestre. Valentina se ne accorse e sollecitò più volte i controllori di volo, per i quali tutto era secondo i parametri, affinché provvedessero alle correzioni opportune.

Vomitò durante il suo secondo giorno, e questo a Korolev non piacque affatto tanto che volle riportarla giù prima possibile. Ebbe dei crampi fortissimi alla gamba destra dovuti al fatto che fu costretta a starsene seduta per tre giorni, senza possibilità di muoversi, nell'angusto abitacolo della Vostok. Un sensore mal posto nel casco le procurava un fastidiosissimo prurito e il cibo era orribile. Così esausta, disidratata e in preda ai crampi Valentina fu indirizzata verso il ritorno.

In un'intervista rilasciata nel marzo del 2007 a *Komsomol-skaya Pravda*, ripresa dal *Corriere della Sera*, una settantenne Valentina ha raccontato quello che è accaduto veramente durante le fasi di atterraggio. Si è scoperto che anche il trionfale rientro fatto apposta per la televisione fu un colossale bluff:

> Ero terrorizzata mentre scendevo col paracadute – ha raccontato Valentina – sotto di me c'era un lago e non la terra ferma. Ci avevano addestrato a questa eventualità ma non sapevo se avrei avuto la forza necessaria per sopravvivere.

I venti, fortunatamente, le furono favorevoli e la spinsero via. Ma nell'impatto Valentina sbatté la faccia contro il casco e si provocò un gran livido sul naso. Dolorante, sporca, semisvenuta venne portata subito in ospedale. Ma per l'onore dell'Unione sovietica il rientro della prima donna dallo spazio non poteva essere così mesto e umiliante. Così la curarono prontamente, abbellendole il viso ammaccato con una buona dose di make up e, appena fu in grado di reggersi in piedi, fu riportata nella stessa zona con una tuta immacolata e pronta a esibire il suo miglior sorriso per le cineprese che rigirarono completamente la scena dell'atterraggio.

Il sorpasso

Un anno straordinario si è appena concluso. Straordinario e tragico. Accanto alle gesta degli astronauti nello spazio, rimane impressa nelle menti delle persone la fine di John Fitgerrald Kennedy, assassinato il 23 novembre a bordo della sua vettura scoperta mentre attraversava le vie di Dallas. Gli succede Lyndon Baines Johnson, il presidente delle politiche sociali e dell'*escalation* militare in Vietnam.

Nelle corsa allo spazio si tira un poco il fiato dopo le prodezze degli ultimi due anni. Da entrambe le parti si lavora alacremente per mettere a punto i progetti Voskhod e Gemini. Si tratta di missioni con più uomini a bordo, di più lunga durata e tecnicamente più raffinate, grazie alle quali dallo spazio arriveranno straordinarie foto a colori di mari e continenti, di laghi e città illuminate. La Terra, come non si era mai vista, si svela agli occhi dell'uomo comune, non solo a quelli privilegiati degli astronauti. Una nuova dimensione si schiude: quella che conquista il cosmonauta russo Alexei Leonov, uscendo fuori dalla sua capsula spaziale in un giorno di marzo del 1965.

Cape Canaveral, ribattezzato Cape Kennedy in onore del defunto presidente, è tappa ormai consueta di inviati di mezzo mondo e sull'onda dell'entusiasmo, e del denaro, gli Stati Uniti si apprestano a sorpassare i russi, stretti nella morsa micidiale della burocrazia e della politica. Il binomio Krushev-Korolev che aveva portato la Russia a dominare la corsa allo spazio si appresta a vivere gli ultimi istanti di gloria prima del triste declino.

L'ultimo trionfo russo

Alla fine del progetto Vostok, Krushev vuole da Korolev una capsula in grado di portare a bordo tre astronauti, dato che gli americani stanno lavorando alla Gemini in grado di portarne due. Korolev rispetta i patti, ma il tempo come al solito è sempre poco e i vertici non hanno pazienza, dunque, fa di necessità virtù: progetta la nuova navetta adattando una Vostok allo scopo. Per fare spazio a tre uomini arriva a eliminare dalla capsula il seggiolino eiettabile più qualche apparecchiatura ritenuta "non indispensabile". Inutile parlare di strumentazione scientifica, la parola d'ordine è: alleggerire. Neanche le tute dei cosmonauti si salvano. Poiché l'equipaggio rimarrà dentro la capsula, senza essere espulso dall'abitacolo in fase di atterraggio, non è indispensabile utilizzare le ingombranti tute pressurizzate ma andranno bene quelle in tela. Insomma, facendo miracoli, e tenendo a dieta i cosmonauti, Korolev riesce a entrare nei limiti delle 5 tonnellate e 300 chilogrammi che il vettore A-2 può lanciare.

In un articolo della *Pravda* pubblicato il 29 marzo 1965 la spartana ed essenziale cabina dei cosmonauti guadagna in comodità e risulterebbe addirittura munita di "due confortevoli poltrone in tappezzeria bianca disposte l'una vicino all'altra".

Il 12 ottobre 1964 debutta la nuova capsula con a bordo il comandante Vladimir M. Komarov, l'ingegnere Konstantin P. Feoktistov e Boris B. Yegorov, medico aerospaziale. L'annuncio come di consueto spetta a Radio Mosca che indica l'ora del lancio, i nomi dei tre "eroi dell'Unione Sovietica" e quello della navetta.

Sulla nave, "gigantesca" come si congettura in Occidente, si hanno poche notizie tecniche di rilievo. Si ritiene che date le probabili imponenti dimensioni di quello che sembra essere un vero "laboratorio cosmico", sia stato utilizzato un nuovo e ancor più potente razzo, di cui, chiaramente, nulla si sa. Tuttavia, dalle foto che via via vengono messe a disposizione e pubblicate, avanza il sospetto che la capsula Voskhod non sia troppo differente dalle precedenti Vostok, almeno nel loro aspetto esteriore. Ma non è dato saperlo con certezza e anche lo stesso Gagarin conferma a Gatland che il progetto è totalmente nuovo. Lo dovrebbe far intuire anche il nome, Voskhod, che significa "Aurora".

Numerosi altoparlanti sistemati sulla Piazza Rossa informano i moscoviti dell'evolversi della missione. Almeno inizialmente nella capitale russa non si respira la stessa euforia di sempre; sarà per l'abitudine, ma i cittadini accolgono la notizia senza particolare eccitazione. Con il passare delle ore, grazie anche al continuo e

il sorpasso

costante flusso di informazioni che radio e televisione rilasciano, l'interesse per la missione cresce e ritornano ad abbondare gli articoli che magnificano la scienza e la tecnologia sovietica.

I cosmonauti stanno bene, mangiano con appetito e hanno il morale alto, almeno così dicono. Non lesinano messaggi di pace e distensione. Lassù dallo spazio, mentre sorvolano il Giappone, inneggiano agli atleti russi che gareggiano alle olimpiadi di Tokyo e salutano "il popolo d'Africa in lotta per la libertà e l'indipendenza", mentre sorvolano il Continente Nero.

A New York, nelle sale delle Nazioni Unite, il "Comitato per gli usi pacifici dello spazio" delibera e discute. La notizia non tarda a trapelare e quando la parola spetta al delegato americano, questi, a nome degli Stati Uniti, non può fare a meno di congratularsi con i russi per la nuova impresa, salvo poi stuzzicare i rivali giacché, aggiunge,

tutte le nazioni del mondo sono certamente ansiose di avere maggiori dettagli circa questa avventura dei tre astronauti.

La replica del delegato sovietico non si lascia attendere:

Senza dubbio il volo dei tre cosmonauti nello spazio è un passo importante per il progresso umano nell'esplorazione cosmica. Vi assicuro che i grandi vantaggi scientifici diventeranno proprietà di tutto il genere umano.

Per *Nazione Sera* del 13 ottobre non è chiaro se i tre cosmonauti siano tornati a terra a bordo della navetta o espulsi dall'abitacolo come i precedenti cosmonauti. La notizia continua in ultima pagina dove vengono mostrate le foto dei festeggiamenti nella Piazza Rossa alla notizia della buona riuscita della missione. In mancanza dei cosmonauti la popolazione festante ha portato in trionfo i primi soldati che ha incontrato nel suo cammino

Nel frattempo si attende che da Mosca trapelino nuovi annunci clamorosi. Ma la sera giunge senza che venga rilasciata alcuna dichiarazione.

La notizia sorprendente arriva l'indomani alle 10.47 quando viene reso noto che il volo della Voskhod 1, esattamente 24 ore e 17 minuti dal lancio, ha avuto termine nella regione a nord di Kustanai. I tre cosmonauti, come si precisa, godono di ottima salute e sono stati accolti dalla solita folla festante di commissari e contadini.

La notizia lascia sorpresi. Forse la missione, piuttosto breve, è stata meno brillante di quanto i russi vogliano far credere. Il dubbio sulle buone condizioni di salute dei cosmonauti aumentano e questo potrebbe essere stato un ottimo motivo per interrompere la missione. Non c'è certezza nemmeno sulle modalità di atterraggio. I cosmonauti sono stati espulsi dalla capsula tramite seggiolino eiettabile o sono rimasti dentro la Voskhod? I dispacci rilasciati nel corso della missione hanno sempre indicato i tre cosmonauti come in buona salute ma la stampa avanza le sue perplessità:

> Alcuni osservatori occidentali – secondo quanto riporta *la Nazione* del 13 ottobre – hanno notato ieri che durante le trasmissioni televisive lo scienziato Feoktistov appariva impacciato, come se non stesse effettivamente bene. Fonti informate hanno dichiarato che si trattava di impressioni prive di sostanza.

Tra le cause che avrebbero portato al rientro anticipato della capsula viene considerata anche la possibilità che la Voskhod sia entrata in avaria. La tesi non tarda a essere respinta dalle autorità russe che, di contro, affermano la grande novità dell'esperimento, paragonabile per certi versi al volo di Yuri Gagarin. Ma pochi ne sono convinti.

Alla vigilia del lancio, racconta Leonid Vladimirov, uno scienziato russo passato in seguito all'Ovest, girava per il cosmodromo una battuta: si diceva che i tecnici stessero lavorando per la realizzazione di una tomba spaziale perfezionata per tre persone. La fretta con cui era stata progettata la Voskhod aveva minato le certezze di molti scienziati, anche quelle di Korolev, costretto a far miracoli per esaudire i desideri del Partito. La presenza a bordo di Feoktistov, un ingegnere, sarebbe in parte motivata dalla volontà di Korolev di ammorbidire i collaboratori proponendo a uno di loro la possibilità di entrare nella storia, o, in altre parole, dentro la Voskhod.

L'ultimo test prima del volo ufficiale era stato sconfortante. Le tre scimmiette lanciate in una capsula simile alla Voskhod erano morte schiantate al suolo durante la fase di rientro; i progettisti furono costretti a prevedere paracadute più grandi e razzi di franamento, con il conseguente aggravio di peso. Che il pericolo fosse realmente grande lo aveva palesato lo stesso Korolev che prima della partenza si era avvicinato ai tre cosmonauti abbracciandoli e baciandoli. Era la prima volta che il burbero progettista capo si comportava in quel modo.

Pressati dalle domande, la cortina di ferro innalzata dalla propaganda inizia a cedere per mano degli stessi scienziati. Le occasioni migliori per lasciarsi andare sono i congressi scientifici, laddove, tra colleghi, si possono raccontare altre verità. Così accade che al congresso internazionale di astronautica a Varsavia, i professori Gazenko e Isakov, due esperti di medicina spaziale, riferiscono che

gli astronauti hanno subito gravi squilibri emotivi accompagnati da perdite del senso di orientamento, da alterazioni delle percentuali delle sostanze chimiche che compongono il corpo umano, da abbassamento di pressione e da notevole senso di affaticamento.

Sulla base di queste esperienze, i due medici sovietici mettono in dubbio anche la possibilità che i cosmonauti possano rimanere in orbita per più di quindici o venti giorni in una cabina nella quale non sia stata creata una gravità artificiale. Una parziale conferma a quanto sostenuto dai due esperti giunge da Yegorov che ammette, a missione ampiamente terminata, che sia lui sia Feokistov avevano accusato un "lieve stato di vertigine e sconforto" in alcune circostanze di volo.

Con le timide ammissioni che avanzano, per la cosmonautica sovietica si avvicina anche l'ora del tramonto. C'è un'avvisaglia nell'aria nient'affatto di buon auspicio. Krushev è stato deposto. I tre della Voskhod 1 erano partiti con gli auguri del premier che aveva portato la Russia nello spazio e ritornano accolti da Leonid

Breznev, uno che per lo spazio ha molta meno simpatia del suo predecessore. Korolev è costretto a sudare sette camicie per poter continuare il suo programma spaziale, ma il tempo non gioca a suo favore. Nè tanto meno l'URSS. Breznev vuole far ritornare la Russia ai tempi di Stalin; anni che Korolev ricorda bene, segnato nel cuore e nel fisico dalla deportazione nei gulag siberiani e dalle torture patite.

Nella primavera del 1965, i sovietici riescono comunque ad allungare la loro lunga lista di primati, con l'ultima impresa da consegnare alla storia.

Il 18 marzo, le agenzie di tutto il mondo annunciano il lancio di un'altra Voskhod. In Italia, l'Ansa comunica:

> L'Unione Sovietica ha lanciato oggi in orbita attorno alla Terra una nave spaziale con due persone a bordo [...] la Tass ha precisato che i cosmonauti sono il colonnello Pavel Belyaev, comandante di bordo e il tenente colonnello Alexei Leonov, secondo pilota. La nave è denominata Voskhod 2.

Il fatto eccezionale di questa missione non tarda a svelarsi. Dopo circa novanta minuti dall'inserimento in orbita il cosmonauta Leonov si appresta a uscire fuori dalla cabina spaziale per dar corso alla prima passeggiata spaziale nella storia dell'astronautica. I telespettatori di tutto il mondo possono vedere le immagini scorrere alla televisione. Si vede poco ma quanto basta per restare stupefatti. La macchia biancastra che occupa i teleschermi viene a poco a poco sostituita dal profilo di un uomo dentro una tuta spaziale che, emerso da un boccaporto, si trova a fluttuare nello spazio. Si riesce a distinguere sull'orizzonte la curvatura della terra e qualche nuvola.

"Vedo il Caucaso, lo riconosco. Sto bene. Sono nel cielo", dice Leonov, secondo quanto emerge dal testo delle telecomunicazioni reso noto in seguito dalla Tass. Sensazionale. Per circa 10 minuti, Leonov galleggia liberamente nello spazio immortalato dalla telecamera in bianco e nero che ne registra i movimenti.

La Tass precisa che la tuta "con un apposito sistema per mantenere la vita", assomiglia a una navicella spaziale essa stessa, collegata alla Voskhod mediante un sistema di cavi che assicurano al cosmonauta ossigeno e comunicazioni radio. I dettagli di fabbri-

Walter Molino dedica la copertina di *La domenica del Corriere* del 25 marzo all'impresa di Leonov. Tanto nel box in prima pagina che nell'articolo all'interno si riportano le indiscrezioni trapelate dalle registrazioni dei fratelli Judica Cordiglia secondo le quali i russi avrebbero già tentato una simile spedizione ma sarebbe finita tragicamente. Come è successo in passato, anche in questo caso il disegno di copertina che raffigura la Voskhod è del tutto immaginario, anzi, a ben guardare è identico alle capsule del progetto americano Apollo, in questi anni in pieno, e pubblicizzato, sviluppo

cazione, naturalmente, non vengono rivelati. Uno specialista in medicina, Vladimir Krichangin la descrive come

> una cabina ermetica in miniatura, che si compone di un elmetto metallico con un visore trasparente, una combinazione ermetica a più strati, guanti e scarpe speciali.

La stampa si sbizzarrisce e non mancano fantasiose interpretazioni che spesso raffigurano la tuta come una sorta di scafandro da palombaro un poco più fantascientifico. L'immagine della Terra che fa da sfondo alla passeggiata di Leonov è l'ultima che la televisione sovietica manda in onda. Il collegamento si interrompe e solo con un comunicato della Tass si viene a sapere che il cosmonauta è rientrato all'interno della capsula. Dopo 26 ore di volo, il 19 marzo 1965, la Voskhod 2 tocca terra. L'annuncio che la missione è terminata arriva con molte ore di silenzio. Ai cosmonauti giungono i rallegramenti di Breznev, senza peraltro che tra il Segretario del Partito e l'equipaggio vi sia alcuno scambio di messaggi. L'usanza di parlare con gli uomini dello spazio è finita con Krushev e con esso l'euforia per l'avventura spaziale e i suoi protagonisti.

In Occidente è già tempo di porsi le prime domande. Che cosa è successo alla nave con i due uomini a bordo? In mancanza di dichiarazioni ufficiali si intervistano i cosmonauti a terra. Nikolaiev e Gagarin confermano che la missione ha avuto esito felice e che i due colleghi stanno bene. Dove però sono atterrati nessuno riesce a saperlo con precisione. I corrispondenti inviati a Mosca riferiscono che la navicella ha avuto problemi di assetto e che, probabilmente, è stata costretta a compiere un'orbita aggiuntiva. Difficile esser certi, nessuna delle fonti ufficiali comunica alcunché e non rimane che dare spazio alle ipotesi più svariate.

L'occasione è buona per rispolverare una vecchia ma sempre aperta questione: il mistero dei cosmonauti scomparsi. Alcuni giornali, come *La Domenica del Corriere* e il *Corriere della Sera*, che dedica un articolo ai "cosmonauti sovietici morti nello spazio", riprendono le dichiarazioni dei fratelli Judica Cordiglia, secondo i quali l'impresa di Leonov è stata preceduta da altri tentativi, tutti finiti tragicamente. Insomma, una cosa simile a quanto accaduto con la vicenda di Gagarin, il primo uomo nello spazio, o meglio, il primo a essere tornato vivo.

Quando, però, Leonov e Belayev compaiono sorridenti e in buona salute, pronti a percorrere le vie di Mosca in trionfo, tutto il resto passa in secondo piano, anche i cosmonauti scomparsi. Concedendosi alle curiosità di giornalisti e inviati rispondono come di consueto con mezze verità e frasi di circostanza. La parte mancante viene recuperata con il tempo, come spesso è accaduto raccontando il viaggio verso gli spazi siderali della navi russe.

Anche la verità sulla Voskhod 2 segue lo stesso iter. Costretti a un'orbita aggiuntiva, a causa di una manovra di rientro manuale errata che aveva fatto mancare il sito di atterraggio in Kazakistan, i cosmonauti seguirono una traiettoria che fece atterrare la Voskhod 2 in una foresta coperta di neve vicino a Perm, negli Urali. Belayev riferì che dovettero aspettare al freddo e al gelo più di due ore prima che i soccorritori li trovassero. In un articolo dedicato alla conquista della Luna pubblicato su *La Domenica del Corriere* del 29 luglio 1969, si vedono le foto di Leonov e Belayev che cercano di ripararsi dal freddo attorno a un fuoco, mentre i soccorritori si aprono la via tra gli alberi a colpi di ascia. Anche il rientro di Leonov nella capsula fu tutt'altro che agevole. Il cosmonauta fluttuava nello spazio come un pallone in balia dei venti, senza la possibilità di controllare la sua escursione extra-veicolare. Riuscì a raggiungere la Voskhod eseguendo una manovra piuttosto azzardata: fece uscire un getto di ossigeno dalla tuta e lo utilizzò come un razzo direzionale. Grazie a quell'improvvisato sistema propulsivo, Leonov riuscì a riportarsi a ridosso della Voskhod e ad aprire il portello della capsula. Ufficialmente nulla di tutto questo era mai accaduto.

Dalla relazione sulla missione sottoposta alla Federazione Astronautica Internazionale emerge che Leonov ha trascorso nello spazio complessivamente 23 minuti e 41 secondi, dei quali, come ha specificato egli stesso in seguito, dieci fuori dalla capsula Voskhod.

Sedov dichiara:

> Più avanti sarà possibile far compiere all'uomo, nello spazio, movimenti assai complessi, lasciarlo libero nello spazio e dotarlo di un minuscolo mezzo propulsivo per permettergli movimenti autonomi.

L'URSS si gode appieno il momento del trionfo e le congratulazioni giungono da ogni parte. Il nostro Presidente della Repubblica Saragat invia un messaggio di felicitazioni cui si associa il Presidente del Consiglio Aldo Moro:

> L'impresa compiuta dall'equipaggio della Voskhod 2 conferma l'impegno con cui scienziati e tecnici sovietici contribuiscono a quella conquista dello spazio a cui gli uomini del nostro tempo dedicano le loro energie migliori e la loro più viva intelligenza.

Anche Sua Santità Paolo VI rivolge un pensiero agli uomini delle stelle:

> Lasciate che tributiamo anche noi un plauso all'impresa spaziale che oggi commuove il mondo; lo attribuiamo all'eroico protagonista e al suo compagno, agli scienziati e agli esperti, che hanno reso possibile l'audacissimo e imprevedibile esperimento. Lo tributiamo al mondo della scienza e della tecnica che caratterizza il mondo odierno e che apre all'umanità nuove e stupende conquiste.

Dichiara dal canto suo il direttore dell'Osservatorio di Jodrell Bank, Bernard Lowell:

L'uscita di un uomo da un'astronave in orbita aggiunge un altro tocco di fantasia ai successi spaziali nel mondo.

Per la stampa l'eroe della missione è Alexei Leonov. Simpatico, socievole, il cosmonauta russo si concede alle interviste svelando la sua passione per il disegno, l'arte e la comunicazione. *Epoca* del 28 marzo dedica al "satellite umano" un ampio speciale corredato da numerose foto che lo ritraggono durante la sua missione, abbracciato alla moglie, in momenti di vita privata. La rivista pubblica anche un disegno eseguito da Leonov prima della sua partenza per gli spazi siderali. Il cosmonauta asseconda la sua passione e si ritrae in volo libero accanto a una capsula Voskhod piuttosto vaga nei suoi dettagli e solamente abbozzata. Il regime è stato chiaro in proposito. A missione terminata, Leonov disegna un francobollo celebrativo dell'evento, ma poiché la capsula assomiglia un po' troppo a quella vera le autorità sovietiche gli impongono di modificare lo schizzo e rendere la Voskhod del tutto anonima.

Come era accaduto ai suoi illustri predecessori anche Leonov è un privilegiato. Il suo status gli garantisce uno stile di vita che il sovietico comune può solo sognare. Curiosa a questo proposito una serie di foto pubblicate da *Epoca* che ritraggono Belyaiev, Gagarin e Leonov in vacanza sul Mar Nero; recita la didascalia:

> A prima vista nessuno direbbe che si tratti di cittadini russi. Si potrebbe benissimo scambiarli, a seconda dei casi, per calciatori italiani in trasferta, o per turisti americani: cappottini corti di elegantissimo taglio, cappelli sportivi di feltro oppure panama bianchi, calzoni strettissimi, buone macchine fotografiche e cineprese [...] Se non si trattasse di "eroi" glorificati dalla propaganda ufficiale per le loro stupefacenti imprese, qualche rigoroso ideologo potrebbe anche accusarli di "dolce vita".

Leonov viaggerà molto in giro per il mondo. In uno dei suoi spostamenti giunge anche in Italia, a Torino, dove, in uniforme da ufficiale, ha modo di visitare lo stabilimento Fiat Mirafiori; il cinegiornale *Sette* del 30 novembre 1967 mostra il cosmonauta intento ad armeggiare con le macchine della fabbrica e a parlare con gli operai prima di effettuare un giro di prova sulla pista di collaudo dello stabilimento. A ricordo della giornata gli viene consegnata una riproduzione in scala della Mole Antonelliana. Alle notizie sui cosmonauti i giornali occidentali affiancano indiscrezioni sull'attività degli americani, dai quali ci si attende analoga, se non superiore, impresa. I mezzi di comunicazione, unanimi nel riconoscere ai russi tutti i meriti che l'impresa si è guadagnata, criticano senza tanto riguardo l'intraprendenza americana in fatto di corsa allo spazio.

La NASA ha preso la notizia del volo di Leonov con grande ammirazione e una certa impressione. Il Senato degli Stati Uniti, invece, la prende proprio male. James Webb, amministratore dell'agenzia spaziale, viene chiamato a dare spiegazioni davanti a una commissione senatoriale:

> I russi stanno facendo cose più spettacolari di noi – dice il capo della NASA – però noi abbiamo attrezzature scientifiche assai più raffinate. Abbiamo svolto missioni fotografiche superbe, abbiamo perfezionato apparecchi e strumenti di valore incalcolabile.

La difesa è accorata ma non sortisce alcun effetto. Il senatore del Missouri replica senza troppi riguardi e affonda il colpo:

> Voi della NASA parlate e parlate e fate dell'ottima propaganda. Ma poi i fatti sono a favore degli altri. Siete bravissimi, ineguagliabili, poi però arrivano i russi e passeggiano nello spazio.

Anche il presidente Johnson si allinea al pensiero del Senato e pretende risultati immediati cioè, in altre parole, un americano che cammini nello spazio. Gli astronauti Gemini vorrebbero accelerare i tempi e presentarsi subito sulle rampe di lancio, ma gli esperti di volo frenano le voglie di riscatto; il razzo Saturn non può ancora competere con i vettori russi e, allo stato attuale delle cose, non c'è alcuna certezza di riuscire a far ritornare vivo l'astronauta incaricato di compiere la passeggiata nel vuoto assoluto. La politica, però, della prudenza della NASA non sa che farsene, così come di scuse e giustificazioni.

I fratelli Judica Cordiglia

Nel grande gioco cosmico in cui erano impegnati USA e URSS, si inserirono a cavallo degli anni Sessanta due fratelli radioamatori italiani le cui fortune saranno strettamente legate alle vicende spaziali di quegli anni. Achille e Giovanni Batista Judica Cordiglia, questi i loro nomi, iniziarono la loro caccia al segnale proveniente dallo spazio allestendo sul tetto del loro condominio una serie di antenne tramite le quali riuscirono a captare i segnali dei satelliti. Le prime vittime di quell'aguerrito centro di ascolto furono lo Sputnik 1 e 2. Con il tempo, muniti di ingegno e passione, riuscirono a rendere più efficienti i loro sistemi di ricezione, sempre autocostruiti. Ai segnali dei satelliti si aggiunsero le comunicazioni degli astronauti lanciati nello spazio. Con gli americani la caccia era facile: annunciavano in anticipo il lancio e le frequenze di comunicazione. Con i russi, invece, era un bel po' più complicato perché non rilasciavano mai in anticipo alcuna dichiarazione.

Ciononostante, le comunicazioni e i bollettini della Tass furono preda degli abili fratelli che divennero fonte preziosa di informazioni per i giornalisti e i mass media. In un caso beffarono anche gli americani che, per una volta, avevano utilizzato gli stessi metodi dei russi evitando di comunicare le frequenze radio che avrebbe utilizzato Glenn durante il suo viaggio. Osservando una foto messa a disposizione dalla NASA, i due fratelli riuscirono a misurare l'altezza dell'antenna che sporgeva dalla sommità della capsula Mercury e da quel dato ricavare la frequenza utilizzata nelle trasmissioni.

Grazie allo show televisivo *La fiera dei sogni*, condotta da Mike Bongiorno, si guadagnarono la notorietà e un viaggio verso le basi di lancio negli Stati Uniti. Per la grande occasione si portarono appreso 30 chilogrammi di documenti e registrazioni, frutto del loro lavoro di intercettazione. Alla NASA stentarono a credere alle loro orecchie. Di fronte a quella messe inaspettata di dati, venne stipulato un accordo grazie al quale i due fratelli in cambio del loro tesoro ottennero dalla NASA numerose informazioni riservate sull'attività spaziale sovietica. La fama dei fratelli travalicò i confini nazionali. Un giorno ricevettero la visita di un tale che si spacciava per giornalista sovietico, pronto a offrire assistenza tecnica e informazioni in cambio della loro documentazione. Poco dopo alla loro porta bussò un funzionario dei servizi segreti italiani che spiegò loro chi, in realtà, fosse l'individuo appena uscito: una spia al soldo del Cremlino.

I due fratelli, e il loro centro di ascolto che nel frattempo si era spostato in un ex bunker tedesco a Torre Bert, costituivano una vera fonte di guai per i riservatissimi russi, soprattutto quando iniziarono a captare voci di cosmonauti durante missioni ufficialmente mai avvenute. Voci di cosmonauti che se la stavano passando male di cui l'Occidente nulla sapeva. Dalle loro registrazioni emersero lamenti e richieste di soccorso, voci affannate di astronauti abbandonati a un tragico destino. Così, attraverso bollettini inoltrati all'agenzia Ansa, il mondo fu informato che il 28 novembre 1960 un cosmonauta russo aveva lanciato un "S.O.S a tutto il mondo"; il 2 febbraio 1961 la storia si ripeteva e vennero captati rumori riconducibili a un respiro affannoso e a un battito cardiaco. Nel messaggio successivo vennero captate voci di due uomini e una donna, la quale, ultima a dar segni di vita, interruppe le comunicazioni con un lamento e un lacerante grido. E ancora, nel 1964 venne raccolta la voce di un cosmonauta di una missione ufficialmente mai partita.

Di fronte a tanta caparbietà, nel 1965 i russi persero la pazienza e riversarono sui "radiopirati" italiani parole durissime. Il generale Kamanin, responsabile degli equipaggi delle missioni sovietiche, li definì "banditi dello spazio al soldo del bieco imperialismo americano". I fratelli non si scomposero e il giorno successivo replicarono, dati alla mano, all'attacco sovietico.

Alla fine, secondo quanto emerso dalle loro intercettazioni, sarebbero 14 i cosmonauti partiti da Baikonur e mai più tornati.

La vicenda, mai chiarita fino in fondo, neanche dopo la caduta del Muro di Berlino, ha alimentato la storia dei "cosmonauti fantasmi" sui quali, ancora oggi, circolano numerose voci.

Oggi i fratelli Judica Cordiglia sono due stimati professionisti sulla via dei settant'anni: Achille è un medico cardiologo mentre Giovanni è un documentarista e perito fonico e fotografico.

Lo sbarco dell'uomo sulla Luna lo commentarono per la televisione svizzera.

L'ora dell'America

Il tocco di fantasia dei sovietici è l'ultimo ruggito di un leone malato ormai sulla via del tramonto. Cinque giorni dopo il lancio della Voskhod 2, la NASA è pronta a dare inizio al programma Gemini con il secondo scaglione di astronauti selezionati.

C'erano voluti quasi due anni prima che gli americani potessero raggiungere i rivali. Malgrado i progressi effettuati con i lanci Mercury, l'altra metà del mondo aveva dimostrato di possedere un programma spaziale superiore. Alla fine del 1963 un dato bastava a evidenziare il divario: la sola Valentina Tereshkova era rimasta nello spazio 17 ore in più rispetto alle ore accumulate in orbita da tutti gli astronauti Mercury messi insieme. Il programma Gemini, dal nome della costellazione che contiene le due stelle Castore e Polluce, i gemelli Dioscuri della mitologia greca, era stato elaborato non solo per colmare il divario ancora esistente ma per preparare l'uomo al balzo più importante.

Il programma si basava su alcuni punti ritenuti essenziali per le future missioni lunari; in particolare gli esperti avevano deciso di concentrarsi sulle tecniche di avvicinamento e rendez-vous a razzi bersaglio, cambi di orbita operati in manuale e in automatico, intensa attività extra-veicolare. Ancora una volta venne scelta la *McDonnel Aircraft Corporation* quale fornitore principale della navetta. La Gemini fu progettata come capsula biposto interamente governabile dai piloti astronauti. Nella primavera del 1964 una navetta Gemini senza piloti a bordo fu lanciata nello spazio; a questo primo test ne seguì un secondo nel gennaio del 1965. Le numerose simulazioni a terra e i due lanci preliminari avevano dimostrato l'affidabilità del progetto, dunque non rimase altro che far salire a bordo due uomini e dare avvio ufficiale al programma.

Il 23 marzo, cinque giorni dopo il lancio della Voskhod 2, la capsula Gemini 3 viene lanciata in orbita da un Titan II, un missile balistico intercontinentale riadattato che garantisce alla NASA tutta la potenza di cui ha bisogno.

Il conto alla rovescia è seguito in diretta dalla stampa:

> Ecco l'accensione – racconta l'inviato – un'enorme esplosione color arancio, il grosso vettore è stato acceso [...] potrete udire il suo rombo tra un istante, ancora uno sbuffo di fumo, fiamme arancio pallido partono dalla base del Titan che porta con sé gli astronauti Grissom e Young

Poi un grosso boato zittisce il giornalista, che, lesto, riprende la radiocronaca.

Come riferito, a bordo della Gemini 3 si trovano il comandante Virgin Grissom, già pilota della seconda missione Mercury, e il capitano di corvetta John Young.

"Piuttosto spettacolare di lassù eh?", dice Gordon Cooper dal centro di controllo ai due astronauti una volta che hanno raggiunto lo spazio; "Ci sono parecchie nuvole quassù, non si vede molto", risponde Grissom senza troppa enfasi. Nuvole a parte, gli astronauti, manovrando manualmente la capsula, sperimentano la possibilità di effettuare dei cambiamenti di rotta orbitali e svolgono alcuni test sul comportamento del sangue umano in assenza di peso. Dopo 4 ore e 53 minuti di volo i due astronauti ammarano sani e salvi sull'Oceano Atlantico, vicino all'isola di Grand Turk. Nulla di trascendentale, ma almeno è un inizio.

Passano appena due mesi e il 3 giugno la Gemini 4 è pronta sulle rampe di lancio di Cape Kennedy. Il programma da svolgere è piuttosto impegnativo ma riserva una parte estremamente spettacolare: una passeggiata spaziale anche per un americano. Il Senato americano e Johnson sono finalmente accontentati. Alla NASA sono meno entusiasti perché conoscono bene i rischi della missione, così come li conoscono i due astronauti a bordo, James McDivitt, che si porta dietro santini e madonne per ogni evenienza, ed Edward White.

Uno degli obiettivi della missione è quello di sperimentare la possibilità di un effettuare un rendez-vous con il secondo stadio del razzo Titan, che si sgancia dalla capsula una volta che questa è entrata in orbita. La manovra, però, non riesce; il secondo stadio ruota su sé stesso furiosamente e si allontana dalla Gemini a velocità sostenuta. Le successive manovre non riescono e fanno consumare prezioso carburante. In seguito al contrattempo, l'attività extra-veicolare di White viene posticipata. L'astronauta, comunque, non deve attendere molto e durante la terza orbita può dare inizio alla sua avventura.

In una conferenza che si era svolta un mese prima, fu detto che un astronauta si sarebbe sporto dal portello di quel tanto necessario a permettergli di scattare alcune fotografie della Terra, senza che venisse compiuta alcuna attività completamente all'esterno della capsula. Il colpo messo a segno da Leonov aveva complicato il programma e per essere all'altezza del volo russo sarebbe occorsa analoga operosità. Dunque, White fu preparato ed equipaggiato per l'abbisogna.

Una volta depressurizzata la cabina, il portello della capsula si apre dalla parte di White (la parte sopra a McDivitt rimane chiusa, lasciando tuttavia l'astronauta con metà Gemini a "cielo aperto") il quale, arrampicandosi sopra il boccaporto, abbandona la navetta facendo uso di una pistola a razzo. Una sorta di cordone ombelicale gli assicura il necessario approvvigionamento di ossigeno. Fluttuando nello spazio vuoto, l'astronauta compie una serie di movimenti senza patire complicazioni di alcun tipo. Anzi, la gita è particolarmente apprezzata da White che rimane all'esterno della Gemini per venti minuti.

Per *il Resto del Carlino* del 4 giugno del 1965 "l'impresa della Gemini ha superato quella russa". Nonostante questo, non si trascura di descrivere anche la parte meno riuscita della missione, quella riguardante le fasi di aggancio con il razzo vettore

Alla fine sono costretti a impartirgli l'ordine di rientro, pur di riaverlo a bordo. "Fate tornare White dentro il Gemini", ordina la stazione di controllo a Mc Divitt, "avete venti secondi per eseguire", poi ancora una volta "Fate tornare White, avete venti secondi". Lo scambio di battute tra i due astronauti, sebbene a tratti incomprensibile, rileva lo stato d'animo della missione: "No, no, Ed, torna, devi tornare", dice McDivitt; "Da quanto tempo sono fuori?", chiede White; "Tre o quattro giorni", ribatte l'altro; "Di fretta sempre di fretta", termina White prima di avviare il rientro a bordo.

Il primo astronauta "con motore a pistola" riprende posto a fianco del collega dopo qualche patimento nel richiudere il boccaporto della capsula. La cabina viene pressurizzata e i due astronauti possono concludere la fase di volo. Il 7 giugno Gemini 5 ammara felicemente 370 km a nord di San Salvador.

"Dio ha esaudito le nostre preghiere", dice il presidente Johnson che ha seguito il volo dalla Fish Room alla Casa Bianca; teso e accigliato, solo ora riesce ad allentare la pressione innanzi ai numerosi giornalisti accorsi.

A fine missione White racconta le sue emozioni durante la conferenza stampa; l'esperienza, come riferisce egli stesso, è stata "esilarante", ma non certo priva di apprensione, come le sue pulsazioni al momento del rientro avevano indicato: 178 battiti al minuto.

La stampa occidentale è entusiasta. Ogni fase del volo viene riportata dai corrispondenti giunti a Cape Kennedy, sia quelle più spettacolari sia quelle meno riuscite. Fa nulla se il primo tentativo di aggancio tra due moduli spaziali non sia riuscito. L'importante è averci provato e aver fatto vedere ai russi che non manca molto al completamento di una manovra di grande difficoltà. Dopotutto i cosmonauti sovietici, nonostante i voli in tandem, una manovra del genere non l'avevano mai tentata. Non solo, visto che ogni primato è buono, anche l'America ha conseguito il suo: quello di far passeggiare nello spazio un uomo dotandolo di una pistola razzo per gli spostamenti. Leonov non ce l'aveva.

Epoca del 13 giugno dedica la copertina e uno speciale a "L'uomo che è stato in cielo". All'interno dell'articolo, la tuta che ha permesso a White la passeggiata merita un approfondimento e si scopre che l'oggetto costa più o meno 17 milioni di lire ed è composto da 18 strati diversi; insomma, per utilizzare una definizione data da Ruggero Orlando alla capsula Gemini, anche la tuta di White è una sorta di "sfogliatella spaziale" che protegge gli astronauti dai pericoli del vuoto dello spazio.

Da Mosca giungono rallegramenti per il buon esito della missione. In televisione, il commentatore russo parla mentre scorrono le immagini di White che fluttua nello spazio; dopo il doveroso rituale delle congratulazioni, l'attenzione si sposta sul Vietnam e parte l'aspra critica alla politica statunitense nel sud est asiatico del mondo.

Tempo due mesi e il 21 agosto una nuova Gemini è pronta a partire per lo spazio. Si tratta della numero 5, al comando di Gordon Cooper coadiuvato da Charles Conrad. Il programma prevede attività per otto giorni, più che altro indirizzate a migliorare le manovre di avvicinamento e rendez-vous con razzi bersaglio. Per la prima volta vengono utilizzate celle di combustibile per produrre energia invece delle solite batterie elettriche. Per eseguire le manovre di avvicinamento, la Gemini rilascia nello spazio una capsula bersaglio munita di radar. La Gemini deve avvicinarsi al bersaglio ma l'azione si rivela più complicata del previsto. A bordo ci sono diversi problemi, uno dei quali è piuttosto serio: la pressione nelle celle a combustibile è troppo bassa. Da terra si dà avvio alle procedure di emergenza per un rientro anticipato mentre specialisti della NASA e della General Elettric cercano di capire come risolvere il problema. Fortunatamente la situazione torna a migliorare, gli astronauti hanno sotto controllo la situazione e Houston dà il via libera per proseguire il volo. I contrattempi, comunque, continuano a non mancare. Anche al momento del rientro qualcosa non va per il verso giusto: una errata programmazione del calcolatore spinge la navetta su un'orbita diversa da quella ottimale; risultato, la Gemini manca il bersaglio di 166 km finendo per ammarare a 500 km dalle Bermuda. È il 29 agosto del 1965 e malgrado tutti gli inconvenienti patiti, con 120 orbite completate e 191 ore di volo, Gemini 5 straccia il record di permanenza nello spazio detenuto dal cosmonauta Bykovsky. Durante il viaggio i due astronauti hanno scattato numerose foto, mostrando che da lassù la vista oltre a essere indimenticabile è anche eccezionalmente acuta. Al Congresso della Federazione Astronautica Internazionale di Atene, Cooper conferma che dallo spazio è possibile vedere distintamente le scie delle navi in mare. Ai presenti mostra lo strepitoso reportage fotografico realizzato mediante macchine commerciali Hasselblad e Zeiss riadattate alle esigenze spaziali. Per *Epoca* del 26 settembre Conrad e Cooper raccontano la loro settimana in cielo, corredando l'articolo di alcune di quelle foto straordinarie. E mentre si legge dell'esperienza dei due astronauti, scorrono davanti agli occhi le foto della Bolivia e di Cuba, dell'India "bellissima e pacifica" e della Cina.

Uno spettacolo particolarmente apprezzato è quello delle grandi montagne:

> Il massiccio dell'Hymalaya costituiva uno spettacolo meraviglioso e Gordon riuscì persino a localizzare un laghetto che aveva già visto [nella precedente missione Mercury 7, n.d.r] e me lo indicò. Dovrebbe essere un posto magnifico per piantarci una tenda

scrive Conrad nel suo pezzo.

Nonostante la tensione per un volo abbastanza complicato, il tempo trascorso a bordo della capsula è ricco di episodi divertenti – i due astronauti sono soliti passarsi il cibo simulando il lancio e la ricezione di una palla nel gioco del baseball – ed è anche un modo per conoscere meglio il compagno di viaggio. Gordon è un tipo ostinato e preciso, minuzioso nel collaudare gli strumenti, un vero professionista anche se per la stampa è una sorta di piantagrane; nel suo articolo per *Epoca* non può fare a meno di ricordare questa diceria che lui non gradisce affatto, ma sa anche mostrare il lato più leggero del suo lavoro e del suo carattere:

> Avevo pensato di trasmettere a terra musiche allegre e voci di ragazze registrate su un magnetofono: sai che facce a Cape Kennedy.

Niente musiche e risate di ragazze, ma in compenso Conrad si cimenta in un assolo di canto improvvisando parole e musica. A Houston sanno bene quanto questi momenti possano servire ad alleggerire la tensione e lo stress, dunque, senza esagerare, assecondano i momenti lieti dell'equipaggio. Non tutti apprezzano. In alcuni ambienti, certi comportamenti degli astronauti non piacciono quando in ballo ci sono i dollari dei contribuenti e si vorrebbe imporre atteggiamenti più consoni. Alla NASA fanno orecchie da mercante consapevoli che i loro astronauti sanno fare il loro mestiere anche quando canticchiano.

A missione terminata Johnson rilascia una dichiarazione:

> Il volo della Gemini 5 è stato un viaggio di pace fatto da uomini di pace. La sua felice conclusione rappresenta un momento nobile per l'uomo e, per noi, l'occasione per ribadire il nostro impegno nel continuare a perseguire un mondo di pace e di giustizia. Per dimostrare tempestivamente la sincerità dell'offerta e per dare un'espressione del nostro impegno per un utilizzo pacifico dell'esplorazione spaziale, intendo chiedere a quanti più astronauti possibile […] di visitare varie capitali del mondo.

Il mondo deve attendere un poco prima di avere a disposizione i "campioni dello spazio", come li chiamano i giornali; scienziati, controlli medici e referti tecnici hanno la precedenza per almeno un paio di settimane.

Il record di permanenza di otto giorni di Cooper e Conrad non dura molto. Il programma prevede una missione piuttosto spettacolare: un duplice lancio di capsule Gemini. Il programma, in realtà, era stato modificato strada facendo. Il 25 ottobre era stato lanciato un modulo bersaglio Agena. Nelle intenzioni della NASA, una volta nello spazio, l'Agena doveva essere raggiunto dalla navetta Gemini 6 con lo scopo di effettuare quella manovra di avvicinamento finora sempre fallita. Ma il modulo Agena in orbita non c'era mai entrato e la missione Gemini 6 era stata cancellata ancor prima di dare inizio all'accensione dei motori.

"Ora i russi hanno una possibilità che fino a ieri mattina apparteneva a noi", avevano mormorato neanche troppo sommessamente i tecnici di Cape Kennedy all'indomani del fiasco. Le previsioni erano fosche e la beffa alle porte.

> Non è da escludere che i russi riescano prima di noi nel rendez-vous. Non ci sarebbe da meravigliarsi se entro l'anno Mosca ne desse l'annuncio.

Fu aperta un'inchiesta e anche il presidente volle dire la sua, auspicando una pronta risoluzione del problema per non dare alcun vantaggio ai russi.

EPOCA

ESCLUSIVO

A colori il film dei Gemini

La bella copertina che *Epoca* del 26 dicembre dedica alla missione congiunta delle due navette Gemini. L'articolo all'interno è firmato da Livio Caputo corrispondente da Cape Kennedy. L'articolo è corredato da numerose, spettacolari, foto che hanno scattato gli astronauti della Gemini 6 durante le fasi di avvicinamento alla capsula gemella pilotata da Borman e Lovell

Le previsioni disfattiste della NASA non ebbero riscontri. I russi non stavano navigando in buone acque e la Luna sarà bersaglio sempre più lontano. Gli americani non lo sapevano e, con grande ottimismo, avevano alzato la posta in gioco, anche perché avevano finito i moduli Agena. Dunque il nuovo programma avrebbe previsto un duplice lancio, con annesso volo affiancato, di due capsule Gemini, la 6 e la 7.

Con il sollievo che da Mosca non erano giunte notizie clamorose, Frank Borman e James Lovell decollano dalle rampe di lancio di Cape Kennedy il 4 dicembre 1965 a bordo della Gemini 7. Undici giorni dopo "Wally" Schirra e Thomas Stafford raggiungono lo spazio con la capsula numero 6. La prima capsula lanciata ha il compito di rimanere in orbita per due settimane. Gli astronauti hanno un fitto programma di esperimenti da condurre molti dei quali di natura biomedica: è necessario appurare l'adattabilità dell'organismo umano a una permanenza prolungata nello spazio. Hanno cinque giorni di tempo per effettuarli e prepararsi all'arrivo della capsula numero 6. Rispetto alle precedenti missioni la permanenza nello spazio dei due astronauti è resa più confortevole da tute molto più leggere delle precedenti. Il nuovo vestiario si può anche sfilare e Lowell apprezza particolarmente questa caratteristica tanto da rimanere "in maniche di camicia" per gran parte della missione.

L'arrivo della Gemini 6 è previsto per il 12 ma un inconveniente ne ritarda il lancio di 3 giorni. Finalmente il 15 dicembre Schirra e Stafford si apprestano a raggiungere i colleghi in orbita. Al centro di comando l'inviato di *Epoca* Livio Caputo segue tutte le fasi di preparazione e di lancio dei due astronauti. L'alba è luminosa e serena e c'è un sano ottimismo che circola nell'aria. Tutto procede per il verso giusto, la Gemini 6 entra in orbita e Schirra pilota la navetta con grande maestria. Sopra il Pacifico centrale, però, le comunicazioni si perdono e la stazione alle Hawaii non riesce ad agganciare il segnale. Il momento è cruciale, stando al piano di volo le due navette dovrebbero incontrarsi a momenti. Poi, finalmente, Stafford interrompe il silenzio: "Li vediamo proprio davanti a noi a 120 piedi [circa 40 metri, n.d.r]". Cape Kennedy esplode di gioia. Pacche sulle spalle, strette di mano e qualche lacrima. Al centro di comando arrivano telefonate da tutta America; ovunque radio e televisioni sono sintonizzate sulle lunghezze d'onda dei corrispondenti assiepati al centro di comando. Le due navette volano affiancate per più di venti ore a una distanza media di circa 35 metri ma, manovrando con estrema perizia, riescono a ridurre la distanza a soli 30 centimetri l'una dall'altra.

– È sicuro che la collisione non ci sarà? – aveva chiesto Johnson alla base spaziale.
– Signor Presidente – gli avevano risposto – nulla è certo nell'avventura di oggi. Ma noi conosciamo bene Schirra e Stafford e siamo sicuri che eviteranno la collisione, che in casi come questi è sempre possibile.

Nessun dubbio, dunque, soprattutto se a pilotare una delle capsule è un virtuoso come Wally Schirra, che, però, la tentazione di far toccare le due capsule deve averla avuta. Tanto per sgombrare la testa da strane idee, prima della partenza i piloti avevano stabilito che le due navette non si sarebbero dovute toccare. Ne andava anche della salute dei tecnici per i quali la questione era fuori discussione. La capsula 6 rientra a terra quasi subito, il 16 dicembre dopo 17 rivoluzioni attorno alla Terra; Schirra, animato sempre da buon umore, intona *Jingle Bells* con la sua armonica che ha portato di nascosto a bordo della capsula in barba ai rigidi divieti della NASA, coadiuvato alle percussioni da Stafford che malmena una scatoletta di cartone vuota e dà il ritmo. La Gemini 7 ne segue la via il 18 dicembre dopo aver compiuto ben 206 rivoluzioni per complessive 330 ore di permanenza nello spazio. Sotto gli occhi della televisione i campioni dello spazio ammarano felicemente a sud ovest delle isole Bermuda.

"Per la prima volta ho la sensazione che possiamo fare tutto quello che decidiamo di fare", dice con una inconsueta euforia Chris Kraft, il direttore di volo. È questa l'aria che si respira alla NASA: euforia. Forse per la prima volta l'ente spaziale americano è pienamente convinto dei propri mezzi. Per la prima volta si ha la sensazione di non essere più alla ruota dei russi, di non stare a guardare i primati dei rivali.

Il programma Gemini chiude i battenti nel 1966 quando vengono lanciate ben cinque missioni, la prima delle quali, la Gemini 8, fa ricredere sulla eccessiva sicurezza delle missioni spaziali. La Gemini 8 decolla il 16 marzo con a bordo Neil Armstrong e David Scott. I due astronauti hanno il compito di agganciare in orbita un modulo Agena lanciato preventivamente. Al centro spaziale di Houston, Livio Orlando segue in diretta le fasi del volo. Tutto sembra funzionare al meglio e, come non era mai accaduto, il modulo bersaglio viene agganciato da una navetta pilotata da un astronauta.

Ce l'abbiamo fatta! È stato facile – dice Armstrong ai controllori di volo – non potete immaginare l'eccitazione che proviamo.

Che sia una specie di miracolo lo dimostra anche la stampa italiana. Il *Corriere della Sèra* sbatte la notizia del rendez-vous tra Gemini e Agena in prima pagina, neanche fosse un nuovo Sputnik.

Dopo l'aggancio, Scott deve impartire degli ordini al modulo Agena in modo tale che il "cervello elettronico" del missile prenda il controllo del doppio vascello spaziale e faccia compiere una rotazione all'intero sistema. Poiché i collegamenti con lo spazio sono garantiti da ponti radio sistemati in più punti della superficie terrestre, questa fase della missione manca di copertura per alcuni minuti. Fino a quando la vedetta costiera Quebec aggancia il segnale e lo rimanda al centro di controllo.

Ma qualcosa non va per il verso giusto. La Quebec informa che, da quanto ha potuto appurare, la Gemini si è staccata dall'Agena. A Houston non si raccapezzano. Quando finalmente riescono a comunicare con l'equipaggio, sentono la voce di Armstrong piuttosto alterata: "Stiamo ruotando su noi stessi a grande velocità. Per fortuna siamo riusciti a sganciarci dall'Agena. Giriamo e rigiriamo come un trapano impazzito, non riusciamo a fermare niente. Non c'è pressione per mettere in moto i razzi direzionali". La comunicazione giunge confusa e non sempre si capisce bene. Quello che è chiaro è che le pulsazioni degli astronauti sono balzate alle stelle. Rinchiusi dentro un frullatore spaziale Armstrong e Scott rischiano di fare una brutta fine. Si cerca di capire che cosa possa aver provocato il guasto ai razzi e la successiva rotazione. Cariche elettrostatiche al momento dell'aggancio? Un errore di Scott nel digitare il codice per attivare il calcolatore a bordo dell'Agena?

I responsabili si riuniscono in camera di consiglio per pianificare le mosse da farsi. Intanto, come si legge dal resoconto di Caputo, Paul Haney, "la voce degli astronauti", decide di non divulgare quanto sta accadendo e di interrompere le comunicazioni alla stampa delle conversazioni tra astronauti e centro di controllo. Arriva finalmente una buona notizia: dopo tanto patire Armstrong e Scott comunicano che lentamente stanno riprendendo il controllo della Gemini. La manovra ha avuto un prezzo salato e gran parte delle riserve di carburante sono esaurite. Non rimane che una decisione: interrompere immediatamente la missione. Questa è una delle regole del programma Gemini: quando una capsula usa i suoi razzi di rientro per una qualsiasi ragione prima del tempo, il volo deve essere interrotto e la capsula deve far ritorno sulla Terra, cioè ammarare, prima possibile. Il 16 marzo, dopo 10 ore e 42 minuti di tribolatissimo viaggio, Armstrong e Scott raggiungono sani e salvi il mare a sud-est di Okinawa, attendendo a bordo del canotto di essere tratti in salvo da una delle navi appoggio.

L'immediata inchiesta aperta dalla NASA e dalla McDonnell attribuirà il guasto della Gemini 8 al corto circuito di un solenoide della valvola che controlla l'afflusso di carburante a uno dei razzi di propulsione della navetta.

I problemi della Gemini 8 non alterano il fitto programma di lanci. La lista prevede ancora ben quattro voli. Lo scopo delle ultime missioni è quello di perfezionare tutte le manovre di accostamento e rendez-vous e praticare attività extra-veicolare per lunghi periodi. Il 3 giugno 1966 decolla la Gemini 9 pilotata dal veterano Thomas Stafford e da Eugene Cernan, cui spetta il compito della passeggiata spaziale. La missione è costellata da numerosi piccoli problemi che tuttavia non impediscono la sostanziale riuscita dell'intera missione. Cernan, un tipo che per dirla con Oriana Fallaci, si porta dietro

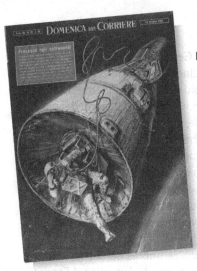

Retro copertina di *La Domenica del Corriere* del 19 giugno 1966. Walter Molino immagina così le difficoltà dell'astronauta Cernan nel portare a termine la prevista attività extra-veicolare. Secondo quanto riporta il trafiletto nel box rosso, "l'epoca eroica dell'astronautica" è finita e il povero Cernan sarà costretto a spiegare a una commissione della NASA le ragioni del suo mancato operare ....

un visuccio così appassito, così stremato, che sembrava non fosse mai stato giovane, ragazzo, bambino

rimane nello spazio per 2 ore e 9 minuti. L'attività all'esterno, un'eternità rispetto ai due colleghi che lo hanno preceduto, affatica in modo anormale l'astronauta che patisce anche un considerevole aumento della temperatura corporea. Rientra a bordo piuttosto provato e dimagrito, tribolando non poco a richiudere il portello della navetta che, per giunta, si mette a ruotare su sé stessa a causa di un guasto a un razzo direzionale.

Le ultime tre missioni Gemini, la 10 (18-21 luglio, John Young e Michael Collins), la 11 (12-15 settembre, Charles Conrad e Richard Gordon) e la 12 (11-15 novembre, James Lowell, Edwin Aldrin), si svolgono senza grosse difficoltà. Vengono portati a termine gli agganci con i moduli Agena, vengono effettuati esperimenti di tipo medico per capire la risposta umana alle sollecitazioni del volo spaziale e viene eseguita un'intensa attività extra-veicolare. L'equipaggio della missione numero 11 scatta una lunga serie di fotografie del globo terrestre particolarmente apprezzate da geologi e cartografi. In una di queste viene individuato del pulviscolo nero in seguito identificato come fumo proveniente da un incendio di un oleodotto in Arabia Saudita. Gli astronauti Conrad e Gordon dimostrano anche che è possibile simulare della gravità artificiale, una microscopica frazione in questo caso, facendo ruotare due astronavi unite con un cavo. La Gemini 11 è anche la prima navetta che fa ritorno sulla terra interamente governata dal calcolatore.

Edwin Aldrin, astronauta della Gemini 12, rimane fuori dalla capsula per un tempo record di cinque ore e mezzo. Dentro la capsula lo aspetta un pasto assai più ricco e abbondante rispetto a quello che era toccato agli astronauti Mercury. Il menù del giorno, fatto di cibo a pezzetti idratabile, prevede tre pasti di cui l'ultimo composto da cocktail di gamberetti, vitello al sugo, torta di ananas, succo di arancia e di pompelmo. Il 15 novembre l'ultima Gemini effettua regolarmene lo *splash-down* nell'oceano. Il ritorno degli eroi dello spazio è spettacolare: l'intera sequenza, compreso il ripescaggio in mare con un elicottero e l'accoglienza a bordo della portaerei Wasp è teletrasmesso in diretta a tutti gli Stati Uniti attraverso il satellite Early Bird.

Una settimana dopo, durante una cerimonia nel suo ranch nel Texas, Johnson premia gli astronauti con la *Exceptional Service Awards* della NASA; un riconoscimento non solo ai due astronauti, ma a tutti gli uomini che con il loro lavoro hanno permesso il pieno successo del programma spaziale americano.

Ormai i numeri parlano chiaro, il confronto con i russi li vede finalmente vincenti. Gli americani sono pronti per il grande balzo verso la Luna. Dichiara Robert Gilruth, direttore dei voli a Houston:

> Per andare sulla Luna dovevamo studiare molte cose: la tecnica degli appuntamenti e degli agganci spaziali, il sistema di accensione dei propulsori nello spazio, l'attività extraveicolare, la permanenza per lunghi periodi di uomini e macchine nel vuoto. È quello che siamo riusciti a compiere con i voli Gemini. Ora è il momento dell'Apollo.

Dall'altra parte della cortina di ferro, l'Unione Sovietica, durante le missioni Gemini, non è stata in grado di mandare nello spazio alcun cosmonauta. Nonostante le pesanti intromissioni governative nel programma spaziale, i russi colgono un importante risultato con il primo atterraggio morbido di una sonda, la Lunik 9, sul suolo lunare. La sonda trasmette dati per quattro giorni prima di cessare le comunicazioni. La successiva Lunik 10 (31 marzo 1966) si inserisce in orbita lunare e invia a terra per quasi due mesi importanti informazioni scientifiche sul nostro satellite

Il programma Apollo

Tragedia a Cape Kennedy

Dopo la conclusione del programma Gemini, alla NASA si respira aria di successo. Sulle ali dell'entusiasmo, forti delle esperienze maturate, gli americani sono pronti a dare inizio alla fase esecutiva del programma Apollo, destinato a portare uomini sulla Luna.

Ma non tutti sono tranquilli. Tra diagrammi di volo, equazioni matematiche, misure e grafici, qualcuno si accorge che è stato superato un punto critico. Il programma spaziale americano sino a ora è stato baciato dalla fortuna: molti rischi, situazioni difficili, rientri a terra complicati, ma nonostante tutto, all'appello non manca nessuno. La statistica informa che è solo questione di tempo prima che qualcosa di terribile accada. L'inizio del nuovo anno rivela la fondatezza della cupa previsione.

È il 27 gennaio, i serbatoi del razzo Saturn 1 sono vuoti e dentro l'Apollo 204 gli astronauti Virgil Grissom, Edward White, entrambi veterani dello spazio, e la matricola Roger Chaffee si apprestano a fare pratica con la nuova capsula, simulando una serie di manovre. Il programma pare banale ma le stelle non sembrano propizie. "Come pensate di mandarci sulla Luna", dice Grissom alla sala di controllo, "se non non riusciamo a parlarci nemmeno a poche decine di metri di distanza?". Le comunicazioni difettano in questo primo test a terra, ma si va avanti lo stesso, dopotutto le simulazioni a terra servono proprio a questo.

D'improvviso la tragedia.

"C'è fuoco in cabina", urla White, cui segue la voce isterica di Grissom. Si capisce poco, le comunicazioni, come aveva ammonito lo stesso astronauta, non sono buone. A bordo si lotta contro un incendio divampato chissà come. Il tutto dura pochi secondi.

L'ultimo cenno che indica che dentro la capsula c'è ancora vita arriva dalla voce di Chaffee nove secondi dopo il primo allarme. Dalla sala controllo si gridano ordini disperati per cercare di tirar fuori gli astronauti dalla trappola ma è troppo tardi. C'è un'esplosione e dalla base della navetta escono lingue di fuoco. Alcuni tecnici non lontani scappano, altri tentano di avvicinarsi per portare i primi soccorsi ma il fumo rende l'accostamento difficile. Dal momento della prima drammatica invocazione a quello in cui i medici riescono ad affacciarsi dentro la cabina passano 14 minuti. All'interno lo spettacolo è pietoso. L'unica cosa che non è bruciata è un foglio di carta con gli ordini del giorno che White teneva sulle gambe.

"Carbonizzati", scrive il 28 gennaio a grossi caratteri il quotidiano *La Notte*; "L'attimo della tragedia a Capo Kennedy", riporta con meno enfasi grafica il *Corriere della Sera*. Il risveglio da un sogno dorato è terribile. L'America è sconvolta. Viene aperta un'inchiesta e la commissione incaricata delle indagini rilascia il 5 aprile il rapporto sull'incidente: la causa dell'incendio a bordo è da imputarsi a un corto circuito verificatosi in prossimità del sedile di Grissom; da quel punto si è propagato rapidamente in virtù dell'atmosfera interna della capsula interamente costituita da ossigeno puro. I tre sfortunati astronauti sono morti per asfissia e solo in seguito le fiamme ne hanno devastato il corpo.

Nel modo peggiore gli americani capiscono che la loro capsula è tutta da rifare, a partire dal portellone di accesso così pesante e lento da aprire. Scrive Ruggero Orlando, corrispondente da Houston:

Il guaio è che questo veicolo Apollo, a differenza della Gemini che contemplavano attività extra-veicolare, non è ancora provvisto come lo saranno i suoi successori, di sportelli di apertura facile. Per proteggere contro il vuoto, il freddo e le radiazioni, lo sportello è triplo e per aprirlo si deve far ruotare una manovella di oltre mezzo giro. Normalmente la manovra esige un minuto e mezzo.

L'America che punta diritta verso gli spazi profondi è costretta a seppellire i propri eroi, morti durante una simulazione a terra, nel cimitero di Arlington. Al Senato si fa a gara per accusare tutti e nessuno. Il bersaglio preferito è la ditta costruttrice delle navette Apollo, rea di aver fornito un prodotto scadente. La replica dell'azienda è durissima: tutto il progetto Apollo è confusionario, privo di idee chiare, arrangiato di volta in volta senza lungimiranza.

Scoppia la polemica anche sui giornali. Da una parte chi vuole continuare, dall'altra quelli per i quali il rischio non vale un gioco che si è fatto tragico. Si fanno valutazioni economiche e non sono pochi coloro che sostengono che il progetto costa troppo e tutti quei dollari si potrebbero spendere meglio.

Se proprio l'umanità vuole continuare lungo la via che porta alle profondità dello spazio, perché non farlo utilizzando sonde e satelliti che hanno dato ottimi risultati senza compromettere la vita degli astronauti? Già ai tempi di Gagarin si facevano considerazioni analoghe e ora che ci sono le prime vittime la polemica riprende vigore.

La domanda non ha per tutti stessa risposta. Per William Howard, scrittore scientifico autore di *Destinazione Luna* (1969), la Luna

> rappresenta un passo fondamentale che porta l'uomo laddove si trova l'informazione scientifica. Le sonde munite di strumenti e i satelliti artificiali, per quanto molto efficienti, riescono ad apprendere soltanto quello che si chiede loro di accertare; essi non possono affrontare l'imprevisto o l'inatteso.

Ben diversa è l'opinione di T. E Schumann che, su *L'Europeo* del 4 maggio, scrive "Dalla Luna non si torna"; l'articolo mette in luce le deficienze del progetto spaziale americano, rischioso oltre ogni limite accettabile:

> Sono convinto che sia giunto il momento, considerata l'alta posta in gioco, di rivedere completamente l'intero progetto lunare. Il riesame potrebbe essere svolto nel migliore dei modi da una commissione di sette o nove scienziati di grande competenza ma estranei al progetto attuale. Mi sentirei molto soddisfatto se dopo un attento studio il rapporto finale della commissione raccomandasse la modifica del progetto attuale di volo sulla Luna.

Il direttore del centro spaziale di Houston, Robert Gilruth, manifesta la sua opinione:

> Per me è la più ambiziosa e impegnativa avventura nella storia dell'uomo. Indipendentemente da quello che sta facendo l'Unione Sovietica, negli Stati Uniti dobbiamo procedere con il nostro programma. La nostra opera deve rappresentare il meglio che uomini impegnati, capaci e ispirati riescano a fare.

Anche gli astronauti la pensano così, d'altronde è il loro mestiere. Vale per tutti l'epitaffio che Grissom aveva lasciato al termine della missione Gemini 3:

> Se moriremo, vogliamo che la gente lo accetti. Siamo in un affare rischioso e speriamo che qualunque cosa ci accada non ritardi il programma. La conquista dello spazio è una cosa degna di rischiare la vita.

E così sarà. Occorre apportare le dovute modifiche alla capsula Apollo per non far svanire miseramente, ancor prima che abbia preso il volo, quel desiderio che Kennedy aveva espresso in una lontana conferenza nel 1961.

Quando Kennedy suonò la carica

Il 25 maggio 1961, a pochi giorni dal volo di Yuri Gagarin, il presidente John Fitgerald Kennedy aveva pronunciato un discorso alla nazione di grande vigore ed energia:

> È giunto il momento di compiere passi maggiori, il momento per una grande iniziativa americana, il momento in cui la nazione deve assumere un ruolo di netta preminenza nelle imprese spaziali. Ritengo che noi possediamo tutte le risorse e tutto il talento necessario. Ritengo che il nostro paese debba impegnarsi a raggiungere, prima della fine del decennio in corso, l'obiettivo di far atterrare un uomo sulla Luna e riportarlo sano e salvo sulla Terra. Nessun altro progetto spaziale in questo momento sarà più emozionante, sensazionale, o

importante per la futura esplorazione dello spazio, e nessuno sarà altrettanto difficile e costoso da realizzare. In senso più concreto non sarà un solo uomo ad affrontare il volo verso la Luna, ma l'intera nazione, poiché noi tutti dobbiamo adoperaci perché egli possa raggiungerla.

Il presidente voleva dare la scossa a una nazione umiliata dallo strapotere russo. Tutta l'America, e non solo gli uomini destinati all'epocale viaggio, fu chiamata a raccolta per realizzare la più grande impresa della storia dell'umanità.

Ancora il presidente:

Abbiamo scelto di andare sulla Luna entro questo decennio non perché sarà facile, ma perché sarà difficile. La nostra generazione non intende rimanere arenata ai margini della futura era spaziale. Intendiamo farne parte. Vogliamo assolvervi una funzione di guida, poiché gli occhi dell'umanità sono ora rivolti allo spazio, alla Luna, ai pianeti, e non abbiamo promesso che il mondo non vedrà dominato lo spazio da una ostile bandiera di conquista ma da una bandiera di pace. Alziamo le vele in questo nuovo oceano poiché in esso vi sono nuove conoscenze da ottenere e nuovi diritti da conquistare ed essi devono essere conquistati e usati per la pace e il progresso di tutti.

Le parole del presidente rimbalzarono di giornale in giornale, di bocca in bocca. L'America credette alla voglia di riscatto di Kennedy e lo seguì nell'impresa di conquistar le stelle.

A un certo punto il presidente estese la sua visione di esplorazione spaziale anche ai rivali sovietici, esortandoli a collaborare con gli Stati Uniti per raggiungere un traguardo che sarebbe appartenuto all'umanità. "Andiamoci insieme sulla Luna", diceva, "è stupido fare due volte le stesse cose e sostenere due volte le stesse spese". Ma i tempi non erano ancora favorevoli per un progetto congiunto così ambizioso, le due superpotenze si guardavano in cagnesco e continuavano ad armare i propri silos di missili per la guerra. In momenti in cui si vendevano bunker a prova di bomba atomica o si equipaggiavano le case per resistere a un bombardamento nucleare, con tanto di adesivo da appiccicare *"This house is prepared"* ("Questa casa è preparata", n.d.r), la collaborazione con il nemico era un miraggio ben più lontano della Luna stessa. E ognuno puntò allo spazio seguendo la propria via.

Così, si cominciò a valutare il modo migliore per raggiungere la Luna. Nel 1962 gli esperti americani giunsero a definire tre progetti: il primo prevedeva un lancio diretto verso la Luna di una capsula Apollo con allunaggio morbido e successiva ripartenza dalla superficie del satellite. Il secondo metodo, denominato EOR (*Earth Orbiter Rendez-vous*) prevedeva l'impiego di due missili tipo Saturn, uno dei quali avrebbe messo in orbita l'Apollo con gli astronauti e l'altro i moduli di servizio e una riserva di carburante; effettuato il rendez-vous tra l'Apollo e il secondo modulo, e portato a termine il rifornimento, la navetta avrebbe iniziato il viaggio verso la Luna. Infine il terzo metodo, chiamato LOR (*Lunar Orbiter Rendez-vous*), prevedeva il rendez-vous di veicoli spaziali in orbita lunare, utilizzando per il lancio un solo razzo Saturn.

La prima idea venne scartata molto presto, sebbene godesse almeno all'inizio del favore di von Braun. Ci voleva un razzo mostruoso per poter compiere il balzo, razzo che von Braun garantiva di poter costruire entro i termini fissati dal presidente, ma a molti sembrò inverosimile riuscire a realizzare il tutto entro la fine del decennio e il gigantesco razzo Nova fu messo da parte.

La seconda idea aveva buoni motivi per essere presa in considerazione, anche se il pensiero di effettuare un rifornimento di carburante tra due veicoli mentre orbitavano attorno alla Terra non convinceva fino in fondo. Dai calcoli effettuati con gli elaboratori, inoltre, era emerso che un solo razzo Saturn poteva portare in orbita lunare un modulo più piccolo di una intera navetta Apollo. Fu un riscontro fondamentale per considerare seriamente un terzo progetto che, fino ad allora, aveva tribolato non poco per farsi accettare. Il Saturn V, che von Braun stava progettando, era in grado di spedire verso la Luna un modulo senza che questi facesse prima rifornimento attorno alla Terra. Il dispendio di energia di un rendez-vous tra un veicolo madre e un modulo leggero in orbita lunare sarebbe stato minore rispetto a quello necessario a far allunare e poi ripartire un'intera capsula Apollo.

Dopo un milione di ore di studio fu definitivamente approvato il progetto LOR. Il veicolo spaziale sarebbe stato composto da tre moduli ben distinti: il Modulo di Comando, dove avrebbero preso posto tre astronauti, un Modulo di Servizio, con i sistemi di propulsione e di assistenza al volo, e, infine, il Modulo di Escursione Lunare, per mezzo del quale due astronauti sarebbero scesi sulla Luna. In linea di massima l'attacco alla Luna prevedeva le seguenti tappe: lancio di una navicella Apollo con un Saturn V; separazione dal razzo e avvicinamento alla Luna della navetta Apollo composta dai tre moduli agganciati; inserimento in orbita lunare; separazione della navicella in un modulo orbitante e in uno di discesa, il LEM (Lunar Excursion Veicle); discesa sulla Luna del LEM; viaggio di ritorno dello stadio superiore del modulo lunare verso il modulo rimasto in orbita e successivo aggancio; rientro in orbita terrestre del Modulo di Comando.

Un viaggio sotto ogni profilo straordinario che avrebbe richiesto una programmazione precisissima a prova di casualità.

Così Howard parla della capsula Apollo:

Si immagini un gigantesco tubo metallico, cinque volte più alto di un uomo e con un diametro pari a due volte la sua statura. A una estremità il cilindro finisce con un cono appiattito. Al vertice del cono è montato il veicolo con quattro gambe tubolari divaricate che gli conferiscono l'aspetto di un grosso insetto.

Il grosso insetto è il LEM, forse la parte più incredibile di tutto il progetto e, come avranno modo di comprendere gli esperti della NASA, anche il più problematico.

D'altronde, quando l'idea del LEM fu presentata per la prima volta ci mancò poco che qualcuno non scoppiasse a ridere. Mentre gli specialisti della NASA si stavano arrovellavano le meningi per capire come arrivare sulla Luna, valutando il progetto EOR come il migliore a loro disposizione, bussò alla loro porta John C. Houbolt, un ingegnere di 41 anni in servizio proprio alla NASA. Innanzi ai presenti Houbolt estrasse dalla sua valigetta un modellino in legno che rappresentava la sua creazione: il LEM. Ci furono attimi di sconcerto e nessuno aveva capito bene quello che stava dicendo l'ingegnere con quel ridicolo giocattolo in mano.

Qualcuno perse la pazienza. "Il vostro modellino è un imbroglio", aveva tuonato Maxime Faget, uno che aveva progettato la navetta Mercury, e, rivolto ai presenti, aggiunse: "Questo signore ci sta prendendo in giro". Anche von Braun rimase alquanto disorientato nel sentire la proposta Houbolt e sentenziò: "Questo coso non va bene". La reazione era comprensibile; Houbolt aveva messo sul tavolo dei migliori progettisti della NASA un modellino di legno che, alla meglio, rappresentava un tappo di spumante con una base cilindrica che si reggeva in piedi grazie a cinque graffette metalliche. Due tondini di legno, disposti sul corpo centrale, raffiguravano gli oblò della navetta. Un po' poco, pareva, per portare uomini sulla Luna.

Houbolt, però, aveva attentamente studiato i progetti che la NASA stava valutando per portare uomini sulla Luna, cioè il Nova e quello siglato EOR, giungendo alla conclusione che nessuno dei due aveva le qualità della sua idea. La sua navetta poteva adagiarsi dolcemente sul suolo lunare e da lì ripartire con il modulo superiore che comprendeva l'alloggio per gli astronauti, i comandi e il motore di risalita. Poiché sarebbe stata una struttura piuttosto leggera, avrebbe viaggiato protetta dentro un contenitore durante la violenta fase di partenza da terra e successiva immissione in orbita terrestre, e da lì in poi, agganciata al Modulo di Comando, avrebbe proseguito verso la Luna. Era certamente una buona idea e i suoi calcoli lo potevano dimostrare, ma non gli fu data possibilità.

Houbolt fu accompagnato alla porta e per un bel po' di mesi nessuno si ricordò di lui. Continuò a lavorare sodo e a perfezionare il molto che c'era da migliorare, testardamente convinto che quella fosse la soluzione al problema. Bussò a molte porte ma la risposta era sempre quella: niente da fare. Quando James Webb, amministratore della NASA, comunicò che tra tutti i sistemi presi in considerazione il progetto EOR era il migliore, a Houbolt e al suo strampalato marchingegno non venne dedicata neanche una parola. La sentenza pareva senza appello.

Ma l'ingegnere non si rassegnò a quella che sembrava una bocciatura e nel novembre del 1961 scrisse una lettera accorata al co-amministratore della NASA Robert Seamans nella quale tratteggiava con precisione i pregi e i vantaggi della sua idea. Nella lettera si rammaricava dello stato delle cose poiché la sua era una "voce nel deserto [...] e i giudizi dei colleghi mi hanno sgomentato". Concluse con grande ardimento e un azzardo: "Ordinatemi di andare avanti e vi metterò un uomo sulla Luna, senza bisogno dell'«impero di Houston»".

L'"impero di Houston", evidentemente, suonò bene a Seamans che da quel momento prese sotto la sua ala protettiva il progetto di Houbolt. A quel punto Faget e soci non poterono far altro che modificare il loro atteggiamento e iniziarono a prendere in considerazione l'idea di costruire il tappo di spumante di Houbolt. La consacrazione definitiva giunse pochi mesi dopo, nel 1962, quando von Braun diede il suo parere definitivo sulla proposta di Houbolt. Si poteva fare. L'ultima ostacolo era stato superato.

Nel 1962 il tappo di spumante in legno si era trasformato in un modellino di plastica con 5 piedi e 4 oblò. Tre anni dopo gli oblò erano diventati due e le zampe, retrattili, quattro. Nel frattempo John C. Houbolt aveva lasciato la NASA per essere assunto quale consulente presso la *Aeronautical Research Associates of Princeton Inc.* e, per l'occasione, l'ente spaziale americano gli conferì la sua massima onorificenza "per la preveggenza e la perseveranza nel difendere la propria creatura, il Modulo Lunare".

Dunque, alla fine, il modo con il quale la Luna sarebbe stata conquistata fu approvato ed entrò nella sua fase operativa. Un'impresa del genere superava le possibilità costruttive di qualsiasi azienda nazionale, anche di quelle più grandi; la realizzazione del grande sogno di Kennedy necessitava, come egli stesso aveva immaginato, l'impegno di una nazione intera, intesa nelle sue industrie, nelle sue università e fabbriche, nelle sue risorse umane e tecnologiche.

Nel volger di un anno la NASA coinvolse nel progetto un gruppo di industrie e università che alla fine arrivarono a contare 400 mila dipendenti tra ingegneri, scienziati, esperti e lavoratori. La progettazione e la fabbricazione del modulo di comando Apollo venne affidata alla *North American Aviation*; alla *Grumman Corporation* fu affidata la realizzazione del LEM; alla B*oeing Company* fu assegnato il compito di allestire la creatura di von Braun, il gigantesco Saturn V. Al prestigioso *Massachusetts Institut of Tecnology* (MIT) fu dato il compito di guidare un pool di industrie elettroniche incaricate di creare tutto l'apparato strumentale e di guida dell'Apollo e del LEM. Il compito era esaltante e complicatissimo allo stesso tempo. Il team diretto da Charles Stark Draper doveva realizzare l'intero sistema di guida rimanendo sotto i 30 chilogrammi di peso, cosa nient'affatto banale per i computer degli anni Sessanta gravati da unità di memoria pesantissime. Usando cinquemila circuiti integrati a bassissima densità, gli specialisti del MIT crearono l'*Apollo Guidance Computer* che, con la sua memoria pari a neanche un centesimo di quella di un cellulare di oggi, avrebbe guidato il LEM nel suo viaggio di sbarco sulla Luna.

La via era stata tracciata. Così come le tappe e gli artefici del viaggio. Mancavano solo i nomi dei viaggiatori, ma per quello c'era ancora tempo.

Di segreto, nel progetto americano, non c'era molto e gli organi di informazione ebbero modo di giovarsene. Riviste e giornali, un po' come era successo con il primo satellite artificiale, illustravano ai lettori le fasi della conquista lunare seguendo lo schema dettato dal progetto della NASA, anche se i successi ottenuti da entrambi i contendenti nei voli spaziali rendeva l'esito della gara ancora incerto e il nome del vincitore sconosciuto. "Russo o americano?", si chiedevano i rotocalchi a proposito di chi sarebbe stato il primo piede a poggiarsi sul suolo lunare. A metà degli anni Sessanta la risposta ancora non c'era e gli indizi maturati indicavano di volta in volta uno o l'altro dei due contendenti. Non mancava in tutto questo una buona dose di fantasia, memori, forse, di quanto avevano scritto von Braun e compagnia neanche un decennio prima nei loro celebri libri; ecco dunque che secondo quanto riporta la *Domenica del Corriere* del 28 giugno 1964, gli americani avevano approntato le auto lunari, come il "pedipulator" e le autosfere. Il primo era un "apparecchio a forma di robot capace di superare terreni sco-

scesi e barriere d'ogni genere" grazie a quattro zampe alte cinque metri simili a quelle di un ragno; mentre le seconde dovevano essere sfere dotate di cingoli in grado di trasportare astronauti che, però, puntualizzava l'autore

La seconda serie di cartoline Liebig, raffigurante le fasi del ritorno alla Terra della navetta Apollo

del servizio erano ancora "in fase di progettazione". Il primo impiego dei due mezzi, comunque, stando alle informazioni rilasciate dalla ditta costruttrice *General Electric Company*, doveva essere di natura militare. L'articolo proseguiva con i disegni del "quartiere residenziale" dove avrebbero alloggiato gli astronauti durante la loro permanenza sulla Luna; disegni che ricordano molto quelli apparsi nel libro di von Braun *Conquest of the Moon* del 1953.

Di ben altro spessore l'articolo apparso il 18 dicembre del 1966 sempre su *La Domenica del Corriere*. I programmi Gemini avevano chiuso i battenti da poco più di un mese e l'articolo racconta con chiarezza e semplicità tutte le fasi di volo dell'Apollo, dal lancio al rendez-vous lunare, alla discesa del LEM, al viaggio di ritorno, fino allo splash-down sull'oceano. Il pezzo di Franco Bertarelli apre così:

I primi uomini che metteranno piede sulla Luna, in un giorno ancora non precisato del 1968, dovranno essere dotati soprattutto di un controllo nervoso di incredibile efficienza. Per esempio, appena il loro strano apparecchio a quattro gambe li avrà depositati sul suolo lunare dopo il più avventuroso viaggio mai compiuto, essi dovranno come cancellare dalla memoria l'enormità della propria situazione per concentrarsi in maniera esclusiva nel minuzioso controllo del LEM […] cioè del veicolo che li avrà portati a destinazione e che li dovrà far ritornare a bordo dell'Apollo, l'astronave madre che li attenderà in orbita a 120 chilometri di distanza.

Numerosi, splendidi disegni corredati di didascalie accompagnano tutte le fasi descrittive del volo, in modo tale da rendere chiarissimo al lettore come sarebbe avvenuto lo storico contatto con la Luna. Quegli stessi disegni, o palesemente ricopiati dagli originali, il lettore li ritroverà praticamente ovunque: nei libri divulgativi, negli articoli dei giornali, nelle figurine per gli album e anche nelle mitiche figurine della Liebig che, dalla fine dell'Ottocento, raffigurano in un pacchetto da 6 ogni aspetto dello scibile umano. Pareva tutto chiaro, anche l'anno: 1968. La tragica fine dei tre astronauti dell'Apollo 1 altera la tabella di marcia, ritardando l'appuntamento.

Riprende la corsa

L'incidente dell'Apollo 1 rallenta il ruolino di marcia della NASA. Mentre i giornali si interrogano su tutto quanto ruota attorno alla più grande impresa umana della storia, la NASA apporta tutte le modifiche necessarie a garantire quella sicurezza che la prima navetta Apollo non assicurava. Il Modulo di Comando viene riprogettato praticamente da zero, apportando al progetto originale qualcosa come trentamila modifiche. Solo in estate possono riprendere i lanci con le missioni Apollo 2 e Apollo 3 prive di equipaggio. Si giunge così al 9 novembre, data in cui fa la sua comparsa nella rampa di lancio del Kennedy Space Center un razzo enorme, alto 110 metri e con un peso al decollo di 2913 tonnellate, il Saturn V, la creatura di von Braun. Il primo stadio del colosso è alto più di qualsiasi altro razzo fino a ora costruito e i suoi cinque motori, bruciando una miscela di ossigeno e cherosene, sviluppano una spinta di 3500 tonnellate. Il secondo stadio brucia, invece, idrogeno liquido al posto del cherosene. Alla sommità del colosso, dopo un terzo stadio di 16 metri, è disposta la capsula Apollo 4 ancora una volta senza equipaggio.

Quando il razzo si stacca da terra è tale la potenza sviluppata che l'onda di pressione viene rilevata nello stato di New York, a 1770 km di distanza da Cape Kennedy, mentre a 5 km crolla il tetto di una cabina di ripresa dove i tecnici della CBS hanno sistemato i loro apparecchi.

Epoca del 9 novembre 1967 dedica la sua copertina al lancio del razzo Saturn. L'impressione che suscita la creatura di von Braun è enorme. La potenza e le dimensioni del razzo lo rendono la "cosa" più grande che abbia mai lasciato la Terra. Più alto del Duomo di Milano e del campanile di San Marco, il doppio della Torre di Pisa, il Saturn ha numeri sbalorditivi che autorizzano ad affermare che il futuro viaggio verso la Luna sarà fatto dagli americani

Scrive Franco Bertarelli, corrispondete di *Epoca*:

> Mai si era visto a Capo Kennedy uno spettacolo simile: mai il
> bagliore, il fragore e il calore – che pure sono di casa in questo
> cosmodromo costruito sulle paludi costiere della Florida –
> sono stati così grandi e spaventosi. Ma stavolta il missile di
> partenza era "campione del mondo", pareva un grattacielo
> tanto era alto (quasi 110 metri) e pesava 2770 tonnellate,
> come un cacciatorpediniere "seduto sulla coda".

Il Saturn impressiona ogni corrispondente giunto fin là a vedere il
debutto del colosso. Alto quanto il Duomo di Milano, il razzo ha
dimostrato tutte le sue potenzialità e per von Braun che lo ha
costruito è un momento da ricordare per sempre. Lui, che aveva
preso la sfida con i russi come qualcosa di personale tanto da dire
"Io non capitolerò mai davanti ai russi e per quanto mi riguarda non
mi rassegnerò ancora alla disfatta lunare dell'America", ha un motivo in più per credere a quello che Bertarelli scrive in chiusura del
suo articolo: "Oggi, veramente, la Luna è un po' più vicina di ieri".

Le prove preliminari

La fase conclusiva della marcia verso la Luna prende avvio alle
16.03 dell'11 ottobre 1968 quando sulla rampa di lancio numero 34
di Cape Kennedy si appresta a partire la missione Apollo 7. Dopo
tanto lavoro compiuto, lacrime e inchiostro versati, la missione
deve dimostrare all'America che l'obiettivo finale si può ancora raggiungere. Accanto al valore psicologico, e simbolico, dell'evento, i
tecnici NASA puntano a definire in dettaglio tutte le manovre
necessarie a compiere i rendez-vous spaziali in assoluta sicurezza
oltre a verificare la piena manovrabilità della navetta. Sono passati
quasi due anni da quando tre americani avevano volteggiato per
l'ultima volta nello spazio a bordo della Gemini 12, oggi tocca al
veterano Wally Schirra, a Don Eisele e a Walter Cunningham, un civile che non proviene dai ranghi militari, tornare nello spazio.

È un equipaggio piuttosto vivace e litigioso quello a bordo
dell'Apollo 7. Le fasi si susseguono senza grossi patemi anche se una
piccola sequela di malfunzionamenti fanno inalberare Schirra che,

Gli anni della luna

per giunta, è preda anche di un fastidioso raffreddore che contagia tutto l'equipaggio. Pure il cibo fa schifo. È vero che gli astronauti possono contare su un menù piuttosto vario che comprende pollo e budino al cioccolato, ma è anche vero che le pietanze sono state prima disidratate cosicché gli astronauti devono spruzzarle con dosi di acqua calda o fredda prima di poterle mangiare: il problema è che per ordine dei medici igienisti della NASA, l'acqua è stata sterilizzata con abbondanti dosi di cloro; risultato, tanto il pollo che il gelato alla vaniglia hanno lo stesso disgustoso sapore del cloro. Per non parlare poi di certi esperimenti che devono fare, su alcuni dei quali Schirra ha un'opinione assai precisa: "Quando torno voglio vedere la faccia di quel cretino che ha escogitato questo esperimento". Così, quando dal centro di controllo gli ricordano che alle ore 11 deve mettere in funzione la nuova telecamera di bordo per compiere la prima trasmissione televisiva in diretta dallo spazio, lui perde la pazienza:

> Ci avete fatto accendere due volte i razzi per le manovre fuori programma; avete messo a bordo uno scarico per le urine che non funziona; abbiamo una capsula nuova che ci causa un sacco di problemi; vi dico una cosa, che questa trasmissione verrà rinviata dopo che avremo fatto il rendez-vous con il Saturno.

Da Houston insistono ma Schirra, uno che non le manda certo a dire, non ha intenzione di cedere:

> Non abbiamo la macchina pronta, non abbiamo mangiato, ho il raffreddore e non intendo buttare all'aria in questo modo il nostro programma di lavoro.

Schirra è un astronauta con i fiocchi, è meticoloso, preciso e sa pilotare le navette come pochi, ma c'è una cosa che non sopporta, e a Houston lo sanno bene: la pubblicità. Giancarlo Masini nel suo *La grande avventura dello spazio* (1969) riporta un episodio piuttosto divertente dell'avversione del pilota nei confronti di tutto il *glamour* che circonda l'impresa spaziale:

> In tutti è vivo il ricordo di quando Schirra mise in atto una vera e propria operazione di sabotaggio ai danni di una manifestazione giornalistico-promozionale programmata dalla NASA.

Numerosi cineoperatori e fotoreporter degli Stati Uniti erano stati invitati a Capo Kennedy per riprendere alcuni astronauti nell'interno di un hangar, accanto ai loro ordigni spaziali. Schirra svitò tutte le lampade dei vari riflettori, mise un pezzo di scotch isolante nei portalampade e riavvitò coscienziosamente i bulbi. Dovettero passare molte ore prima che gli elettricisti si accorsero dell'inghippo.

Questo è Schirra, figurarsi come la prende quando gli ordinano di darsi da fare per attivare il collegamento con le televisioni. Testardo come un mulo alla fine la spunta e il collegamento viene rinviato fino a quando il rendez-vous con il Saturno non è portato a termine. Solo a questo punto i tre dell'Apollo si improvvisano uomini di spettacolo e attivano il collegamento televisivo in diretta. Per l'occasione hanno preparato un po' di cartelli spiritosi da mostrare alle telecamere e si divertono a togliersi le tute per far vedere come si possa stare in maniche di camicia anche nello spazio. L'allegria torna presto, l'equipaggio porta a termine l'intero programma e lo splash-down avvenuto il 22 ottobre pone lieto fine alla prima missione americana nello spazio dopo la tragedia dell'Apollo 1.

La strada per la Luna è libera.

Men of the Year

Il 1968 sta per volgere al termine. Anno tribolato e inquieto. Anno dei grandi movimenti di protesta. In Italia un'ondata di rivolta scuote il mondo dei giovani che contestano la società. Il segnale della rivolta giunge da Roma, quando il rettore Pietro Agostino D'Avack, incapace di risolvere una situazione intricata, chiama la polizia a sgomberare la facoltà di Architettura occupata da 25 giorni. Il giorno dopo 3000 di loro imperversano per le strade di Roma. Tra Villa Borghese e i Parioli infuria la battaglia tra le forze dell'ordine e gli studenti, che si difendono con i sampietrini. Il fuoco della rivolta si propaga a tutte le maggiori università italiane fino a valicare le Alpi. La Francia, ancora scossa dalla battaglia d'Algeri, deve fronteggiare la rivolta degli studenti che avanzano al grido "l'immaginazione al potere". Gli intellettuali si schierano in gran parte con loro, mettendoci dentro un po' tutto, da Marx a

Lenin, da Mao a Marcuse. Intanto i Vietcong del Fronte di liberazione nazionale sferrano l'offensiva del Tet e arrivano alle porte di Saigon, capitale del Vietnam del Sud. La formica ha sconfitto l'elefante, un po' come sperano di fare i movimenti rivoluzionari con il sistema.

E Patty Pravo canta "Ragazzo triste come me...".

Il 25 dicembre, mentre sulla terra si invoca la "pace agli uomini di buona volontà", tre uomini a bordo di un marchingegno di metallo stanno ruotando attorno alla Luna, 400 mila chilometri di distanza da casa. Si chiamano Frank Borman, colonnello dell'esercito e capitano della missione, James Lovell, quarantenne capitano di marina e William Anders, maggiore d'aviazione e fisico nucleare alla sua prima esperienza spaziale. Sono partiti a bordo della capsula Apollo 8 il 21 dicembre allo ore 7.51 locali dalla base di Cape Kennedy.

La missione è ambiziosa e, sebbene non sia previsto l'impiego del LEM, che ancora non è pronto e dà diversi grattacapi ai progettisti, alcuni scienziati non nascondo la loro preoccupazione. Eppoi bisogna considerare i russi: i servizi segreti indicano che stanno progettando qualcosa di importante e i lanci ripetuti di sonde Kosmos e Zond starebbero lì a dimostrarlo. Gli astronauti da parte loro si erano dimostrati fiduciosi, o così davano a intendere, certi di potercela fare giacché, come avevano detto, avevano Dio dalla loro parte.

Per Oriana Fallaci, invece, il lancio manco si doveva fare perché non serviva a niente. Scriverà a missione terminata:

Da un punto di vista tecnico fu un volo del tutto superfluo: una manciata di polvere negli occhi dei non competenti. Non c'era bisogno di orbitare la Luna con l'Apollo privo del LEM. La NASA sapeva benissimo che la capsula Apollo era in grado di orbitare la Luna e quel volo si fece solo per utilizzare un lancio ormai deciso e pagato.

Dunque tutto è cominciato il 21 dicembre. E inizia con un segreto che Borman si è portato appresso senza confidarlo a nessuno. Un paio di ore prima della partenza aveva avvertito uno stato di generale malessere. Aveva deciso di tener duro e non dire nulla, vuoi perché non poteva accettare l'idea di rinunciare al suo volo

Il programma Apollo

EPOCA

ESCLUSIVO DA CAPO KENNEDY
VI PARLANO
GLI ESPLORATORI
DELLA LUNA

Una delle foto più belle scattate dagli astronauti dell'Apollo 8 fa da copertina al numero del 29 dicembre 1968 di *Epoca*. L'articolo all'interno è firmato da Frank Borman e James Lovell che raccontano la loro vita, divisi tra famiglia e dovere. L'approfondimento tecnico che segue descrive in dettaglio la capsula Apollo. Si apre lo sportello anche della farmacia di bordo, di cui gli astronauti hanno fatto ampio uso, e si scopre che "vi sono 60 pillole di antibiotici divise per qualità, 12 compresse contro la nausea [...] 12 tavolette di stimolanti, potentissimi analgesici [...] e calmanti più blandi, 24 pillole contro la diarrea (nemico temutissimo in queste circostanze), 72 aspirine e infine 21 sonniferi di varia efficacia". L'articolo risponde anche a un quesito sollevato da alcuni giornalisti che avevano manifestato pensieri inquietanti: "La NASA ha formalmente smentito che nell'armadio delle medicine vi siano anche compresse di veleno che gli astronauti dovrebbero ingerire nel caso di una tragedia spaziale. Un dirigente del volo ha detto «Essi hanno le loro preghiere»"

verso la Luna, vuoi perché non trattandosi di un incosciente aveva saputo valutare la serietà del suo stato di salute. Il viaggio della navetta è perfetto tanto che non è necessario apportare alcuna manovra per correggere la rotta. Solo gli astronauti manifestano qualche problema. Dopo 28 ore di volo decidono di parlare con il medico della base per aggiornare il centro di controllo che lassù le cose non vanno molto bene. Tempo poche ore e la notizia fa il giro del mondo: gli astronauti sono preda di febbre e vomito. Paul Haney, commentatore ufficiale della missione, azzarda la sua diagnosi: "Diarrea, vomito, febbre? Non può che essere l'asiatica".

Previsione azzeccata. Nonostante i tre astronauti si siano sottoposti a vaccinazione, anche loro sono stati colpiti dall'influenza "asiatica" che ha messo a letto milioni di americani. I medici della NASA mettono a posto la terapia e nel giro di tre ore, previa assunzione di tutti gli antistaminici cui dispone la farmacia di bordo, i tre astronauti sono di nuovo in forma e pronti a inserirsi in orbita lunare. La manovra, governata dal calcolatore di bordo, entra in opera quando la navetta si trova dietro la Luna, quindi senza possibilità che vi sia contatto radio con il centro di Houston. Lo stallo nelle comunicazioni viene interrotto dalle informazioni telemetriche che giungono dalla navetta una volta fuori dal cono d'ombra, cui segue la voce di Lovell. "Jim, che aspetto ha la vecchia Luna?", chiedono da Houston.

È essenzialmente grigia, senza colore, sembra fatta di gesso, o una specie di sabbia grigiastra e profonda. Ma vediamo un sacco di particolari.

Lo spettacolo del nostro pianeta che sorge sopra l'orizzonte lunare accoglie l'Apollo 8 al termine della prima rivoluzione delle dieci previste attorno alla Luna. Uno spettacolo immortalato da una foto storica che capeggerà nelle copertine delle riviste di mezzo mondo. Dopo quattro giorni di volo, un'ora dopo la mezzanotte del 24 dicembre, i motori dell'Apollo si accendono per dare la spinta necessaria a liberarsi dall'attrazione lunare e tornare verso la Terra. La navetta è ancora dietro la Luna, dirimpetto al volto nascosto, e nessuna comunicazione radio può informare la stazione di controllo sull'andamento della manovra. È ancora una volta la voce di Jim Lovell a rompere il silenzio: "Vi informo che Babbo Natale esiste davvero.""Voi siete certamente i più qualifica-

Epoca inaugura il nuovo anno, il 1969, mettendo in copertina il "più grande spettacolo che l'uomo abbia visto". La foto mostra la Terra che sorge dietro la Luna sorvolata dall'Apollo 8. All'interno l'articolo di 20 pagine è composto interamente da foto con brevi didascalie: le parole cedono il posto alle immagini a tutta pagina della Terra e della Luna, faccia nascosta compresa, scattate dagli astronauti durante il loro viaggio. L'assenza di atmosfera lunare ha permesso di scattare foto nitidissime mediante macchine Hasselblad con "magazzini" modificati per ricevere rulli di pellicola più lunghi del normale. Per le riprese sono stati utilizzati obiettivi da 80 e 250 millimetri di focale

ti a saperlo", gridano di rimando dal centro di controllo ebbro di felicità. È tempo di tornare a casa.

Quello che per Oriana Fallaci è stato un volo del tutto inutile si trasforma in un gigantesco spot pubblicitario per la NASA. La foto della Luna in lontananza e quella della Terra che sorge sopra il nostro satellite raccontano meglio di mille parole quello che tre uomini hanno compiuto e quello che centinaia di migliaia di persone hanno contribuito a realizzare. I corrispondenti di mezzo mondo raccontano per filo e per segno ai loro lettori tutto quello che si può raccontare di questa entusiasmante avventura umana.

Scrive Livio Caputo:

La missione Apollo 8 è stata un modello di perfezione. Mai, finora, la scienza e la tecnologia americane avevano dato una così prodigiosa prova di sé. Il Saturno 5, il più potente missile del mondo, pesante quasi tremila tonnellate e alto 110 metri, ha assolto la sua funzione di catapultare l'astronave verso la Luna con una esattezza da manuale. La capsula Apollo, interamente ricostruita dopo il tragico incendio che costò la vita a Grissom, White e Chafee quasi due anni fa, si è rivelata un veicolo ideale per sicurezza e manovrabilità. Nessuno dei due milioni di pezzi coinvolti nel lancio si è guastato o è venuto meno alla prova.

Al loro rientro i tre uomini vengono proclamati da *Times* "Men of the Year", "Uomini dell'Anno", e il loro volto disegnato appare nella copertina del giornale, consegnandoli alla storia.

Conclude Caputo:

Fra la generale ammirazione suscitata dalla straordinaria impresa dell'Apollo 8, molti si chiedono a che cosa sia essa paragonabile: alla conquista dell'Everest o alla scoperta del radio? Borman è un sir Edmund Hillary o una madame Curie? Probabilmente si trova in una posizione di mezzo: ha esaltato come nessun altro lo spirito avventuroso dell'uomo, ma ha anche dato al progresso scientifico un contributo che solo tra qualche tempo riusciremo interamente ad apprezzare.

Non male per una missione che non s'aveva da fare.

Intorno alla Luna

Non sono ancora finiti i festeggiamenti per la missione Apollo 8 che alle otto di mattina del 3 marzo 1969 James McDivitt, David Scott e Russell Schweickart si apprestano a salire sull'ascensore che li porta a bordo della capsula Apollo 9.

La precedente missione aveva dimostrato che la Luna è raggiungibile e, nonostante qualche inconveniente, i tre uomini di equipaggio avevano fatto ritorno sani e salvi dal lungo viaggio. Tuttavia non era stata provata alcuna manovra che simulasse un vero sbarco sulla Luna, né, tantomeno, era stato impiegato il LEM. Lo scopo della missione numero 9 è esattamente questo: simulare in orbita terrestre tutte le manovre necessarie a completare la sequenza di sbarco. Tranne naturalmente lo sbarco vero e proprio.

Alle undici in punto il direttore di lancio dà il via alla missione e l'avventura ha inizio. Fa caldo a Cape Kennedy; l'aria è afosa e chiusa da un cielo di nuvole che inghiotte presto il razzo, nascondendolo alla vista della solita folla accorsa a vedere il lancio. L'orbita è presto raggiunta e, dopo qualche istante di smarrimento causato da un malfunzionamento del calcolatore che visualizza dati orbitali sbagliati, tutto torna sotto controllo. Il piano di volo prevede che gli astronauti sgancino la navicella dal terzo stadio del Saturn per ricongiungersi a esso dopo aver fatto compiere alla capsula una rotazione di 180 gradi. Questo permette al Modulo di Comando, a quello di Servizio e al Modulo Lunare di essere uniti in un'unica navicella spaziale. Solo a questo punto viene definitivamente sganciato il terzo stadio del razzo.

La manovra è eseguita alla perfezione, i tre moduli sono agganciati.

Al terzo giorno McDivitt e Schweickart abbandonano il Modulo di Comando, pilotato da Scott, per prendere posto dentro al LEM. La prevista attività extraveicolare di Schweickart viene annullata poiché l'astronauta ha avuto problemi di nausea e i medici, che lo hanno prontamente rimesso in sesto, non vogliono correre rischi. All'astronauta viene dato il via libera solo per uscire fuori dalla cabina e compiere rilevamenti videofotografici della Terra, del Modulo Lunare e del vuoto cosmico. "Ragazzi che vista", commenta la matricola una volta fuori dal modulo. Si porta appresso più di 80 chilogrammi di attrezzatura, tra zaino di supporto vitale, tuta e batterie, ma l'assenza di gravità, almeno in questo, rende tutto più facile.

Il 6 marzo viene compiuta la manovra più rischiosa: il distacco del Modulo Lunare da quello di Comando. Per la prima volta il LEM viaggia nello spazio con i propri mezzi, indipendentemente dalla capsula Apollo. È il momento della verità per quanti, tra ingegneri, scienziati, tecnici e astronauti avevano avuto fede in quello strano trabiccolo.

Il LEM, d'altronde, è qualcosa di realmente stupefacente; fuori da qualsiasi immaginazione, porta una ventata di fantascienza nell'immaginario legato allo sbarco dell'uomo sulla Luna. *Epoca* del 30 marzo lo descrive così:

> Una capsula di tipo Apollo [...] ha ancora l'apparenza di una macchina terrestre, di un oggetto abituale, a forma di cono o di sfera che sia. Il Modulo Lunare no. Esso sembra proprio un prodotto della fantascienza, una macchina "inventata", vagamente simile a un insetto, irta di antenne e di gambe, dalla sagoma poliedrica un po' misteriosa e assurda.

Le foto a colori che corredano l'articolo mostrano il LEM libero nello spazio in tutto il suo splendore di marchingegno "assurdo" e vagamente alieno ma, come prosegue l'articolo "pochi meccanismi inventati dall'uomo si sono dimostrati rigorosamente funzionali come il «ragno», come viene presto ribattezzato il modulo di sbarco dagli astronauti durante le loro conversazioni.

C'è molto ottimismo nell'articolo di *Epoca*, una fiducia quasi cieca nelle qualità del Modulo Lunare, che, invero, preoccupa non poco gli esperti della NASA. I test e le prove effettuate a terra non erano state particolarmente soddisfacenti. Durante una di queste prove Armstrong aveva addirittura rischiato di schiantarsi a terra se la proverbiale prontezza di riflessi non gli avesse permesso di attivare in tempo il meccanismo di eiezione.

Le manovre compiute dall'Apollo 9 si susseguono e il LEM si comporta egregiamente. C'è stata un po' di tensione giusto al momento del distacco tra i due moduli, quando il ragno è rimasto agganciato alla nave madre, ma l'abilità di Scott con i razzi direzionali è riuscita ad avere ragione del problema e a liberare l'Apollo dall'abbraccio del LEM.

Nonostante qualche incertezza o contrattempi di varia natura, che paiono essere inevitabili in missioni tanto rischiose, l'equipaggio porta a termine tutto il programma anche con una certa dose di serenità. C'è modo comunque di protestare per qualcosa che non va, in particolare, l'equipaggio ha qualcosa da ridire a proposito della spazzatura accumulata. Dice McDivitt:

> Qui siamo pieni di detriti, una quantità enorme che ci dà fastidio. Vorrei cacciare il tutto in sacchi di plastica e metterli nel Modulo per lasciarli lì, quando lo abbandoneremo nello spazio. Non abbiamo tempo per fare le massaie, stiamo annegando nel sudiciume [...]

Da Terra rispondono:

> D'accordo, ottima idea. Comprendiamo la pena e il fastidio che le arti domestiche vi procurano. Non ci siete abituati poverine.

Il 13 marzo la navetta di McDivitt ammara felicemente nelle acque prossime alle Bahamas. Complice il tempo sereno, la manovra di rientro e ripescaggio è ripresa in diretta dalle televisioni che rimandano il filmato in tutta America e in Europa.

Nonostante il lieto fine, la missione non ha fugato tutti i dubbi e non sono pochi coloro che manifestano forti perplessità sulle possibilità che ha il ragno di far scendere due uomini sulla Luna e da lì farli ripartire.

Per questo alla NASA decidono di effettuare un altro volo prima di dare il via libera alla conquista lunare. L'Apollo 10 deve compiere quello che le due precedenti missioni avevano effettuato separatamente, ossia, volare intorno alla Luna, come l'Apollo 8, ed effettuare le manovre di sgancio e aggancio tra modulo di comando e modulo lunare, come l'Apollo 9, stavolta però intorno al nostro satellite naturale.

Per una missione del genere viene scelto un equipaggio di veterani, uno dei migliori che la NASA abbia mai avuto: Thomas Stafford, già Gemini 6 e 9, John Young, che aveva pilotato la Gemini 3 e comandato la 10, e infine Eugene Cernan pilota della Gemini 9. Il 18 maggio i motori del Saturno IV B lanciano la navetta Apollo verso l'obiettivo.

"Posso darti la Luna", aveva detto un giorno Young quando ancora era un giovane ufficiale a una graziosa hostess per far colpo su di lei. L'aveva incrociata tempo prima nelle sale dell'aeroporto di Los Angels e se ne era invaghito al primo sguardo. Le corse dietro per perderla tra la folla, non prima di aver udito chiamare il suo nome. Per un po' di tempo utilizzò per i suoi spostamenti la compagnia di volo per la quale lavorava quella misteriosa hostess, senza tuttavia riuscire a incontrarla. Si fece coraggio e chiese a una collega se mai conoscesse la signorina Atchley, o, come apprese subito, Barbara. Complice amici di amici, fortuna e peripezie varie, riuscì un giorno a parlare al telefono con la sua Barbara. Tanta fu la sorpresa nel sentire il racconto di quello strano personaggio e della sua tenacia che la ragazza acconsentì a fissare un appuntamento.

All'ora stabilita lo vidi arrivare davanti a casa mia con una vecchia sgangheratissima auto che faceva un rombo assordante che faceva affacciare la gente dalle finestre – racconta Barbara – Ne vidi scendere un bell'ufficiale con un sorriso smagliante che segnò l'inizio di una vita a due pienamente felice.

Adesso quel giovane ufficiale è in procinto di mantenere la promessa. Dopo tre giorni di navigazione l'Apollo accende i motori di servizio per inserirsi in orbita lunare, dove dovrà rimanere per le prossime sessanta ore. Il LEM dovrà staccarsi dalla navetta per scendere fino a un'orbita che lo porterà a soli 15 chilometri di distanza dalla superficie.

Al contrario dei precedenti colleghi, i tre astronauti avevano assecondato fin dall'inizio il desiderio della NASA di dedicare tempo e cura alle trasmissioni televisive. "Vogliamo che tutti partecipino alla nostra esperienza e possano godersi le magnifiche vedute che noi abbiamo", avevano detto gli astronauti e così avevano fatto. La predisposizione alla comunicazione rischia però di essere controproducente nel momento più drammatico della missione. Dopo aver effettuato le manovre in programma, aver sganciato il Modulo Lunare, ribattezzato Snoopy, e aver volteggiato a pochi chilometri dalla Luna, Stafford e Cernan devono completare la manovra di sganciamento della parte superiore del LEM da quella inferiore. È intenzione della NASA simulare in questo modo una partenza dal suolo lunare e successivo aggancio con il Modulo di Comando, chiamato Charlie Brown, che li attende in orbita.

Ma qualcosa non funziona a dovere.

> Figlio di un cane [...] c'è qualcosa che non funziona in questa macchina, qualcosa è impazzito durante la separazione [...] Per fortuna sono riuscito a impedire il blocco del sestante. È proprio un figlio di buona donna. Finalmente è tutto sotto controllo ma vi assicuro che è stata una cosa pazzesca.

Gli altoparlanti del centro di controllo di Houston diffondo le imprecazioni di Stafford che da lì a breve vengono ritrasmesse a tutta l'America. Molti non apprezzano, memori di qualche goliardia di troppo delle missioni Gemini, e, com'era già accaduto in precedenza, i dirigenti della NASA sono subissati di telefonate e lettere di disappunto per il comportamento degli astronauti. A 400 mila chilometri di distanza Stafford non ha tempo di dedicarsi troppo al vocabolario, impegnato com'è a mantenere l'assetto del LEM impazzito e a Houston lo hanno capito bene. Alla fine tutto viene riportato al giusto funzionamento e il LEM può completare la propria missione e ricongiungersi con Young che attende in orbita. La manovra è rischiosa e mancarla significa perdersi nelle profondità dello spazio.

> È difficile dire la gioia che provammo nel ritrovarci con John sull'astronave – dirà Stafford a missione terminata – lo affiorai galleggiando attraverso il tunnel boccaporto e c'era lì ad attenderci John con la barba di quattro giorni, con un'aria da selvaggio, ma in gran forma. Ci avventammo l'uno nelle braccia dell'altro, un'impresa non da poco avendo la tuta spaziale addosso, e ci sfregammo le teste.

L'aggancio è riuscito. Gli astronauti abbandonano la parte superiore del LEM per spostarsi dentro il modulo di comando. "Formidabile", "fantastico", "incredibile" sono le parole che ricorrono nelle voci degli astronauti mentre abbandonano la Luna. Sono giunti così vicini al traguardo che sarebbe bastato davvero poco per compiere un passo storico, ma non è per loro che è riservato l'appuntamento.

Ho sempre creduto che nulla sia impossibile, ora ne sono convinto – dice Cernan mentre la Luna si allontana – Spero che quanto stiamo facendo qui e ciò che si farà in futuro possa contribuire al progresso del genere umano.

All'alba del 26 maggio 1969, dopo oltre otto giorni di volo nello spazio, Apollo 10 effettua lo splash-down quattrocento chilometri a est di Pago-Pago, nell'Oceano Pacifico. Quaranta minuti dopo i tre astronauti mettono piede sulla portaerei Princeton, stanchi ma in buona forma fisica, tanto che il medico prescrive loro solo un po' di meritato riposo.

La missione è pienamente soddisfacente e sono molte le indicazioni che gli esperti ne traggono. L'Apollo 10 ha dimostrato come manovre ritenute complicate o rischiose sono state effettuate in relativa sicurezza e facilità; di contro sono emerse situazioni rischiose laddove di rischio si riteneva non ve ne fosse.

Una cosa importante è emersa prepotente: il fattore umano. Gli astronauti lassù fanno la differenza. Non c'è calcolatore che tenga, sono gli uomini che prendono le decisioni e rimediano agli imprevisti di un viaggio lungo e complicato.

Il LEM ha manifestato anche un altro problema, come Cernan aveva appurato per primo: la copertura in mylar, quella specie di carta color argento che riveste il Modulo Lunare, si era disintegrata e migliaia di frammenti si erano sparpagliati all'interno dell'abitacolo.

"Mi sembra di essere stato investito da una tempesta di neve", aveva comunicato l'astronauta a Houston. La cosa era peggiorata presto e le minuscole scaglie si erano intrufolate dappertutto, anche nelle tute degli astronauti. Ancora Cernan:

Ci stiamo grattando come scimmie impazzite […] Tom sta mangiando come un bue. Ha tanta fame che divora perfino la plastica. Anzi per fortuna che c'è lui così possiamo far fuori un po' di questi maledetti frammenti.

L'inconveniente non pare molto grave, ma di certo non ha agevolato un volo dentro un modulo sul quale Stafford ha espresso chiaramente il suo parere:

Se volete provare l'emozione di viaggiare dentro il ragno – dice l'astronauta – Bè, fatevi rinchiudere dentro un bidone di benzina vuoto con qualcuno che vi suoni sopra come un tamburo.

Rullano, invece, di gran lena i tamburi dei mass-media. La stampa dedica alla missione pagine e pagine. Nessuna delle fasi di volo viene nascosta, neanche quelle complicate che hanno minacciato la vita degli astronauti, ma in complesso, c'è piena fiducia nel programma varato dagli americani. Si associa al coro di lodi anche la Russia che, però, per voce di Radio Mosca, rivolge il suo pensiero al solo equipaggio "i cui membri hanno supplito con il loro coraggio alle insufficienze del veicolo".

Non era la prima volta che dall'URSS giungevano accuse, neanche troppo velate, all'ambizioso programma statunitense, colpevole di mettere a repentaglio la vita dei suoi uomini pur di raggiungere lo scopo.

Eppure, al di là del muro, era stato proprio l'URSS ad aver condannato a morte un suo cosmonauta, portando avanti un programma scriteriato, viziato da gelosie, mancanza di denaro e incompetenza.

"Noi non siamo in corsa"

Le cose per il programma spaziale russo erano cambiate alla scomparsa di Korolev. Ed erano iniziate a girar male già nel 1965, al tempo dell'ultimo lancio Voskhod. Korolev si stava dannando l'anima per costruire una nuova capsula, la Sojuz, e un nuovo potente razzo, l'N-1 erede dell'R-7, in modo da avviare il programma lunare vero e proprio. Tutto però congiurava contro di lui. I colleghi, il Partito, i militari.

Il programma N-1 aveva mosso i primi passi durante il 1960 e approvato in via ufficiale dal governo due anni dopo. Originariamente Korolev aveva immaginato di circumnavigare la Luna ma gli sforzi americani dichiaratamente orientati a far sbarcare uomini sul suolo selenita avevano modificato il progetto originale. Come aveva fatto ai tempi dello Sputnik, Korolev, sbandierando lo spauracchio americano, aveva ottenuto da Krushev il via libera per una missione di sbarco di un equipaggio composto da due cosmonauti. Era il 1964 e il programma si sarebbe chiamato L-3.

Contemporaneamente, giusto per non far mancare nulla a nessuno, operava un secondo gruppo di ricerca diretto da Vladimir Chelomenij, nel quale gruppo lavorava il figlio di Krushev. A questi si unì Glushko dopo essersi rifiutato di costruire i nuovi propulsori che gli aveva richiesto Korolev per l'N-1. Il rifiuto aveva motivazioni tecniche – il progettista capo voleva utilizzare il più sicuro combustibile liquido mentre Glushko si era impuntato per adoperare quello solido – ma alla base di tutto rimaneva la storica avversione che l'uno manifestava nei confronti dell'altro, maturata ai tempi delle purghe staliniane di cui furono entrambi, ma con diverse modalità, vittime.

La storia, in un certo senso, si ripeteva; come ai tempi dello Sputnik, ognuno aveva deciso di andare avanti per la propria via ma, diversamente da quel periodo, stavolta a Korolev mancarono il tempo e le energie per chiamare tutti a raccolta. A complicare l'intreccio ci si era messo Yangel che, orientandosi verso la costruzione di missili balistici intercontinentali, si era guadagnato le simpatie dei militari. E poco altro. I generali delle Forze Missilistiche Strategiche si erano di fatto defilati dalla corsa alla Luna facendo mancare i finanziamenti necessari a far decollare tutta l'impresa.

Senza soldi, senza una strategia comune e con una unica industria statale che si doveva sobbarcare il peso della realizzazione del progetto, l'impresa spaziale russa veleggiava a vista in un mare sempre più agitato. Una parziale svolta accadde alla deposizione di Krushev, quando il progetto di Chelomenij fu in gran parte accantonato, anche se non del tutto dimenticato.

Korolev, infatti, ottenne il permesso di utilizzare una Sojuz modificata per lanciare due cosmonauti in orbita attorno alla Luna utilizzando il razzo progettato da Chelomenij e Glushko, il Proton. Al programma fu dato il nome in codice L-1.

Parallelamente, per tenere il passo degli americani, si convenne di portare ugualmente avanti il programma dello sbarco lunare. Nelle intenzioni, una navetta denominata L-3 avrebbe portato in orbita lunare due cosmonauti, uno dei quali sarebbe sceso sulla superficie con un apposito modulo di discesa. A differenza dell'Apollo, i due blocchi della navetta russa non erano collegati insieme da un tunnel interno, per cui si richiedeva al cosmonauta di trasferirsi dentro il modulo di discesa compiendo una passeggiata extra-veicolare.

La morte di Korolev aveva affossato quello che di buono c'era in questo guazzabuglio di buone intenzioni e di follia. Il successore, Vasilyij Mishyn, aveva poche delle qualità del suo predecessore ma non era un incapace totale: si era reso conto che, con quel poco che aveva, la Luna sarebbe stato un obiettivo arduo da raggiungere. L'ambizione non gli mancava, comunque, e la gara con gli americani, almeno sulla carta, intendeva continuare a giocarla.

In tutto questo non mancava l'aspetto propagandistico della vicenda. La Russia si apprestava a celebrare il decennale dell'invio nello spazio dello Sputnik e il Cremlino, sempre ben disposto verso le ricorrenze più felici, intendeva far collimare il lancio di due Sojuz con il Giorno della Solidarietà Internazionale.

E così accadde, ma l'esito fu tragico. Il 24 aprile 1967, tre mesi dopo il rogo dell'Apollo 1, la prima delle due capsule fece la sua comparsa sulla rampa di lancio del cosmodromo di Baiconur. A bordo si trovava il colonnello Vladimir Komarov, già comandante della prima nave Voskhod. L'atmosfera che regnava al centro di comando quel giorno non faceva presagire nulla di lieto. Altro che gioiosa ricorrenza: la Sojuz 1 era nient'altro che una bara volante. I tecnici erano arrivati a contare più di 200 difetti di fabbricazione che la rendevano totalmente inadatta ad affrontare una missione spaziale. Komarov ne era consapevole, ma aveva deciso di non tirarsi indietro. In caso si fosse rifiutato di compiere la propria missione, sarebbe toccato al secondo prender posto dentro la Sojuz, e il secondo era un suo caro amico, Yuri Gagarin.

Il primo uomo delle stelle tentò di annullare la missione: provò a prendere il posto dell'amico immaginando che, forte del suo status di Eroe dell'Unione Sovietica, la missione sarebbe stata cancellata. Fu tutto inutile. Insieme ad alcuni colleghi cosmonauti e scienziati, tra cui lo stesso Mjshyn, Gagarin redasse un documento indirizzato ai vertici del partito nel quale veniva evidenziato lo stato di completa inefficienza della navetta Sojuz.

Il documento passò di scrivania in scrivania, fino a terminare la sua corsa nel cestino di un alto dirigente del KGB, Georgij Tsiniev, amico personale di Breznev. Nessuno voleva rovinarsi la carriera per assecondare un capriccio dei cosmonauti, né indispettire in alcun modo il Segretario del Partito in persona. La coraggiosa iniziativa di Gagarin terminò miseramente senza aver raggiunto alcun risultato. Le persone che presero in esame quel documento si ritrovarono nel giro di poco tempo a pagare il peso della loro azione: chi venne licenziato e privato della pensione, chi esonerato dal lavoro e trasferito in sperduti uffici fuori Mosca, chi esiliato in Iran.

A Komarov non restò altro che prendere regolarmente posto all'interno della Sojuz. I problemi non tardarono a manifestarsi già durante l'immissione in orbita. La navetta consumava troppa energia, un pannello solare non si era dispiegato bene, la radio aveva un guasto così come il sistema di atterraggio. Komarov cercò di riparare quello che poteva conscio del rischio che stava correndo; come lo sapevano al centro di comando. Il conto alla rovescia per la partenza della seconda navetta fu interrotto e dopo 18 orbite e 26 ore di volo Mishyn diede l'ordine di far rientrare la Sojuz 1.

Da una registrazione captata dalla centrale di ascolto in Turchia era emerso che lo sfortunato cosmonauta aveva capito che la sua fine era prossima. Ebbe modo di parlare con la moglie, raccomandandole di crescere bene le amate figlie, e di ascoltare il saluto di Kossighin, uno degli alti esponenti del Partito, che gli garantiva che l'Unione Sovietica avrebbe reso onore a lui e al suo sacrificio.

Anche un centro di ascolto in Germania riuscì a intercettare le comunicazioni russe. La trasmissione risultava fortemente disturbata e in gran parte incomprensibile; si sparse la voce che Komarov ascoltò quanto gli stavano dicendo da terra fino a quando non fu vinto dalla disperazione; a quel punto si sarebbe lasciato andare al pianto, invocando gli scienziati di non ucciderlo e di riportarlo a casa sano e salvo. La comunicazione si interruppe poco dopo e sul comportamento del cosmonauta negli ultimi istanti della sua vita non si avranno informazioni certe.

La capsula attraversò gli strati dell'atmosfera come una palla di cannone; i paracadute non si aprirono e la Sojuz si schiantò al suolo. Del povero cosmonauta non ne rimasero che poveri, straziati resti. Fu sepolto nelle mura del Cremlino, accanto ai nomi degli uomini migliori della Russia.

La NASA, saputo l'accaduto, incaricò un suo astronauta, Frank Borman, di rappresentarla ai funerali di Komarov ma la diplomazia sovietica informò quella americana che la visita non era gradita e Borman fu costretto a fare marcia indietro. Mosca si era risvegliata in preda allo sgomento. Era dai tempi di Korolev che l'URSS non mandava nello spazio un uomo e ora ne piangeva uno, perito sulla via del ritorno. Scrisse Henry Shapiro, corrispondente di *L'Europeo*:

> Per la prima volta ho visto una città di sei milioni di abitanti in preda allo smarrimento collettivo, e per la prima volta ho vissuto anche io questo incubo.

Invece Sergei Bozenko sulle pagine della *Pravda* aveva scritto che

> gli ultimi rapporti di Komarov ricevuti a terra sono stati esempi sconvolgenti di padronanza di sé, di calma, di forza.

L'esaltazione del pilota, della professionalità portata avanti fino all'estremo sacrificio aveva preso il sopravvento sull'aspetto umano dell'intera vicenda. Shapiro, come ogni giornalista del globo, iniziò a chiedersi cosa non avesse funzionato nella navetta, sebbene i guasti della Sojuz non avevano tardato a manifestarsi, e per quale ragione Komarov non avesse provato a eiettarsi fuori dalla capsula. Forse non era preparato fisicamente e mentalmente ad affrontare la missione? Di fronte alla tragedia, anche le usuali insinuazioni legate al programma sovietico, sempre troppo avvolto dal mistero e da quel velo di dubbio che faceva di Komarov nient'altro che l'ultimo caduto di una lunga e mai conosciuta lista di cosmonauti scomparsi, vennero per una volta rigettate. Di fronte alla tragedia del cosmonauta, e al suo ultimo gesto, dettato dal coraggio, o imposto dai fallimenti della meccanica, non rimaneva altro che "inchinarsi a qualunque patria egli appartenga".

Il 1967 si rivelò, dunque, anno tragico per entrambi i contendenti. In Russia, il programma era continuato seguendo la duplice via tracciata. Gli equipaggi avevano continuato il loro allenamento in vista delle missioni lunari, quella di circumnavigazione e quella di sbarco; per quest'ultima, all'inizio del 1968 circolavano già le voci dei nomi dei due uomini che avrebbero composto l'equipaggio: Alexei Leonov e Oleg Makalov. Mishyn contava di dare inizio al conto alla rovescia per la Luna per la fine dell'anno. Per questa ragione si stava procedendo con la messa a punto delle missioni esplorative. Il 22 febbraio 1968, da Baikonur era partita la

Cosmos 110 con a bordo due cani, Veterok e Ugolek, che rimasero in orbita per 22 giorni, facendo ritorno a terra vivi anche se non certo in ottime condizioni. La Tass aveva annunciato che il lancio preparava la strada "a una nuova serie di voli sovietici con uomini a bordo". Boris Yegorov, esperto di medicina, fece un'apparizione in televisione portandosi appresso due manichini che riproducevano le sembianze di due cani ricoperti da sensori, fili e tubi di ogni sorta con i quali i cani venivano tenuti sotto osservazione. Lo specialista mostrò prima il tubo per misurare la pressione arteriosa che era stato innestato nell'aorta dei cani, poi passò alla lastra forata attraverso la quale il cibo veniva forzato pneumaticamente nello stomaco dei disgraziati animali. A missione terminata gli esperti si dichiararono estremamente soddisfatti per la quantità di informazioni che erano riusciti a ottenere da una permanenza nello spazio particolarmente lunga di due esseri viventi.

L'invio delle sonde Zond 5 e Zond 6 tra il settembre e il novembre del 1968, che altro non erano che le originarie navette L-1 diversamente chiamate, aveva preoccupato non poco i servizi segreti statunitensi, facendo presagire un imminente volo spaziale con uomini a bordo. Per questa ragione la NASA ritenne opportuno accelerare i tempi di preparazione della missione Apollo 8. Ma fu proprio la Zond 6 a dare un duro colpo alle ambizioni di Mishyn. Il rientro della sonda, dopo aver circumnavigato la Luna, fu costellato da problemi piuttosto gravi, tali da compromettere la vita dei cosmonauti qualora avessero preso posto dentro la capsula. Dunque la data per un lancio con uomini a bordo di una capsula L-1 Zond venne spostata in avanti.

Certamente più preoccupante per le ambizioni americane fu quello che accade all'inizio del 1969. Il 14 gennaio, alle 10.30 di Mosca, fu lanciata nello spazio la navetta Sojuz 4 (la gemella Sojuz 2, pilotata da Georgi Beregovoi, era stata lanciata nell'ottobre dell'anno prima) con a bordo il quarantenne ufficiale Vladimir Shatalov. Il giorno seguente la capsula venne raggiunta in orbita terrestre dalla Sojuz 5 sulla quale viaggiavano Boris Volinov, Aleksei Yeliseev e Yevgeni Khrunov.

I due equipaggi riuscirono a portare a termine una manovra raffinata e di grande spettacolarità: l'aggancio nello spazio delle due navette e successivo trasbordo di parte dell'equipaggio dall'una all'altra della capsula. Il 16 gennaio ad aggancio riuscito,

Yeliseev e Khrunov uscirono fuori dalla loro Sojuz 5 per prendere posto nella navetta numero 4, effettuando il primo trasbordo di personale tra due navette congiunte in orbita.

"E ora l'uomo vive e lavora nello spazio", aveva scritto Franco Loy in un servizio dedicato al volo dei russi sulle pagine di *La Domenica del Corriere*. L'aggancio di due navette del calibro delle Sojuz, grandi, grosse e pesanti – 7 metri di lunghezza (qualche giornale riportava 10 metri), 3 di larghezza per 20 tonnellate di peso – autorizzava a parlare di prima "stazione spaziale" della storia. Il paragone con la già famosa stazione orbitante del film *2001 Odissea nello spazio* fu presto fatto. A parte il notevole traguardo raggiunto dagli specialisti russi, la missione delle due Sojuz congiunte si era rivelata nuova anche sotto il profilo comunicativo: mai prima di allora i russi erano stati così ben disposti verso la stampa occidentale. Baikonur aveva aperto le sue porte blindate ai corrispondenti stranieri e la televisione aveva mandato in diretta, non in differita o registrate, le immagini dallo spazio. Se sui dettagli tecnici si glissava come meglio si poteva, almeno si era cercato di farlo con più simpatia ed entusiasmo del solito.

Per il resto, comunque, non circolavano molte informazioni precise sull'attività spaziale russa. Scrive Gatland:

> Molto del progresso che stava per venire fu tenuto segreto; quello che si sa è che venne prestata molta attenzione al perfezionamento della tuta spaziale extra-veicolare e di un sistema di camera a tenuta stagna più sicuri, contemporaneamente allo sviluppo di una astronave e di un razzo vettore multistadio più grandi.

Al successo conseguito dai russi si era presto affiancato quello del volo dell'Apollo 9, cui era seguita la ben più spettacolare missione numero 10. Tutto ormai faceva credere che gli americani sarebbero stati i primi a sbarcare sulla Luna, forti di un programma che pareva a prova di errore. Ciononostante, in virtù dei primati conseguiti negli anni passati, l'URSS godeva di una considerevole dose di fiducia.

In verità, il trionfo dell'Apollo 8 aveva affossato definitivamente il progetto L-1 e l'Apollo 11 avrebbe fatto lo stesso con il programma siglato L-3. La latitanza russa nelle imprese lunari, eccezion fatta per le sonde automatiche, in concomitanza con i ripetuti successi americani, iniziò, allora, a essere interpretata come un segno di resa. In poche parole il credito di fiducia andava estinguendosi.

Così Ruper Davies, su *Epoca* del 5 gennaio 1969, cerca di ricomporre lo scenario:

La grande rinuncia l'URSS l'ha compiuta ai primi di dicembre. Tutto era pronto. Una capsula Zond doveva circumnavigare la Luna entro il 15 dicembre [1968, n.d.r], sulle orme di Zond 5 e Zond 6, con tre o quattro uomini a bordo. Il pericolo di radiazioni e i possibili difetti del sistema di rientro a terra hanno spinto i massimi dirigenti politici sovietici ad annullare la missione. Gli americani arriveranno per primi sulla Luna, ma il programma sovietico si orienta ora alla costruzione di stazioni orbitali circumterrestri e circumlunari.

Da parte loro i russi non ebbero alcuna intenzione di sentir parlare di resa o sconfitta. Per arginare certe insinuazioni portarono avanti un'altra tattica. Al termine della missione Apollo 8, da Mosca erano giunte le congratulazioni di rito per il buon esito della missione, peraltro rivolte al solo equipaggio. A queste si era aggiunta quella di Leonida Sedov che aveva dichiarato: "Per il momento il programma spaziale russo non contempla l'invio di uomini intorno alla Luna".

Si era associato al giudizio anche l'accademico Petrov, che sottolineava con quale prudenza, al contrario degli americani, gli esperti russi perseguivano i loro obiettivi di ricerca spaziale, preferendo affidare alle sonde automatiche, come le Zond, l'esplorazione della Luna e del Sistema Solare, senza mettere a repentaglio la vita degli astronauti. Alla mente erano ritornate le parole di Nikita Krushev pronunciate nell'ottobre del 1965:

Noi staremo a vedere come [gli americani, n.d.r] voleranno lassù e come vi atterreranno e [...] cosa ancora più importante, come decolleranno e come ritorneranno.

E quelle di sir Bernard Lovell, direttore del radiotelescopio di Jodrell Bank, il quale aveva dichiarato di ritorno da un viaggio in Russia nel 1963, in tempi, dunque, non sospetti:

I russi non pensano affatto di mandare uomini sulla Luna: si propongono di esplorarla con altri mezzi [...] Se un americano venisse a chiedermi chi sta conducendo nella corsa alla Luna gli risponderei: state gareggiando contro voi stessi.

Da una parte le sempre audaci dichiarazioni della Tass, dall'altra quelle più caute degli accademici? Chi aveva ragione? Nessuno di preciso era in grado di dirlo. E mentre Armstrong si allenava a poggiare il piede su una luna artificiale riprodotta nei laboratori, l'URSS aveva già iniziato a dare la sua nuova interpretazione di una gara iniziata con il lancio dello Sputnik: "Noi non siamo in corsa".

Un piccolo passo
per l'umanità...

In questo luglio del '69, sotto un sole che in Italia picchia sodo e fa segnare trenta e più gradi, venti persone si apprestano a imbarcarsi per far rotta verso la base di lancio di Cape Kennedy. Sono i vincitori di un concorso indetto da *Epoca* alcune settimane prima. Il più giovane di loro ha 15 anni, si chiama Andrea Niccolai e si trova lì perché suo padre, vincendo il concorso, ha ceduto il posto al figlio per fargli un bel regalo. Al termine della trasvolata sarà dentro al cuore di tutta l'impresa spaziale americana, in prima fila, a vedere il lancio del grande Saturn V. Sotto lo sguardo dei venti fortunati italiani fatti accomodare in tribuna vip, tre americani dentro l'Apollo 11 stanno per vivere l'avventura della vita.

Sono dei professionisti – dicevano a Houston quasi in tono di scusa – e l'unica cosa che li interessi è di fare bene il loro lavoro. Qui li conosciamo come l'equipaggio silenzioso.

Così scrivono a proposito di quei tre Livio Caputo e Ricciotti Lazzero sul settimanale *Epoca* nel loro reportage dal Centro di controllo di Houston.

Il primo di una serie di cinque numeri speciali che *Epoca* dedica alla missione Apollo 11. All'interno, in omaggio ai lettori, l'intero piano di volo della navetta da staccare e conservare

L'equipaggio silenzioso, Neil Armstrong, Edwin "Buzz" Aldrin e Michael Collins, non ha nella loquacità la caratteristica migliore. Stanno per andare nello spazio per compiere una missione: sbarcare sulla Luna, piantare una bandiera e tornare sani e salvi alla Terra. "Non chiamatela avventura", precisa Armstrong, "è un problema tecnico che cercheremo di risolvere nel migliore dei modi", dice l'uomo che per primo poggerà un piede sulla Luna. Per loro, forse, si tratta solo di lavoro, di un "problema tecnico", per altri la Luna è un sogno che si avvera. La data fissata per la partenza è il 16 luglio.

I mezzi di informazione sono da giorni accampati a Cape Kennedy e dintorni. Da lì si muovono per arrivare ovunque si possa scovare una notizia in più: esperti, scienziati, astronauti, direttori, mogli e amici sono tutte preziose fonti di informazioni sui protagonisti del grande viaggio. Per l'occasione il settimanale *Epoca* schiera il suo piccolo esercito di giornalisti e fotoreporter pronti a passare notti in bianco per girare mezza America. D'altronde, come dichiarano gli stessi inviati, nella terra delle opportunità tutto è possibile. Vogliono vedere il Saturn di notte? Ecco fatto. Vogliono parlare con il grande von Braun? Basta accomodarsi dietro i giapponesi che sono arrivati per primi. Vogliono assaggiare i cibi degli astronauti? Non serve neanche chiederlo. E provare come si sta in una centrifuga? Prender posto dentro al LEM? Vedere l'hangar dove è stato riprodotto un ambiente lunare per le simulazioni degli astronauti, con tanto di orma lasciata sulla sabbia poco lunare e molto palustre? Niente è un problema. Si può fare tutto per svelare al mondo le enormi capacità dell'America. L'impresa lunare è sviscerata in ogni istante del suo cammino, in ogni battito di cuore dei suoi artefici, quelli noti e quelli meno, e così svelata al resto del mondo che legge i giornali e segue i servizi in televisione.

Il 13 luglio esce per *Epoca* il primo di una serie di numeri speciali interamente dedicati "alla più fantastica impresa dell'umanità". Si fa conoscenza con tutti quelli che hanno messo mano, e cervello, all'opera e si scopre che uno dei direttori di volo a Cape Kennedy è Rocco Petrone, figlio di un ex carabiniere della provincia di Potenza emigrato nel '21 negli Stai Uniti. Livio Caputo intervista questo *paisà* di cui colpisce il modo di parlare:

Sentire Rocco Petrone parlare la nostra lingua è una esperienza un tantino sconcertante: mentre il suo inglese è forbito, e lo rivela subito come una persona di grande cultura, l'italiano è un misto – tipico degli emigranti più rozzi – di parole dialettali e di vocaboli anglicizzati. Il risultato è una curiosa metamorfosi linguistica. "Mi manca l'*esercitazione*" si lamenta Rocco [...].

Al paese d'origine di suo padre, Sasso di Castalda, vorrebbero farlo sindaco, come in un film di Totò e Peppino, ma lui è da un po' che manca e non sa quando potrà tornare.

Per completezza di informazione si intervistano anche coloro per i quali la missione lunare è folle e inutilmente rischiosa; la voce indipendente del dissenso è affidata alle parole di Ralph Lapp, un fisico che venticinque anni prima aveva lavorato alla costruzione della prima pila atomica in un laboratorio accanto a quello di Enrico Fermi:

La concorrenza sovietica è la ragione per cui il presidente Kennedy varò il progetto Apollo. Ora la gara non è più con i russi, è con l'ufficio del bilancio di Washington. La NASA gioca tutte le sue carte sul successo dell'Apollo 11 per assicurare l'avvenire del programma spaziale. E qui c'è un fatto deplorevole: la NASA non è in grado di salvare gli astronauti nel caso rimangano bloccati sulla Luna.

Qualora una simile, tragica eventualità dovesse accadere, o qualsiasi altro problema che comprometta la missione in modo tale da rendere impossibile il ritorno degli astronauti, il dottor Charles Berry, medico degli astronauti, giura a Ricciotti Lazzero che nessuno dei tre ha intenzione di assumere sostanze che possano abbreviare la loro fine:

No, Armstrong, Aldrin e Collins non useranno alcuna fiala, o pillola [...] io ho parlato con l'equipaggio che va sulla Luna anche di questo problema e mi hanno risposto francamente che non desiderano far ricorso ad alcun mezzo per abbreviare la loro vita in caso di incidente. Gli astronauti vogliono continuare a eseguire il loro lavoro finché sarà possibile: del resto non hanno mai pensato che possa accader loro qualcosa di irreparabile.

Si passa a intervistare von Braun, che un po' del suo tempo non lo nega mai alla stampa. Ricciotti Lazzero lo ascolta mentre ripercorre la sua vita, da quando era un giovane entusiasta entrato a far parte della "Società tedesca per i voli spaziali", al giorno che fu assoldato dall'esercito di Hitler, fino ad arrivare all'uomo che è oggi, un americano deciso a sbarcare sulla Luna. Giunti al momento della stretta di mano, scrive il giornalista:

> Von Braun si alza e si congeda [...] è alto, massiccio, un po' impacciato nel vestito che lo fascia strettamente. La lunga abitudine al comando di uno dei posti più prestigiosi del mondo avrebbe potuto renderlo aspro, autoritario. Invece i suoi modi sono gentili, e la sua dote forse più appariscente è la modestia. Stringendomi la mano nel corridoio tiene a precisarmi come se non fosse sicuro di ciò che mi ha detto "A parte tutto ho bisogno di molta fortuna. Tutti ne abbiamo bisogno, ma io in modo particolare".

Gli astronauti, o "astros", come li chiamano da quelle parti, trascorrono le ultime ore prima della partenza segregati nei loro alloggi. Digitando un numero al telefono, una voce registrata dà le notizie più recenti sulla loro condizione: gli astros dormono, mangiano, si allenano e ripassano la lezione. Tutto perfettamente a posto.

Il 16 luglio alle 9.32 locali, dalla rampa 39 di Cape Kennedy – lo spazio-porto sorto sulle paludi della Florida a cento chilometri di distanza dalla fantastica Tampa Town laddove, nel 1865, l'immaginazione di Jules Verne sparava verso la Luna i protagonisti di *Dalla Terra alla Luna* con il gigantesco cannone Columbiad – scocca l'ora tanto attesa. A guardare la prodigiosa nave dello spazio che porta tre astronauti, "tre come le caravelle di Colombo" scrivono i giornali, ci sono milioni e milioni di persone, incollate davanti alla tv o ferme a pochi chilometri dalla base di lancio.

Luca Goldoni, inviato di *Skema*, mensile fotografico di attualità, racconta questo momento in un'ottica inconsueta e per certi versi sorprendente:

> A Cape Kennedy il capolavoro affiora dal caos: gli astronauti partono per l'impresa in cui è stato programmato anche il movimento di un mignolo, mentre un milione di spettatori bivaccano nel più apocalittico imbottigliamento della storia.

Emerge presto che i tre dell'Apollo 11 non sono i soli ad aver lasciato cuore e sentimenti dentro il cassetto degli spogliatoi:

> E ci vivo e ci bivacco in questa folla – continua Goldoni – e la interrogo e scopro che non ha il cuore in gola per niente e che la sua emozione è tipo Indianapolis, chiassosa ed epidermica. Non c'è commozione per questo giorno che entra nella storia, non c'è angoscia per la sorte de protagonisti [...] La fede nella perfezione del programma annulla l'angoscia. L'angoscia, se vogliamo, è fantasia e non so proprio che spazio sia rimasto in America per la fantasia.

I turisti affluiscono senza sosta, insensibili alle temperature torride. Il Potomac è in secca e la capitale della nazione che si appresta a sbarcare sulla Luna è senza acqua. L'occasione è buona per la giornalista Drew Pearson, una delle voci più accalorate del dissenso, per continuare la sua battaglia:

> Gli Stati Uniti spendono 25 miliardi di dollari per raggiungere la Luna e Washington, la capitale, manca dell'elemento vitale per l'uomo: l'acqua.

Non è la sola voce che protesta in queste giornate. All'immane bolgia di turisti si affianca la marcia della *Poor People's Compain*, gente ridotta alla fame il cui unico pensiero è come arrivare a fine giornata:

> I poveri, i dissidenti, i negri – scrive l'inviato di *Epoca* – hanno percorso enormi distanze su carri trainati da muli o a bordo di vecchi pullman per venire a dimostrare il loro dissenso. "Spendete milioni di dollari perché 3 uomini ci lascino soli sulla Terra con i nostri problemi", è stato scritto sui cartelli impugnati come vessilli di guerra, "e non riuscite a trovare i soldi per sanare la piaga della miseria".

L'uomo si appresta al passo più grande di tutti ma per Ralph Abernathy, il pastore che ha preso il posto di Martin Luther King assassinato il 4 aprile del '68, "c'è più distanza fra le razze umane che fra la Terra e la Luna".

Intanto il carrozzone dello spettacolo procede sparato. Si possono fare affari d'oro con un milione di turisti nei paraggi. Le camere degli alberghi sono tutte affittate. I ristoranti disseminati tra Cocoa Beach e il centro spaziale propongono menù fatti di "polpette lunari" e "pollo al satellite", mentre sulle pareti vengono proiettate le immagini dei voli spaziali. Per tutti, souvenir di qualsiasi specie: penne a forma di missile, ciondoli a forma di Apollo, fermacravatta con il LEM, orecchini con la silhouette degli astronauti, tazze, sottotazze, posacenere, poster e cartoline. Con 5 dollari si fa il pieno di ricordi. Anche le industrie del giocattolo hanno da tempo fiutato l'affare. Per i bambini cresciuti nell'era spaziale si avvicina un natale da sogno. "La Luna è fatta di formaggio americano", recita lo slogan pubblicitario creato per l'occasione.

Ecco, dunque, l'America alla vigilia del lancio; da una parte la protesta degli ultimi della Terra, dall'altra l'equipaggio silenzioso che va sulla Luna perché ha un problema tecnico da risolvere.

L'ora della partenza

A poche ora dalla partenza, tutto, lì in America, pare così perfetto che è quasi una noia, a meno che non si faccia parte della *Poor People's Compain*, ovviamente.

Il limite della conquista della Luna, il limite dell'equipaggio dell'Apollo 11 sembra proprio questo. A Oriana Fallaci i tre non sono affatto simpatici: "Umanamente non valgono granché", scrive la giornalista in *Se il sole muore*,

Il momento è giunto. Il 16 luglio partono i "lunauti" per la loro missione. In conferenza stampa gli astronauti paiono un poco stanchi e Armstrong dichiara che non ha avuto tempo di pensare a cosa dirà una volta sbarcato

rimarcando quanto i vari inviati avevano messo in luce di Armstrong e compagnia: la scarsa simpatia, o più in generale, la scarsa propensione a essere umani in una circostanza eccezionale.

Giorni fa a un party – continua la scrittrice – c'era uno dei tre che sentenziava sul controllo delle nascite. Diceva un mucchio di fesserie ma tutti lo ascoltavano a bocca aperta neanche fosse Paolo VI [...] Il loro conformismo è ancora quello di cinquant'anni fa: afflitto da mille cecità, da mille tabù, religiosi, morali, sociali. E la guerra del Vietnam è sacrosanta, Che Guevara un fuorilegge, i negri non vanno frequentati. Del resto alla NASA non c'è un solo negro, tutti gli impiegati sono rigorosamente bianchi e gran parte degli astronauti biondi con gli occhi azzurri.

Insomma: "Sulla Luna ci vai con i computer e la matematica e i numeri, non sulle ali della dolcezza, della fantasia, della musica e della letteratura".

Ma questo è l'equipaggio scelto dalla NASA. Prima di dare avvio alla missione, c'è tempo di fare uno sgarbo al presidente Nixon. La sera prima della partenza chiede di cenare con gli astronauti ma la NASA non dà il suo permesso adducendo come scusa la possibilità che il presidente possa trasmettere il raffreddore all'equipaggio. La scusa pare ridicola, visto, comunque, l'alto numero di persone che circolano intorno ai tre, ma la cena non si fa; un alto funzionario dell'ente spaziale non tarda a riportare un'indiscrezione secondo la quale la NASA si è voluta togliere una soddisfazione con il presidente, colpevole, ai tempi in cui era vice di Eisenhower, di essersi opposto a un programma spaziale ambizioso.

Armati di calcolatori che oggi servirebbero a fare poco più che le quattro operazioni elementari e di un bel po' di coraggio, l'equipaggio silenzioso decolla alle 9.32 locali. L'astronave madre è stata battezzata Columbia mentre il LEM è stato chiamato Eagle (Aquila). L'avvicinamento alla Luna è seguito passo dopo passo. Tutto procede bene, il volo è perfetto. Alla televisione americana, le notizie sull'Apollo servono a interrompere il fiume di quiz che regalano soldi a palate, poi c'è tempo di mandare in onda un film con tre astronauti che sbarcano su Giove, prima di lasciare campo a un nuovo collegamento con gli astronauti veri. Non manca la pubblicità, che ha scoperto la forza del messaggio spaziale già ai tempi delle missioni Gemini, figurarsi ora che un LEM può fare decollare le vendite di una marca di caffè. O di un orologio o, perché no, di un televisore. La Luna, da sogno si trasforma in uno spot televisivo, in un film già visto senza un briciolo di passione e coraggio, anche ora, a pochi chilometri dal compimento dell'impresa.

Ancora Luca Goldoni:

A un certo punto, verso l'una di notte, qualcuno spense la televisione e andò a dormire prima che finisse il collegamento con la Luna, così come si lascia talvolta lo stadio prima del termine di una partita perché ormai si sa come andrà a finire. Milioni di americani [...] andarono a letto prima di Armstrong e Collins.

Male che vada, l'indomani i giornali racconteranno quello che è andato perduto con il sonno.

Dopo un avvicinamento senza patemi, l'Apollo giunge in orbita lunare; Armstrong e Aldrin prendono posto all'interno del LEM per dare inizio alla procedura di discesa. Un po' di suspense giunge durante questa delicata fase. A circa dieci chilometri dal suolo, il calcolatore di bordo, l'AGC, installato tanto sul LEM che sul Modulo di Comando, sebbene con software diversi, è andato in tilt. La luce rossa d'allarme generale si accende tre volte e sul display appaiono le cifre 1202. "Allarme di programma", grida Aldrin, "È un 1202. Che diavolo è un 1202?". A 900 metri dal suolo parte un altro allarme e una nuova serie di cifre inzia a lampeggiare. Il tempo della suspense dura poco. Nel giro di un minuto arriva la risposta rassicurante del direttore di volo Eugene Kranz: è tutto sotto controllo, si può procedere.

La memoria dell'AGC del LEM è andata in sovraccarico a causa delle informazioni che gli provenivano dai puntatori radar e questo ha fatto scattare l'allarme per ben cinque volte. D'altronde la memoria ROM di cui dispone l'AGC è pari a 74 Kb, mentre la RAM raggiunge i 4 Kb. Steve Bales, che a ventisei anni è il responsabile a terra del sistema di guida per l'allunaggio, è riuscito a mantenere la calma dinanzi a quella sequenza di allarmi e, in pochi secondi, dopo aver interpellato il collega Jack Garman memore di un evento simile durante le simulazioni, aveva dato il suo "Ok, Go" per il proseguimento della missione. Per questa ragione, a impresa terminata, il giovane specialista della NASA otterrà, insieme agli astronauti dell'Apollo 11, la Medaglia della Libertà.

Avuto il via libera da Houston, Armstrong procede con l'avvicinamento ma si accorge che il sito scelto per l'atterraggio è irto di grossi massi e spunzoni rocciosi e chiede di poter allungare le coordinate di allunaggio fino al più vicino tratto pianeggiante. La delicata manovra fa consumare molto carburante ma riesce. Dopo 102 ore e 43 minuti dal tempo zero del distacco dalla sala di controllo dello Space Center di Houston parte la comunicazione: "*Go for landing*, siete autorizzati ad atterrare". Poco dopo Armstrong annuncia "Ok Houston. Aquila è atterrata".

Sono le 15.17, ora di Houston, del 20 luglio 1969. In Italia è la notte tra il 20 e il 21 luglio e a tenere svegli gli italiani ci sono le voci di Tito Stagno, che conduce la diretta dallo Studio 3 di Roma, e quella di Ruggero Orlando che segue l'evento da Houston. Mentre l'Aquila è in procinto di allunare, Tito Stagno e Ruggero Orlando sono impegnati in un celebre battibecco: "Ecco Aquila è atterrata", dice Stagno da Roma rompendo la spasmodica attesa. "Veramente a noi sembra che manchi ancora qualche metro", ribatte Orlando; tempo qualche secondo e il LEM si posa anche per lui. Passeranno gli anni dal quel celebre momento ma i due non si metteranno mai d'accordo su chi sia stato il primo ad annunciare lo sbarco dell'uomo sulla Luna.

Si pensa che per lo storico avvenimento Armstrong si lasci finalmente andare, descrivendo con un poco di liricità quello che nessun uomo ha mai visto prima. Niente di tutto questo. Freddo e calcolatore, con voce quasi annoiata, imposta con Houston un dialogo fatto di sigle e numeri.

> Con lo stesso tono potrebbe informarci [Armstrong, n.d.r] che quel puntino al centro del cratere Copernico è un brontosauro e da Houston risponderebbero "Roger", capito [...]

scrive Goldoni nel suo resoconto.

Dalla sua orbita lunare a bordo del Modulo di Comando, Collins, il più taciturno e riservato dei tre, gira solitario e silenzioso attorno alla Luna: "Non scordatevi di qualcuno che è dentro a questa capsula", dice a un certo punto rivolto ai tecnici di

Houston, "non potreste mettermi in contatto con loro?". Dalla Luna si leva una voce: "Mantieni in buone condizioni quella stazione orbitante, Mike". È Armstrong che esorta il collega a tener duro. Rammenterà in una intervista del 1999:

> Ricordo quei lunghi silenzi con nostalgia. Mentre Neil e Buzz erano sulla Luna, io ero l'uomo più solo dell'Universo. Amo il silenzio e la tranquillità da sempre, forse per questo da ragazzo mi sono innamorato del volo.

Mentre Collins esegue le orbite previste, gli astronauti svolgono i loro compiti a bordo del LEM e si apprestano a uscire dal modulo. Operazione lunga, lunghissima. Che lascia i telespettatori inchiodati davanti alla televisione fino al mattino, quando, secondo il programma, alle ore 8.15 Armstrong dovrebbe discendere la scaletta del LEM. Aldrin, con un dottorato al *Massachusetts Istitute of Technology* (MIT) in ingegneria astronautica, un giorno aveva preso da parte Armstrong e gli aveva detto: "Neil, credo si debba affrontare seriamente il problema di chi fra noi due debba uscire per primo dal LEM una volta atterrati". Secondo i corrispondenti da Houston, la NASA era intenzionata a far scendere per primo Aldrin, in virtù della sua maggior esperienza nelle attività extra-veicolari maturata durante le missioni Gemini. "Non se ne parla neppure", avrebbe risposto Armstrong, "scendo io per primo".

Donald Slayton, astronauta Mercury mai partito per lo spazio e ora direttore degli equipaggi, risolve il conflitto convocando i due: Neil è il primo perché è il comandante della missione, ha più esperienza ed è quello il cui posto all'interno del LEM è più vicino al portello di uscita.

In anticipo di tre ore rispetto a quanto inizialmente detto, alle 4.57 della mattina del 21 luglio, Armstrong scende l'ultimo gradino della scaletta del Modulo Lunare e, con buona pace di Buzz, poggia per primo il piede sul suolo del Mare della Tranquillità.

Durante l'ultima conferenza stampa prima della partenza, Armstrong aveva dichiarato:

> Non ho proprio la minima idea di quello che sarà la prima parola che pronuncerò quando metterò piede sul suolo lunare[...] Io forse per tutte le cose che abbiamo dovuto fare in

questi giorni non riesco proprio a immaginare quali saranno le mie emozioni.

L'attesa è finita, Armstrong ha avuto tempo di pensare, e forse di emozionarsi, e toccando la Luna pronuncia la frase:

Questo è un piccolo passo per l'uomo ma un grande balzo per l'Umanità.

Diciannove minuti dopo tocca al secondo compiere analogo passo. Per 2 ore e 30 minuti la Luna non è più sola nel suo silenzioso vagare per il cosmo.

Sulla Terra, Nixon segue l'evento in compagnia dell'astronauta Frank Bormann, e a un certo punto alza la cornetta. Da Houston fanno sapere ai due astronauti che il presidente vuole parlare con loro:

Neil, Buzz, vi parlo dalla Stanza Ovale della Casa Bianca e questa è la telefonata più storica mai fatta [...] Per ogni americano sarà il giorno più glorioso della vita [...] e dal momento che ci parlate dal Mare della Tranquillità, noi ci sentiamo incoraggiati a raddoppiare i nostri sforzi per portare pace e tranquillità sulla Terra.

Certamente commossi, i due astronauti ringraziano di tanto onore. Altri, per i quali Nixon si sarebbe potuto risparmiare quella intromissione vista da mezzo mondo, sono un po' meno entusiasti della mossa del presidente.

Terminata l'intesa attività, ristorati da otto ore di riposo dentro al LEM, alle 12 e 52 minuti del 21 luglio 1969 scocca per i due astronauti l'ora del rientro. È uno dei momenti più angoscianti dell'intera missione. Le paure sul funzionamento del LEM non si erano mai diradate del tutto. Funzionerà bene l'AGC? Si staccherà il modulo superiore? E il razzo destinato a portare il LEM in orbita lunare? Riusciranno a concludere la manovra di aggancio con il modulo pilotato da Collins? La NASA, nella peggiore delle ipotesi, ha fatto redigere un messaggio appropriato che Nixon dovrà leggere qualora gli astronauti non riescano a tornare a casa.

Abilità e buona sorte scongiurano il peggio. I tre si ricongiungono e possono far rotta verso casa. Il viaggio di ritorno è fin troppo tranquillo. Aldrin ha tempo di annoiarsi, Armstrong di trasmettere un disco di musica vecchio di vent'anni e Collins di chiedere informazioni sull'andamento della borsa di New York: "In calo", dicono da Houston, "tutte le missioni hanno degli inconvenienti", replica Coolins con filosofia.

Il 24 luglio 1969, dopo 195 ore e 18 minuti dalla partenza, l'Apollo 11 ammara felicemente a sud ovest delle Hawaii, dove l'attende la portaerei Hornet. Sulla Luna sono rimasti la bandiera degli Stati Uniti tenuta su da un'intelaiatura di metallo, una scatola con i nomi degli astronauti americani e russi morti lungo la via delle stelle, un album con le fotografie della Terra, le zampe del LEM, varia attrezzatura scientifica, un disco in plexiglass grande quanto una moneta con i messaggi di 73 Capi di Stato e una scatola dal contenuto assai meno poetico. Scrive la Fallaci a questo riguardo:

> Ove Armstrong e Aldrin avessero bisogno di andare al gabinetto l'ordine è di non riportare sulla Terra quella roba ma di lasciarla lì sulla Luna ben sigillata e con la scritta *Don't open*, Non aprire.

"La settimana più importante dal giorno della Creazione", come l'ha chiamata Nixon salutando i suoi tre astronauti a bordo della nave da guerra si è appena conclusa. Il presidente si becca subito dopo i rimbrotti di evangelisti, protestanti e cattolici per i quali la Settima Santa ha avuto conseguenze ben più importanti di quelle della missione Apollo, ma fa nulla, Nixon incassa e continua a godersi il trionfo. Pochi giorni dopo, durante una visita di cortesia in Romania, in mezzo a uno sventolio continuo di bandiere a stelle e strisce, avrà modo di apprezzare personalmente quanto la sua popolarità sia cresciuta e con quale entusiasmo un paese del blocco comunista accoglie "il presidente della Luna".

Dopo 21 giorni dentro una camera di quarantena, perché si pensa che dalla Luna si possa tornare appestati, gli eroi possono concedersi al mondo intero.

Il successo dell'Apollo 11 ha creato negli Stati Uniti un clima di fiducia e di euforia paragonabile soltanto a quello che seguì la vittoria sulla Germania nel '45. L'uomo della strada dopo la delusione della guerra nel Vietnam e dei conflitti razziali si sente di nuovo fiero di essere americano: erano anni che non si vedevano sventolare tante bandiere, che non si sentivano suonare a festa tante campane come il 24 luglio, giorno del ritorno dei tre astronauti

scrivono su *Epoca* gli inviati speciali. E di vera e propria euforia si tratta. Collettiva e contagiosa, investe ogni strato della società, pronto ad accaparrarsi un istante da immortalare in una foto, in un saluto, in una stretta di mano da condividere con gli astronauti. Le strade di Mexico City, come quelle di Roma, dov'è nato Collins 36 anni fa, si riempiono di folle accorse a salutare i tre che fecero l'impresa. Il mondo è ai loro piedi, come lo è stata la Luna per un po'.

L'impresa lunare annulla i confini politici e geografici e travalica la Cortina di Ferro.

Rupert Davies, corrispondente da Mosca per le pagine di *Epoca*, racconta che

da quando Armstrong e Aldrin hanno messo piede sulla Luna noi occidentali siamo diventati tutti *amerikanski*. La gente ci ferma per strada, i ragazzini chiedono fotografie dell'Apollo 11; gli anziani domandano, non senza inquietudine, che cosa farà il presidente Nixon. E le *babuscki*, le nonnine, piangono di commozione, tracciando, magari furtivamente, il segno della croce.

Ma nelle periferie delle grandi città russe, nelle steppe lontane, l'aria che si respira è ben diversa e il volo dell'Apollo passa inosservato. I mezzi di informazione dal canto loro non avevano certo agevolato il diffondersi delle notizie. La notizia della partenza dell'Apollo 11 è stata data con scarsissimo rilievo, relegata nelle pagine interne in trafiletti privi di foto o illustrazioni. La radio ha dedicato la miseria di 23 secondi, inserendo la notizia prima delle previsioni del tempo. La televisione ha pressoché taciuto, salvo dedicare agli astronauti americani gli ultimi cinque minuti. Non va meglio, almeno all'inizio, alla notizia dello sbarco. L'informazione viene passata nella notte del 20 per mezzo di un breve dispaccio, otto minuti dopo l'evento, senza commenti o spiegazioni di alcuna natura. Sarà forse per l'ora tarda ma non si trova nessuno disposto a spendere due parole sulla storica impresa. In compenso si possono ascoltare dettagliate informazioni sulla sonda russa Lunik 15, che gira intorno alla Luna, mentre il LEM si appresta ad adagiarsi sulla sua superficie. Il giorno dopo, il 21, la *Pravda* ha salutato lo sbarco degli americani con 38 parole di testo in prima pagina, sormontate dal titoletto "Allunati".

Il boicottaggio dura fin verso il pomeriggio, quando finalmente la notizia si guadagna l'attenzione dei mezzi di informazione, forse perché, come congetturano i corrispondenti inviati a Mosca, dall'alto sono arrivate direttive precise.

> Dopo quasi venti ore di muso duro – scrive Luigi Fossati per *Il Giorno* – è scattato il dispositivo del riconoscimento, dell'informazione un po' più ampia, degli inviti alla collaborazione spaziale. L'ex vicepresidente americano Humphrey è appena uscito da un colloquio al Cremlino "molto cordiale e distensivo" con Kossighin il quale "si è molto complimentato per l'impresa dell'Apollo 11 e per i risultati degli Stati Uniti nello spazio."

Il nuovo corso si manifesta pienamente con il notiziario delle 16 che normalmente apre con le "feste dei metallurgici sovietici" e con i "rapporti fraterni tra Mosca e Varsavia"; stavolta Radio Mosca inizia la trasmissione con la notizia dell'Apollo, dedicando grande risalto al traguardo raggiunto dagli americani, senza trascurare, comunque, la missione Lunik 15 che proprio in quelle ore sta orbitando la Luna. In serata lo spazio aumenta e la televisione manda in onda dibattiti televisivi cui partecipano prestigiosi accademici di Russia. La partenza del modulo lunare viene data tempestivamente e aumentano le pagine e gli articoli che la stampa dedica ai tre astronauti.

> Sotto sotto, i sovietici continuano a giocare al ribasso con la Luna, sminuendone l'importanza, visto che sulla Luna ci sono arrivati per primi gli americani

chiosa Fossati prima di concludere le notizie da Mosca. In parte è certamente vero, il mondo socialista reagisce come può a un avvenimento storico, che, viste le premesse degli anni d'oro della

— È una misura di sicurezza nel caso dovesse finire il carburante.   (Cattoni)

— Vedrai che poi su Venere manderanno qualche
raccomandato.   (Cattoni)

Abbondano in queste giornate d'estate e di Luna le vignette dedicate allo sbarco dell'Apollo 11. Quì Cattoni dà la sua interpretazione dello storico evento sulle pagine di *Epoca*

cosmonautica, appare più che mai come una sconfitta.

Gli storici avversari di questa corsa allo spazio hanno appena tagliato il traguardo e all'Unione Sovietica è rimasta la polvere che si è alzata dopo il botto che ha fatto la sonda Lunik 15. Comunque, c'è chi dimostra molto più ostracismo. Se Mosca sminuisce, Pechino non partecipa proprio, come Corea del Nord e Albania, che non passano ai loro cittadini alcuna informazione sullo sbarco dell'uomo sulla Luna.

La lunga notte del poeta

In Italia la situazione è ben diversa. Un sondaggio eseguito dal gruppo Makrotest su un campione di cittadini di mezza Europa rivela che gli italiani sono un popolo di navigatori spaziali e di sognatori. Alla domanda se sarebbero partiti per la Luna il 51 % ha risposto di si, contro il 42 % dei francesi, piazzati al secondo posto, e il misero 15 % degli svedesi, chiaramente ultimi. Pronti dunque a partire per la Luna, ma non in tempi brevi, se è vero che il 57% degli intervistati ha risposto che solo dopo il duemila si potrà andare sulla Luna con una certa facilità.

Alla domanda "Qual è secondo lei il motivo più importante che ha portato gli USA alla conquista della Luna", al primo posto c'è " Il desiderio di battere l'URSS". Gli svedesi, che ben poca voglia hanno di andare sulla Luna sono anche i più scettici d'Europa per quel che riguarda l'utilità del viaggio: per il 32% di loro i voli spaziali non servono a nulla.

Test a parte, in Italia si muore dal caldo e le temperature toccano i 37 gradi tanto a Firenze che a Bolzano. Le fontane delle città sono prese d'assalto, così come le strade che portano al mare.

I cinema della capitale proiettano prime visioni e film che diventeranno dei classici: all'Adriano c'è *Odissea sulla Terra*, il Capitol proietta *Il bell'Antonio*, al Due Allori si va a vedere *Per un pugno di dollari* e al Copernico *Guardia, guardia scelta, brigadiere e maresciallo*; non mancano nei tanti cinema a disposizione nella capitale film dai titoli equivoci. Ma nella sera della Luna i grandi divi americani e italiani hanno poco pubblico e il secondo spettacolo va deserto.

I locali pubblici, bar, ristoranti, night che hanno a disposizione un televisore si riempiono di pubblico pronto ad assistere in diretta alla maratona televisiva che li aspetta. In nessuna occasione come oggi, la televisione e la radio sono mezzi di comunicazione così realmente di massa. La Luna entra in tutte le case degli italiani, in quelle che hanno la televisione e in quelle, praticamente tutte, dove c'è una radio. Tanto l'italiano benestante, il poeta, il Papa, il Presidente della Repubblica, che il fornaio, lo studente e il disoccupato assistono in proprio o in compagnia alla notte della Luna. Si calcola che un miliardo e duecentomilioni di persone siano collegate nel mondo per seguire l'evento.

I televisori sono installati ovunque:

> Alcuni bar li avevano collegati all'aperto, sui marciapiedi per consentire ai clienti di assistere all'eccezionale avvenimento, sfuggendo al contempo alla calura. Varie aziende in previsione che la passeggiata degli astronauti avvenisse com'era in programma alle 8.15 di stamane [21 luglio, n.d.r] avevano a loro volta provveduto a installare i video nei locali mensa

scrive *il Corriere della Sera* a proposito della grande attesa che circonda il viaggio di Armstrong e soci. In questa mattina di luglio si fa qualche strappo alla regola e si concede ai dipendenti di entrare in ritardo o addirittura si lascia la mattina libera per riposarsi dalla lunga veglia lunare.

La maratona televisiva inizia presto negli studi Rai di Roma. La sala ospita centocinquanta privilegiati che hanno ricevuto giorni prima l'invito a partecipare alla trasmissione:

Siete invitato ad assistere alla trasmissione speciale organizzata dal Telegiornale in occasione dello sbarco del primo uomo sulla Luna, dalle ore 18.30 del 20 luglio alle ore 21 del 21 luglio al Centro di produzione TV di via Teulada

recita il cartoncino. Scienziati, giornalisti e personalità varie prendono posto davanti ai monitor. In collegamento con la sede principale ci sono Napoli, Torino e Milano, nei cui studi abbondano ospiti di ogni genere.

La serata organizzata dal telegiornale, che manca di far vedere il momento dell'allunaggio per motivi tecnici mai spiegati dalla Rai, suscita alcune perplessità che sfociano in aspre critiche. Le bacchettate più decise giungono dalle pagine di *Il Secolo XIX* per mano di Beppe Borselli al quale non è proprio piaciuta la diretta, troppo carica di banalità e di ospiti rimpallati da una sede all'altra con ben poco da dire.

Scrive il giornalista:

Si è cercato di trasformare in una specie di avvenimento mondano quello che doveva essere e restare un rapporto diretto, intimo, tra lo spettatore e il fatto in sé, che non aveva bisogno di cornici spettacolari destinate fatalmente a librarsi in una sfera di meschinità assolutamente sproporzionate all'evento grandioso [...] In realtà ci è sembrato che tutta la regia degli organizzatori fosse tesa a sdrammatizzare l'avvenimento, a renderlo, per quanto fosse possibile, banale o irrilevante.

L'atmosfera che Tito Stagno e Piero Forcella riescono a creare negli studi di Roma, davanti ai venticinque milioni di italiani in collegamento, viene rovinata da una cornice non all'altezza dello storico momento. E il battibecco tra Stagno e Ruggero Orlando, che si piglia la sua bella dose di critiche per una conduzione da Houston non all'altezza della sua bravura, è l'apice di una serata unica e straordinaria in ogni suo aspetto.

Giuseppe Grazzini, inviato di *Epoca*, segue lo sbarco in compagnia di Giuseppe Ungaretti e del suo segretario. Quando questi spiega al maestro che l'allenamento degli astronauti è tale da renderli in grado di gestire l'emozione e di riposare dentro al LEM, nonostante abbiano appena compiuto un'impresa straordinaria, replica il poeta:

È proprio questo che mi sconvolge. Questo dominio del sentimento. Questa obbedienza a una volontà che non è la loro ma infine è diventata la loro totalmente, fisicamente, al punto che possono dormire adesso con la Luna sotto i piedi.

Dall'equipaggio silenzioso questo ci si attende. La diretta televisiva prosegue, e anche la veglia del poeta.

La Luna capisci? La Luna ha misurato il nostro tempo da sempre. Ha ispirato i poeti, ugualmente bella e misteriosa nel canto dei giapponesi e degli indiani, degli arabi e dei tedeschi, dei negri e dei nordici. È la Luna che accompagna le stagioni della Terra e quella degli amori.

Il poeta cede al sonno a mezzanotte. Gli italiani rimasti in piedi vedono in televisione l'alternarsi di volti e di discorsi. C'è chi spiega l'importanza del cannocchiale di Galileo e chi chiede se sulla Luna si può fumare, e anche la signora che domanda se gli astronauti guadagnino più di suo marito. Poi da Houston giunge la notizia che Armstrong ha chiesto di uscire dal LEM cinque ore prima del previsto. Da quel momento poco succede; il collegamento viene interrotto e si cerca di riempire il vuoto alla meglio. Finalmente alle 4.40 del mattino ritornano le immagini. Armstrong si appresta a scendere l'ultimo gradino che lo separa dal suolo lunare. Il vecchio poeta, risvegliato dal suo sonno, torna a sorridere: neanche Armstrong, evidentemente, ha potuto resistere più di tanto al richiamo della Luna.

Dalla residenza di Castelgandolfo, Paolo VI segue l'evento davanti al televisore. Ha sempre manifestato interesse per la scienza, tanto da essere il primo pontefice ha rendere omaggio a Galileo Galilei durante un suo viaggio a Pisa. L'indomani, a mezzogiorno, davanti ai fedeli riuniti, rivolge un lungo pensiero a quanto accaduto e conclude con queste parole:

Nell'ebbrezza di questo giorno fatidico, vero trionfo dei mezzi prodotti dall'uomo per il dominio del cosmo, non dobbiamo dimenticare il bisogno e il dovere che l'uomo ha di dominare se stesso. Ancora vi sono tre guerre in atto sulla faccia della Terra: il Vietnam, l'Africa e il Medio Oriente. Una quarta se ne è aggiunta con migliaia di vittime tra Salvador e Honduras. E poi la fame affligge ancora intere popolazioni. Dov'è l'umanità vera? Dov'è la fratellanza e la pace? Quale sarebbe il vero progresso dell'uomo se queste sciagure perdurassero?

Almeno oggi, il giorno dopo la passeggiata di Armstrong e Aldrin, l'umanità pare aver conquistato la cima più alta del suo cammino, l'apice della civiltà dell'uomo sulla Terra. Alla gioia e all'orgoglio si associa un senso di fiducia che la conquista della Luna porta con sé. C'è già qualcuno che pensa di sfruttarla per risolvere il problema del sovraffollamento del pianeta, o qualora una catastrofe ambientale, o atomica, minacci l'esistenza del genere umano.

In mezzo a tanta euforia, tra le voci del dissenso e quelle che vogliono andare su Marte, se ne leva una accalorata e struggente; è quella di Dino Buzzati, che vede nella conquista della Luna la fine di un sogno:

Fuggi dalla tua orbita. Salvati dalla colonizzazione di noi uomini. Rimani l'astro che abbiamo sempre sognato.

Lo scrittore non avrà molto di cui preoccuparsi. La NASA, a dispetto di tutto, non ha ancora le idee chiare sul futuro delle imprese lunari e non c'è niente che faccia sospettare una imminente colonizzazione.

La NASA comincia a fare i conti in tasca e la vecchia cara Terra ha tanti di quei problemi che alla vigilia della successiva missione Apollo 12 qualcuno si chiede cosa ci torna a fare l'uomo sulla Luna. I giornalisti, invece, si chiedono come mai i russi sulla Luna non ci sono andati per niente.

E il Lunik sta a guardare

Negli stessi istanti durante i quali il LEM si apprestava a toccare il suolo lunare, volteggiava sopra la testa di Armstrong e Aldrin la sonda sovietica Lunik 15. La sonda era stata lanciata il 13 luglio e, secondo quanto avevano dichiarato gli esperti, "doveva esplorare la Luna", cosa peraltro ribadita nei comunicati della Tass. Per l'occasione i russi avevano manifestato un entusiasmo per certi versi sorprendente; non era mai successo nel corso dell'era spaziale che la comunità scientifica sovietica, in particolare quella legata alla ricerca astronautica, fosse stata fin dall'inizio della missione così prodiga di informazioni, aperta e sgombera da silenzi e misteri. La stampa occidentale era stata accolta amichevolmente e tutto l'ambiente scientifico russo manifestava grandi aspettative dal lancio della sonda. Almeno in apparenza. I Lunik, d'altronde, avevano dato grandi soddisfazioni, come la sonda numero 9 e 10 avevano dimostrato, e per il Lunik 15 il programma era senza dubbio ambizioso: prelevare campioni di suolo lunare e riportarli a terra. Insomma, come era stato scritto, Lunik 15 era una sorta di "Apollo automatizzato". Il fatto che fosse stata lanciata tre giorni prima della navetta americana e che sarebbe arrivata prima dei rivali a compiere la propria missione era un ulteriore tassello di soddisfazione.

Gli americani dal canto loro erano piuttosto preoccupati. Non tanto perché la sonda rischiava di offuscare, almeno parzialmente, la loro impresa, quanto perché temevano che potesse interferire in qualche modo con il volo dell'Apollo. Anzi, forse ce l'avevano mandata apposta. In più di un'occasione la diplomazia statunitense aveva chiesto garanzie a quella sovietica e durante l'avvicinamento alla Luna della navetta, Frank Borman in collegamento telefonico diretto, aveva richiesto specifiche rassicurazioni a Keldysh.

Nonostante le aperture, la sonda continuò a essere un bel mistero per la stampa occidentale, che ne seguiva l'andamento grazie ai bollettini che diramava l'osservatorio Jodrell Bank. Questa sorta di spia spaziale era paragonata a quelle navi russe camuffate da pescherecci che uscivano in mare ogni volta che la flotta statunitense prendeva il largo. Gli americani si affidarono al tecnologico NORAD, il Comando di Difesa Aerospaziale del Nord America, per seguire la sonda russa che, alla fine, venne bollata come "innocua ma inopportuna".

L'apprensione americana ebbe termine nel momento in cui il LEM poggiò i piedi meccanici sulla Luna, cui seguì, non molto tempo dopo, un criptico bollettino della Tass secondo il quale il Lunik era atterrato e aveva "terminato il suo lavoro". Senza aggiungere altro, i russi, a modo loro, avevano informato il mondo occidentale che la loro sonda aveva fallito ogni obiettivo.

La concomitanza dei due avvenimenti, da una parte il trionfo dell'Apollo 11 e dall'altra il fallimento della sonda automatica russa, spronano la stampa a indagare sulle vicende che hanno caratterizzato l'impresa spaziale russa degli ultimi anni, e a provare a fare chiarezza mettendo insieme i tasselli del puzzle.

Per Rupert Davies, il Lunik 15 è stato poco più di un disperato tentativo di mettere una pezza sopra una falla gigantesca. Una falla causata dalla morte di Korolev e dalle confuse direttive che seguirono alla scomparsa del progettista capo. Sfruttando le sue fonti e i colloqui con alcuni scienziati sovietici, Davies prova a ricostruire quello che era rimasto della via per le stelle dei russi.

Secondo quanto riesce ad appurare dalle interviste, in primo luogo gli scienziati sovietici non erano interessati allo sbarco di un uomo sulla Luna, quanto piuttosto alla sua esplorazione con mezzi automatici; in secondo luogo, i russi avevano deciso di puntare sulle stazioni orbitanti, perché agevolavano i balzi verso le stelle e potevano costituire un ottimo deterrente politico se fossero state utilizzate come basi di lancio di missili nucleari. Per questa ragione gli scienziati russi si dichiararono piuttosto sorpresi dalla scelta americana di puntare alla costruzione di un colossale razzo capace di spingere una navetta con uomini a bordo verso la Luna. La scelta pareva loro totalmente sconsiderata. I successi delle sonde di classe Lunik, in particolare la numero 9, che era atterrata sulla Luna inviando numerose fotografie della sua superficie, e la numero 10, primo manufatto umano a diventare un satellite artificiale della Luna, furono fonte di grande soddisfazione, aumentando la consapevolezza che la strada imboccata fosse la migliore. Ma i successi americani con i voli Apollo, secondo sempre la ricostruzione di Davies, avevano spinto i russi a osare maggiormente pianificando voli umani intorno alla Luna. Fretta e confusione avevano portato alla tragedia della Sojuz pilotata da Komarov. In seguito al tragico fatto, per smorzare gli entusiasmi degli americani, i vertici ordinarono di diffondere la notizia che l'URSS non stava conducendo alcuna gara con gli Stati Uniti per la conquista della Luna. Ma questa chiaramente era propaganda politica. Fu solo allora che i russi pianificarono un programma lunare alternativo che contemplasse uno sbarco umano. Nel giro di un anno furono approntate le missioni Zond 5 e Zond 6, che tanto intimorirono gli americani. Ufficialmente, anche i russi si dichiararono estremamente soddisfatti del duplice viaggio: le sonde sorvolarono la Luna e tornarono sulla Terra. Tuttavia non furono pochi i problemi che emersero dalle missioni: le capsule erano meno affidabili di quello che gli esperti speravano. Anche i test sui nuovi razzi, del calibro del Saturn americano, si stavano rivelando meno soddisfacenti del previsto, quando non erano del tutto fallimentari, come era accaduto al razzo N-1. Il Lunik 15 fu il disperato tentativo di anticipare gli americani e rubar loro un po' di gloria.

A questo punto Davies interroga un economista russo sui motivi di questo fallimento. Risponde l'esperto:

In primo luogo è una questione di denaro. Il nostro prodotto lordo è la metà di quello degli Stati Uniti. La seconda causa principale del nostro ritardo è [...] la struttura dell'industria sovietica. Noi funzioniamo a compartimenti stagni. Non c'è comunicazione tra settore e settore. Dal programma spaziale americano è nata un'industria colossale [...] da noi non è accaduto nulla del genere. In America l'applicazione delle scoperte è molto più rapida. Nello spazio i calcolatori sono essenziali ma gli americani dispongono di quelli miniaturizzati e cioè quelli di "quarta generazione", mentre noi siamo fermi a quelli a transistor, vale a dire di seconda generazione.

Ecco, dunque, le cause di una sconfitta. In un decennio la Russia ha perduto il vantaggio accumulato ai tempi dello Sputnik e di Gagarin; un decennio sufficiente agli americani per sopravanzare i rivali russi di due generazioni di processori elettronici.

Prospettive marziane

Ciononostante, una carta da giocare i russi ce l'hanno. Cesare Capone, in un articolo redatto per *Tempo*, è concorde con Davies nell'individuare nelle difficoltà tecniche, organizzative ed economiche i principali motivi per i quali i russi non si sono dimostrati all'altezza degli americani; tra queste va rimarcato il motivo motivazionale, per il quale l'URSS, come aveva dichiarato, non era interessato allo sbarco lunare ma alla realizzazione di stazioni orbitanti. Per il giornalista, i sovietici hanno dimostrato di muoversi agevolmente in questa direzione, guadagnando terreno sugli Stati Uniti, come le manovre effettuate dalle Sojuz 4 e 5 avevano dimostrato. I militari hanno spinto in questa direzione per motivi puramente bellici, ma se dovesse prevalere l'aspetto scientifico, suggerisce Capone, allora l'impresa spaziale russa potrebbe ottenere nel giro di un anno o due, un pronto riscatto d'immagine. D'altronde, aveva detto Blagonravov: "I nostri cosmonauti non resteranno disoccupati; il nostro programma darà loro un posto di straordinaria importanza".

Le stazioni orbitanti potrebbero essere il primo passo verso un salto ancor più ambizioso di quello compiuto dagli americani: Marte. Il Pianeta Rosso è fin dal 1960 un obiettivo nel mirino dei satelliti dell'Unione Sovietica. Un obiettivo, per una ragione o per l'altra, sempre mancato. Per gli americani le cose stanno andando meglio, e mentre l'Apollo 11 si appresta a poggiare le zampe sulla Luna, le sonde Mariner 6 e 7 sorvolano Marte scattando numerose fotografie.

Per von Braun, un'impresa marziana analoga a quella lunare è programmabile per la metà degli anni Ottanta. Per Keldysh, presidente dell'Accademia sovietica delle Scienze, l'Unione Sovietica sta già preparando "voli di ricognizione, con cosmonauti, verso altri pianeti". Insomma, i due galletti hanno trovato una nuova preda per la quale azzuffarsi.

In quest'ottica appare interessante, e per certi versi assai coraggioso, l'esperimento effettuato in Unione Sovietica da tre uomini che hanno provato su loro stessi un isolamento completo della durata di 365 giorni. L'equipaggio dell'Apollo 11 ha seguito un percorso simile una volta tornato sulla terra, salvo rimanere confinato in una speciale carrozza-bunker solo tre settimane. L'esperimento condotto in un edificio del Centro ricerche biomediche di Mosca mira ad allungare l'isolamento a un intero anno. Il simulatore spaziale è una cabina ermetica di 12 metri quadrati posta al centro di una sala senza finestre, dentro alla quale il medico Gherman Manotsev, il biologo Andrei Bojco e il tecnico Boris Ulibiscev, dovranno condurre la loro esperienza nella più completa autonomia energetica e alimentare. Una serie di apparecchiature mediche e due telecamere tengono sotto controllo lo stato psicofisico dei tre uomini. Libri, scacchi e un quaderno per gli appunti sono le uniche fonti di svago per i reclusi.

Al termine dell'esperimento, le autorità sovietiche non rilasciano molte informazioni. Lo stato fisico dei tre risulterebbe buono, ma quello che è sembrato preoccupante, come gli esperti temevano, è lo stress cui è sottoposto un uomo condizionato a vivere insieme ad altri dentro uno spazio piccolo per un periodo di tempo molto lungo.

Sotto questo aspetto Marte è ancora molto lontano, tanto per gli uomini di von Braun che per quelli di Keldysh.

Tornano sulla Luna

I festeggiamenti lunari, le disamine e i processi non sono ancora terminati che alla NASA sono pronti ad accendere nuovamente i motori per la seconda delle missioni programmate verso la Luna. A partire con l'Apollo 12 il 14 novembre 1969 ci sono il pilota del Modulo di Comando Richard Gordon, il comandante Charles Conrad e il pilota del Modulo Lunare Alan Bean.

Missione strana, per certi versi inverosimile. Dopo l'abbuffata dell'Apollo 11, eccessiva in ogni aspetto, si giunge a un volo che non si porta dietro nulla del suo predecessore. Anzi, per molti è piuttosto indigesto.

Il leader del movimento nero, Ralph Aberrnathy, torna alla carica al motto "Luna no, Terra sì", invocando riforme economiche per i più poveri e diseredati; per il sociologo Marshall McLuhan è solo una "ridicola arroganza" tornare sulla Luna, cui si associa il 59 per cento della popolazione americana per cui, secondo i risultati di un sondaggio, la corsa allo spazio è pressoché inutile. A queste voci non proprio entusiaste se ne aggiunge a sorpresa un'altra: quella degli scienziati della NASA.

Il motivo? Un po' più di considerazione. Per gli scienziati, la NASA dovrebbe preoccuparsi maggiormente di arricchire le missioni con un ampio corredo di esperimenti e, in aggiunta, di riservare un posto come membro dell'equipaggio a uno di loro. La NASA alcuni anni prima aveva indetto una leva di astronauti scienziati e, tra quelli che aderirono, ne scelse una dozzina, avviandoli a farsi le ossa anche come piloti. Di fatto, però, se il gruppo selezionato godeva di grande stima in ambito accademico non si poteva dire la stessa cosa in ambito aviatorio. Pilotare le macchine lunari era, ed è, affar pericoloso, per piloti eccezionali dai nervi saldi e gli scienziati in questo non avevano da fornire le stesse garanzie dei colleghi professionisti.

Per tutta risposta, alla vigilia del volo dell'Apollo 12, alcuni degli astronauti scienziati decidono di dimettersi, mentre altri di cavalcare l'onda della protesta. Tra questi Eugene Shoemaker, geologo del progetto Apollo e docente presso il prestigioso Caltech (*Californian Istitute of Tecnology*). Shoemaker ha lasciato sul tavolo del direttore del centro spaziale la lettera con le sue dimissioni a causa della politica della NASA, volta a spettacolarizzare le missioni trascurando gli aspetti scientifici che dovrebbe contemplare un viaggio verso la Luna. Lo scienziato è fortemente polemico e conclude con una dichiarazione che ricorda molto quanto volevano fare i russi:

> Si sarebbero potuti depositare sulla Luna [al posto di Armstrong e Aldrin, n.d.r] strumenti di geofisica per mezzo di veicoli spaziali senza equipaggio che avrebbero potuto raccogliere campioni di materiale lunare e rinviarli a terra per una decima parte del prezzo che è stato pagato.

I vertici della NASA non apprezzano e polemizzano con gli scienziati, salvo conceder loro qualche garanzia a riprova che il primo obiettivo dei voli lunari è l'indagine scientifica. Dunque spazio agli esperimenti, ma solo a quelli. Per far parte dell'equipaggio bisognerà aspettare almeno un paio di anni, fino alla missione numero 16. Piccola bugia: il primo scienziato a sbarcare sulla Luna ci riuscirà solo con l'ultima missione, quella dell'Apollo 17. Poi il programma lunare chiuderà i battenti. Intanto, avanti con la missione Apollo 12.

A ben guardare, i membri dell'equipaggio di questa seconda missione lunare si meriterebbero un poco più di attenzione. Con gli ormai famosissimi colleghi che li hanno preceduti hanno in comune ben poco. Sarà per questo che a Oriana Fallaci vanno particolarmente a genio. Racchiudono quanto di meglio possa fornire la NASA in quanto a "umanità". Nulla a che vedere con i robot che sono scesi sulla Luna. Gordon, "basso, tarchiato, nero [...] fronte bassa e incisa da mille bestemmie represse", è uno di poche parole che ha faticato parecchio per cambiare quanto la vita gli stava offrendo: famiglia povera e lavoro duro fin da bambino. Conrad, invece, è l'esatto contrario di Armstrong: simpatico, socievole, ama scherzare e collezionare cappelli che lo proteggano dai meteoriti. Ma è anche un capitano come si deve, duro e freddo, testardo e disciplinato fino al midollo.

> Con Pete ci saremmo accorti assai meglio che il primo uomo sulla Luna era un uomo come noi capace di ridere piangere, avere paura

scrive la Fallaci. Per molto tempo, infatti, Conrad era considerato il candidato numero uno a scendere per primo sul suolo lunare, ma era anche uno che non era in grado di render solenne alcun tipo di avvenimento, neanche il più storico, dunque alla NASA decisero per Armstrong, motivando la scelta nella consueta rotazione degli equipaggi.

Poi c'è Alan Bean, il pilota del Modulo Lunare, un uomo che racchiude l'animo del poeta e dell'artista dentro la scorza dell'aviatore astronauta. Umile e silenzioso, ama dipingere quadri e realizzare mosaici e, all'occorrenza, prendere a martellate la telecamera lunare che, quando giungerà sulla Luna insieme agli astronauti, non ne vorrà sapere di stare diritta per permettere le giuste riprese.

Alle 17.22 locali il razzo Saturn V si stacca dalla rampa di lancio. Il tempo è una schifezza, un violento temporale imperversa su tutta l'area con tuoni e fulmini. In quelle condizioni i lanci sono sempre rinviati, ma stavolta no, si parte in orario. Il motivo, rivelato solo nel 1997 e riportato da Antonio Lo Campo nel suo *Storia dell'Astronautica* (2000), è da imputarsi a una chiamata telefonica su una linea riservata della NASA che minaccia un attentato dinamitardo. Per questa ragione i responsabili del volo, Petrone e Kapryan, danno il benestare per una partenza immediata. Un fulmine colpisce il razzo e le apparecchiature elettroniche vanno in corto circuito: "abbiamo tutto fuori uso", comunicano dall'interno della capsula. Panico generale, ma Gordon risolve il problema in poche decine di secondi e tutto torna sotto controllo. Il volo procede. Alle 7.53 ora italiana del 18 novembre 1969 il Modulo Intrepid tocca il suolo lunare nella zona denominata Oceano delle Tempeste, a quasi 1500 chilometri di distanza dal punto di atterraggio del LEM di Armstrong. Per l'occasione, Conrad non si lascia scappare la possibilità di lasciare ai posteri la sua frase storica: "Quello che è stato un piccolo passo per Neil Armstrong è un passo anche troppo lungo per me". I due astronauti sono separati, infatti, non solo da un carattere diametralmente opposto, ma anche da una quindicina di centimetri, essendo Conrad alto appena un metro e sessantacinque. Poco dopo ne segue la scia il collega Bean. Inizia così un'esplorazione lunare decisamente diversa dalla prima. Inutile rimarcare il concetto: l'equipaggio dell'Apollo 12 è differente dal primo. Cantano, scherzano, ridono, intonano Biancaneve e i sette nani mentre portano a termine la loro passeggiata e raccolgono rocce lunari: "Guarda, bellina la mia", "No, macchè, la mia è più bella, sembra un diamante", dicono delle rocce raccolte. Se non fosse per la riserva di ossigeno che segna rosso, avrebbero continuato a gironzolare e saltellare per tutta la Luna. Al centro di comando a terra sono sconcertati: gli astronauti fanno come gli pare, e i direttori di volo pensano siano impazziti o in preda a una sorta di euforia spaziale, come quella che prende ai subacquei. O forse, come scrive Oriana Fallaci, i due lassù sono semplicemente ubriachi di felicità.

Dopo quasi otto ore di attività sulla superficie, in seguito a una duplice passeggiata, e a 31 ore complessive di permanenza sul suolo lunare, i due astronauti ripartono per congiungersi con il Modulo di Comando, pilotato da Gordon.

Una volta completato l'attracco, tocca a Gordon fare lo spiritoso: non apre il portello che permette agli altri due astronauti di entrare dentro al modulo principale finché i due non si siano tolti le sudicie tute che avevano in dosso.

La passeggiata lunare, infatti, li ha insozzati a dovere. "Siamo la cosa più sudicia che si possa vedere nell'Universo", aveva detto Bean poche ore prima, "Siamo il sudicio del sudicio, l'essenza del sudicio, l'idea stessa di sudicio". Senza le tute sporche, i tre si riuniscono e puntano la prua della loro nave spaziale verso la Terra. Insieme a loro viaggia una crosta verdognola, recuperata dal relitto della sonda Surveyor durante la prima delle due passeggiate lunari.

In quella crosta verdognola è racchiuso un microrganismo giunto sulla Luna insieme alla sonda e sopravvissuto per quasi tre anni appiccicato alla Surveyor.

Dopo 244 ore e 36 minuti di missione l'equipaggio dell'Apollo 12 ammara felicemente nell'Oceano Pacifico, e il microrganismo riprenderà a muoversi, "come nulla fosse".

L'*annus mirabilis* dell'astronautica si è appena concluso.

Addio alla Luna

"Houston abbiamo un problema"

Dopo i voli dell'Apollo 11 e 12 del 1969, i mass-media iniziano a perdere interesse per le missioni lunari. L'impresa è compiuta, i russi battuti, un sacco di gente ha altri problemi seri a cui pensare; inoltre, c'è una bella crisi in Medio Oriente da risolvere: Whasington e Mosca ci provano con il "Piano Rogers", dal nome del segretario di stato William Rogers, volto a promuovere una pace negoziata tra Israele e l'Egitto. E c'è sempre la guerra nel Vietnam.

Il 7 marzo 1970, a poco meno di un mese dalla partenza dell'Apollo 13, Nixon espone in una dichiarazione la sua visione dello spazio, di quello che è e di quello che sarà:

Negli ultimi dieci anni il principale obiettivo del programma spaziale della nostra nazione è stato la Luna. Alla fine di quel decennio uomini del nostro pianeta hanno viaggiato sino alla Luna in quattro occasioni e per due volte ne hanno calcato il suolo. Con queste esperienze indimenticabili abbiamo potuto acquisire una nuova prospettiva di noi stessi e del nostro mondo. Penso che queste conquiste possano aiutarci a formulare nuovi progetti per il nostro piano spaziale [...] dobbiamo ora definire le mete che possono dare significato agli anni Settanta. Dobbiamo costruire sui successi passati per raggiungere sempre nuovi obiettivi. Ma dobbiamo riconoscere anche che molte questioni critiche, sul nostro pianeta, hanno maggiore priorità, sia per quanto riguarda la nostra attenzione, sia per ciò che attiene alle risorse disponibili. Ma non dobbiamo permettere assolutamente che i programmi spaziali segnino il passo [...] Quando questa amministrazione entrò in carica non c'erano chiari ed esaurienti progetti per il nostro piano spaziale, dopo il primo allunaggio dell'Apollo. Per porre rimedio a questa situazione, nel febbraio del 1969, organizzai uno *Space Task Group*, presieduto dal vicepresidente, affinché studiasse il futuro di questi programmi. I risultati di quell'indagine mi furono consegnati in settembre. Dall'esame di quel rapporto [...] sono giunto ad alcune conclusioni che riguardano la pace futura e gli sforzi che si devono compiere nei confronti della conquista dello spazio. Le raccomandazioni per il bilancio che ho inviato al Congresso per l'anno finanziario 1971 sono basate su queste considerazioni [...] A mio giudizio tre scopi principali dovrebbero guidare il nostro programma spaziale. Uno riguarda l'esplorazione. Da tempi immemorabili l'uomo ha cercato l'avventura nell'ignoto, nonostante la sua incapacità di predire il valore di ogni esplorazione compiuta. Egli ha sempre desiderato assumersi dei rischi [...] l'uomo ha sentito che questo ricercare ha un suo valore, perché rappresenta la strada attraverso cui espandere le sue conoscenze e perché esprime lo spirito dell'uomo. Una grande nazione deve essere sempre una nazione di esploratori, se vuole rimanere grande.

Ecco la via di Nixon allo spazio. Dura poco, le spese per far volare qualcosa di grosso sono difficilmente sostenibili anche con una amministrazione equilibrata e, per giunta, Thomas Paine, che ha sempre sostenuto il proseguimento delle imprese spaziali, si dimette in luglio. Gli succede James Webb, uno molto meno entusiasta del suo predecessore e con poca simpatia per von Braun e i suoi sogni di sbarchi marziani. Venendo a mancare Paine, anche lo Space Group voluto da Nixon si sfalda.

E cosa ne pensa l'opinione pubblica dello spazio? "È un argomento che non regge più", catechizza Dick Witkins corrispondente del *The New York Times*, a proposito delle nuove spedizioni lunari, "la prossima notizia sullo spazio non può venire che da una catastrofe". I colleghi lo assecondano in gran parte, e quando l'11 aprile l'Apollo 13 accende i motori, ad assistere al volo di James Lovell, Fred Haise e Jack Swigert c'è appena un quinto dei giornalisti che hanno assistito alle precedenti due missioni.

191

Addio alla luna

"La Luna non interessa più a nessuno", aveva detto poco prima di partire Lovell, "il mio volo passerà inosservato". L'inizio di questa nuova avventura spaziale conferma i timori di Lovell: massmedia e popolazione pensano ad altro, in America come nel resto del mondo. Ci mette del suo anche il volo dell'Apollo 13 che procede regolarmente senza troppi intoppi. Scrive Ricciotti Lazzero sulle pagine di *Epoca*:

Da 200.000 miglia di distanza dalla Terra, Jim Lovell trasmette una registrazione strana della musica di *2001 Odissea nello spazio*. "Stasera" egli ha detto "c'è festa a bordo". Questo lunedì 13, un giorno guardato con apprensione dai superstiziosi, sembra concludersi serenamente.

Sono passate da poco le 21 negli Stati Uniti, in televisione scorrono le immagini di uno show musicale. A un certo punto la trasmissione viene interrotta e uno speaker annuncia che presto verranno date notizie dell'Apollo 13. Deve passare circa un'ora prima che quella strana interruzione possa avere un seguito: "La missione dell'Apollo 13 è stata annullata. Si cerca di riportare a terra gli astronauti". La notizia che i tre astronauti sono in grave pericolo si diffonde presto. I televisori che prima erano sintonizzati altrove vengono dirottati sui notiziari. Lassù nello spazio, il lungo calvario della navetta Odissey ha preso corpo con la voce di Swigert: "Houston abbiamo un problema qui".

Il telefono della sede di *L'Europeo* squilla a più riprese. È Ruggero Orlando che avverte la redazione che sta accadendo qualcosa di inatteso al volo dell'Apollo 13:

L'Europeo del 23 aprile 1970 dedica la sua copertina al drammatico volo dell'Apollo 13. All'interno i corrispondenti Oriana Fallaci e Ruggero Orlando raccontano da Houston le lunghe ore di attesa per il ritorno degli astronauti a terra

Pronto Milano? Qui Orlando. Vi telefono perché qualcosa... qualcosa di grave sta succedendo sull'Apollo. Il viaggio alla Luna si sta trasformando in un dramma.

Da Milano chiedono dettagli. Una seconda, poi una terza telefonata cercano di fare chiarezza:

Il ventre dell'Apollo è scoperto, capite? Ora, è stato confermato che gli astronauti hanno avvertito una fortissima scossa, un enorme urto contro l'astronave: a quest'urto è seguita un'esplosione, i manometri dell'ossigeno sono scesi a zero e, come ho già detto, l'ossigeno è defluito dall'astronave.

Dunque, un'esplosione sarebbe alla base dei problemi della navetta Odissey, sebbene non sia affatto chiaro cosa sia esploso e perché. Si formulano le prime ipotesi e si dà la colpa a un piccolo meteorite che potrebbe aver causato l'esplosione colpendo uno dei serbatoi dell'ossigeno. La Fallaci telefona in redazione e racconta di una paura mai provata alla NASA:

L'atmosfera al centro di controllo in questo momento è pazza. Non era mai successo nulla di simile. Naturalmente finora prevale la speranza.

Scoppia una sorta di superstizione nazionale che addebita il peso di quello che sta succedendo allo iellato numero 13. Ma non c'è solo la iella della missione numero 13 caduta in un tranquillo lunedì 13 a scombussolare la NASA; si insinua, cautamente, un'ipotesi piuttosto sorprendente: forse l'astronauta Swigert non è stato preparato come si deve per una missione come questa e potrebbe aver commesso un errore. L'astronauta è il sostituto del sostituto e ha avuto solo pochi giorni per preparasi al volo, giorni, forse, non sufficienti a dargli il pieno controllo della situazione. Solo una ipotesi, certo, ma, come puntualizza la Fallaci:

Questi sono i discorsi delle prime ore e servono a dirvi l'angoscia, la suspense e il panico di questo porto terrestre dal quale si seguono minuto per minuto la tragedia degli abbandonati nello spazio.

Il dramma dell'Apollo 13 era stato anticipato in qualche maniera da un romanzo di fantascienza, *Marooned*, scritto da Martin Caidin nel 1967, in seguito trasposto in pellicola [Il romanzo e il film sono stati tradotti in italiano con il titolo *Abbandonati nello spazio*, n.d.r.]. Dall'articolo di Ricciotti Lazzero, pubblicato su *Epoca*, si ricorda questa coincidenza:

> In un motel di Cape Kennedy, l'autore di fantascienza Martin Caidin sta ascoltando le notizie alla tv. Egli ha scritto un libro, *Marooned*, in cui si racconta la tragedia di tre astronauti sperduti nello spazio che tentano di rientrare: ci riusciranno soltanto due. "Prego Iddio" mormora Caidin, "che qualcuno riscriva il mio finale".

All'una del mattino di martedì 14 aprile, viene convocata la prima conferenza stampa:

> La situazione è critica, la peggiore che ci sia mai capitata – dice Cristopher Kraft – ma la teniamo sotto controllo. Se ritorneranno sulla Terra sarà un grande successo.

Nella sala di controllo di Houston Robert Gilruth, Rocco Petrone, Deke Slayton e Cristopher Kraft si riuniscono davanti al terminale del direttore di volo Glenn Luney per capire come far ritornare gli astronauti sani e salvi sulla terra. Per l'equipaggio dell'Apollo 13 l'unica possibilità è quella di servirsi del LEM Aquarius, con le sue scorte di ossigeno ed energia, come rifugio dove riparare e come razzo per spingere Odissey verso casa. Intanto bisogna risparmiare energia spegnendo tutti i sistemi non vitali e risolvere il problema dell'aumento rapido di anidride carbonica all'interno dell'abitacolo. Houston è provvidenziale e, facendo un rapido controllo di tutto il materiale a bordo della Odissey, suggerisce all'equipaggio come costruirsi un filtro con il materiale recuperato. A turno due astronauti prendono posto dentro il modulo Acquarius mentre il terzo rimane su Odissey. La temperatura cala velocemente e dentro il modulo è completamente buio. La manovra che si apprestano a compiere è rischiosa oltre ogni immaginazione: il LEM non è stato progettato per spingere l'intera navetta a circumnavigare la Luna per poi indirizzarla verso terra.

Sembra che il rientro dell'Apollo 13 sia alquanto improbabile [...] il LEM non è stato costruito per condurre l'intera nave spaziale lungo un tragitto di quasi mezzo milione di chilometri

si legge nel resoconto della Fallaci. Pare un miracolo, ma il LEM, il bidone metallico di Stafford suonato come una grancassa, resiste e spinge Odissey lungo tutto il percorso programmato. Il 17 aprile i motori di Acquarius vengono accesi per l'ultima volta, mentre i tre dell'equipaggio prendono posto nel malconcio Modulo di Comando per completare la manovra di rientro in atmosfera terrestre. Sono attimi lunghi, interminabili: rimane l'incognita dello stato degli scudi termici e del giusto orientamento della navetta. La voce di Lovell riporta tutti in paradiso: "Ok, Joe". È fatta. Houston è una bolgia di felicità. Odissey ammara felicemente appesa ai tre grandi paracadute colorati. Nelle case delle famiglie degli astronauti si stappano bottiglie di champagne quando l'incubo finisce. A casa Lovell, Marilyn ha goduto del sostegno di Neil Armstrong e di tutto il vicinato. Mentre festeggia il marito, che dalla tv appare tutto intero, stanco ma sorridente, il piccolo di famiglia Jeffrey si avvicina alla mamma e chiede tutto soddisfatto "Mamma, papà è già arrivato sulla Luna?".

Per i tre astronauti la Luna resterà un sogno. Per Swigert il ritorno a casa significa una cosa sola: tasse da pagare. Selezionato con una certa urgenza come sostituto di Mattingly, è in scadenza con l'erario americano che, per l'occasione, prima della partenza ha giustificato l'astronauta come "momentaneamente assente dal territorio nazionale".

Il mondo intero accoglie a braccia aperte i tre uomini il cui dramma è stato vissuto in diretta. Commenta Nixon:

Gli uomini si riconoscono nelle avversità e quale uomo si è mai trovato a fronteggiare avversità maggiori di quelle incontrate da questi tre bravi americani?

Dopo la festa non rimane altro che risollevare una vecchia domanda: perché andare sulla Luna quando ci sono tanti problemi da risolvere qui sulla Terra?

A questa domanda – ribatte *Epoca* – si può rispondere con molte altre domande. Perché Marco Polo nel 1271 partì per Pechino dove giunse tre anni dopo? Eppure la Cina di allora era più sconosciuta e lontana della Luna per l'uomo di oggi. Perché Cristoforo Colombo nel 1492 navigò verso l'ignoto, armato solo di una bussola e di una grande fede, alla scoperta dell'America? Perché Admundsen andò al Polo Sud [...] Perché Livingston e Bottego andarono a esplorare l'Africa selvaggia [...] Chiesero una volta a un celebre alpinista perché mai egli metteva a repentaglio la propria vita per scalare un'infida montagna. Ed egli rispose "Perché è là". Ebbene anche la Luna è "là".

A questo punto non rimane che tornarci prima possibile.

Mai troppo vecchi per andar sulla Luna

I programmi della NASA rallentano solo di qualche mese, giusto il tempo di avviare un'inchiesta per far luce su quello che è successo alla sfortunata missione di Lovell. Già durante le conferenze stampa nel bel mezzo della crisi dell'Apollo 13, la NASA aveva ribadito più volte il concetto che l'assalto alla Luna sarebbe continuato, che nulla sarebbe cambiato, almeno fino alla missione numero 17. Oltre, allo stato attuale delle cose, è improbabile andare. All'inizio del '71, la diciotto è ancora una missione in bilico mentre sono ormai definitivamente tagliate per motivi economici la 19 e la 20.

Se non altro la tragedia sfiorata con la missione numero 13 ha riportato un po' di interesse per le missioni spaziali. Il 31 gennaio 1971 alla base di lancio di Cape Kennedy è pronto sulle rampe l'Apollo 14, con l'obiettivo di portare a termine il volo che doveva compiere l'Apollo 13.

"Non si è mai troppo vecchi per raggiungere la Luna", titola il *Daily Express* riferendosi al fatto che il capitano della missione è Alan Shepard che, con i suoi quarantasette anni di età, ha la possibilità di concludere trionfalmente una carriera iniziata nel '61 e interrotta per problemi all'apparato uditivo. Insieme al "nonno" degli astronauti ci sono Edgard D. Mitchell, pilota del Modulo Lunare Antares, e Stuart A. Roosa, pilota del Modulo di Comando. Il viaggio è tranquillo, l'avvicinamento al suolo lunare del LEM un po' meno. Il distacco tra i due moduli è avvenuto correttamente ma per il calcolatore di bordo ciò non è vero. Alla fine, visto che il cervello elettronico della missione non ne vuole sapere di funzionare, Mitchell risolve il problema con una tecnica collaudatissima ancor oggi: accende e spegne, accende e spegne finché tutto torna a posto. "C'e n'è voluta ma alla fine siamo qua", dice Shepard una volta poggiato il piede sulla Luna. Il capitano è particolarmente raggiante, sarà perché ha aspettato dieci anni questo momento, e trova anche il tempo di rilassarsi un po' tirando due colpi a golf davanti alla telecamera a colori, la prima mai utilizzata sulla Luna, con una pallina che si è portato da casa. Visto che c'è prova anche un altro esperimento non particolarmente scientifico: un collegamento telepatico con una medium di Chicago. Non è dato sapere con precisione che pensieri si siano trasmessi i due. L'attività lunare dura in tutto 33 ore e 31 minuti durante i quali gli astronauti compiono due passeggiate, raccolgono 45 chili di rocce, utilizzando una specie di carrettino spaziale, il MET, e completano una serie di test scientifici. Il 9 febbraio alle 22.05 locali i tre astronauti chiudono felicemente la missione ripescati dalle acque dell'Oceano Pacifico dalla portaelicotteri New Orleans.

Da Houston, Rocco Petrone, al giornalista che gli ha chiesto a cosa serve il completamento del programma Apollo, risponde:

Può servire alla creazione negli anni '80 di una base sulla Luna. Sarà un nuovo grande passo per l'umanità. Come ora abbiamo le basi in Antartide così avremo una base di esplorazione sulla Luna. Il programma Apollo ci sta fornendo i dati per la sua costruzione: le informazioni sulle nostre capacità di vivere e lavorare lassù, le informazioni sul suolo e sulla possibilità di costruirvi degli edifici, le informazioni su come difenderci dalle radiazioni solari, su come resistere alle basse temperature.

Si pensa alle basi lunari, ma l'unica certezza è che il programma lunare americano sta volgendo al termine e, come scrive Franco Bertarelli,

si riparlerà di equipaggi lunari negli anni '80, quando saranno state elaborate altre tecniche e messi a punto altri strumenti e nuovi piani di navigazione.

Epoca del 25 luglio dedica la sua copertina alla straordinaria auto lunare che verrà utilizzata dagli astronauti dell'Apollo 15. Il veicolo, costato quasi cinque miliardi di lire, pesa due quintali, raggiunge la velocità di 16 chilometri orari e ha una capacità di carico di 235 chilogrammi

Dunque sotto con le ultime missioni in programma. L'Apollo 15 si stacca dalla rampe di lancio il 26 luglio 1971. A esplorare una delle zone più antiche della Luna sono stati designati il comandate David Scott, veterano dello spazio con alle spalle le missioni Gemini 8 e Apollo 9 e il debuttante James Irwin, mentre a un altro debuttante, Alfred Worden, viene affidato il compito di rimanere a bordo del Modulo di Comando. La missione ha un carico di apparecchiature scientifiche di gran lunga superiore alle precedenti, come assai più lunga sarà la permanenza di Scott e Irwin sulla Luna, quasi 67 ore. Ad accrescere il valore spettacolare del volo ci pensa il Lunar Roving Vehicle, una sorta di jeep lunare da tre milioni di dollari, con la quale gli astronauti possono scorrazzare facilmente sulla superficie della Luna. Nonostante la novità alquanto suggestiva dell'auto lunare, l'interesse per lo spazio, dopo il ritorno di popolarità sopraggiunto in seguito al dramma dell'Apollo 13, si è di nuovo affievolito. "Vorrei che ogni americano avesse nei riguardi della nostra missione lo stesso entusiasmo che ho io", mormora sconsolato Scott. Invece di entusiasmo nei d'intorni degli astronauti ce n'è poco. Scott è un ottimo capitano, anche se un bel po' iellato, avendo rischiato la vita con gli aerei che pilotava in almeno quattro circostanze, l'ultima delle quali nella tribolatissima missione Gemini 8, ma nella vita privata è timido e riservato; così capita che quando in un ristorante gli chiedano una tessera di riconoscimento per poter consumare alcolici, visto che in Texas, come puntualizza Franco Nencini per Epoca, per ordinare alcolici bisogna avere la tessera del club del locale dove si va a bere, Scott gli mostri l'unica che ha, quella della NASA. "Cos'è uno scherzo?", risponde il *maître*, "io allora sono Benjiamin Franklin". Eccolo il destino degli uomini che vanno sulla Luna. A due anni di distanza dal primo passo di Armstrong, gli astronauti sono entità quasi completamente anonime, anche lì, in quel ristorante del Texas a poca distanza dal quale i vari von Braun, Petrone e Gilruth lanciano uomini nello spazio a bordo di astronavi.

Ma i tempi non sono più quelli di una volta neppure per la NASA, se è vero quello che scrive Nencini su Worden:

> Worden è il bello della compagnia, l'uomo che affascina maggiormente le ragazzine americane, una specie di Steve McQueen dello spazio. È divorziato ed è pilota di automobili da corsa. Sono in molti tra i giornalisti di Houston a sostenere che qualche hanno fa una candidatura come quella di Worden per le ambitissime e ormai poche missioni lunari […] sarebbe stata scartata: nel rigido moralismo della NASA, nel valore emblematico che gli astronauti assumono per tutta la nazione, la figura di un divorziato che conduce una brillante vita da scapolo avrebbe stonato. Ma i tempi sono cambiati molto e rapidamente.

Padri di famiglia e scapoli allegri, i tre dell'Apollo 15 giungono a destinazione dopo un viaggio tranquillo. Irwin e Scott abbandonano il modulo orbitale e depositano il LEM Falcon tra i Monti di Hadley. Poco dopo iniziano la loro passeggiata lunare a bordo della jeep che, ben presto, entusiasma i due astronauti: "Questa jeep è una forza", dice Scott al compagno. Ad aspettarli in orbita è rimasto Worden, uno che ha il mito del generale Patton e avrebbe voluto comandare una divisione corazzata e che invece gli tocca completare una passeggiata extra-veicolare per recuperare macchine fotografiche e vario altro materiale. Dopo 67 ore di missione, di cui 19 di attività sul suolo lunare, il 7 agosto del 1971 i tre astronauti possono nuovamente far rotta verso la Terra. Prima di lasciare il suolo lunare Scott rende omaggio a Galileo Galilei eseguendo l'esperimento della caduta di due gravi, un martello e una piuma. Sotto l'occhio della telecamera Galileo ottiene il più spettacolare dei riconoscimenti.

Il viaggio di ritorno è tranquillo, ma il patema non manca quando uno dei tre paracadute di cui è munita la capsula Endeavour non si apre: Apollo 14 ammara a velocità sostenuta, ma gli astronauti se la cavano senza un graffio. Con Scott a bordo, evidentemente, bisogna stare sempre attenti agli scherzi del destino.

Mosca piange gli eroi del cosmo

"Le nostre ore stellari non sono un moto perpetuo. Si fermano. Devono fermarsi a un certo punto, che il diavolo le porti", scrive Vladislav Volkov poche settimane prima di partire per lo spazio a bordo della Sojuz 11. Cupe parole per un triste presagio quelle di questo ingegnere moscovita nato il 23 novembre del '35. Insieme a lui si levano da terra il 6 giugno 1971 Gheorghi Dobrovolski, comandante della missione, e il collaudatore Victor Pazaiev. Il comandante ha festeggiato i suoi 43 anni giusto cinque giorni prima e scherza con Pazaiev, anche lui nato in giugno, il 19, sull'oroscopo del loro segno, i Gemelli. L'atmosfera è serena e rilassata nonostante la missione in programma sia piuttosto ambiziosa: agganciare la stazione orbitante Saljut 1 e traslocare al suo interno per tre settimane. La Saljut 1 era stata messa in orbita il 19 aprile dello stesso anno a compimento di una politica spaziale, più volte rimarcata dai vertici dell'URSS, che aveva posto come primo obiettivo non la Luna ma la costruzione di stazioni orbitanti. Breznev aveva detto al riguardo:

> Consideriamo la creazione di stazioni orbitanti permanenti, visitate periodicamente da nuovi equipaggi, la strada maestra per lo spazio.

La conquista dello spazio, dunque, passava per la costruzione di queste case tra le stelle. Ma come stava succedendo al programma lunare, sul quale le autorità sovietiche glissavano su ogni dettaglio – sebbene i satelliti spia americani avessero individuato il nuovo razzo sovietico N-1 destinato, almeno sulla carta, a portare una Sojuz sulla Luna – anche il progetto legato alle stazioni orbitanti era lacerato dalle solite feroci diatribe interne. Anche stavolta c'erano fazioni contrapposte che perseguivano ognuna i propri obiettivi: da una parte il programma civile di Korolev e dall'altra quello di Chelomenij, che, con la sua base orbitante Almaz, godeva delle simpatie dei militari, interessati a poter disporre in un futuro vicino di un simile oggetto. Il testa a testa, duro ed estenuante, vide vincitore il progetto di Korolev, anche se il progettista capo non poté vederlo realizzato. Se non altro i russi guadagnarono un certo vantaggio in questo particolare campo rispetto agli americani, impegnati a far sbarcare equipaggi sulla Luna. Per perfezionare tutte le manovre di avvicinamento e aggancio si procedette con i lanci di navicelle Sojuz. Tra l'11 e il 13 ottobre 1969 erano partite la numero 6, 7 e 8 per realizzare un volo cosmico in formazione. Il 1° giugno del 1970, Andrian Nikolaiev e Vitali Sevastianov a bordo della Sojuz 9 batterono il record di permanenza nello spazio appartenuto all'equipaggio della Gemini 7, portando a termine 268 orbite per un totale di quasi 425 ore di volo spaziale. Durante il loro soggiorno, i due cosmonauti beneficiarono di un collegamento televisivo che permise loro di vedere le partite di calcio della Coppa del Mondo in Messico, il torneo della storica partita Italia-Germania 4 a 3 e del Brasile di Pelé, Gerson e Jairzinho che in finale rifilò all'esausta Italia quattro gol.

A dimostrazione del fatto che la Russia non aveva dimenticato la Luna, fedele a un programma di esplorazione automatica che aveva dato in anni passati risultati notevoli, il 12 settembre 1970 era partita la sonda Lunik 16 che riuscì laddove aveva fallito la numero 15, ossia prelevare campioni di suolo lunare e riportarli a terra; ancor più spettacolare fu Lunik 17 che, sbarcata il 10 ottobre, liberò il modulo di esplorazione Lunokhod, il primo veicolo robotizzato in grado di muoversi con le sue otto ruote tra le dune e i sassi del nostro satellite. Il nonno dei moderni rover da esplorazione utilizzati su Marte, controllato e guidato da terra mediante un collegamento radio e video, operò per dieci mesi, coprendo una distanza totale di oltre dieci chilometri e inviò a terra immagini e riprese del suolo lunare.

Questi avvenimenti avevano aperto la strada al lancio della Saljut 1, la prima stazione orbitante della storia "probabilmente di forma cilindrica", come scrive Gatland nel suo *Frontiere dello spazio* (1973), lunga venti metri, dal peso di venticinque tonnellate, munita di quattro grandi ali ricoperte di pannelli solari.

La prima navetta ad agganciare la Saljut, senza che fosse portato a termine il trasbordo dell'equipaggio, era stata la Sojuz 10, partita il 23 aprile del 1971. La missione era terminata piuttosto velocemente tanto che in occidente il fatto aveva destato qualche sospetto sul reale andamento del volo. Si riteneva che la Saljut 1 avesse avuto qualche problema di rotta, tale da rendere necessario un intervento esterno per rialzare l'orbita, ma soprattutto, che uno dei membri dell'equipaggio della Sojuz avesse sofferto di mal di spazio in maniera così accentuata da interrompere la missione per un tempestivo rientro a terra. Rientro complicato che per poco non fece finire la navetta dentro un lago.

Il conto alla rovescia per il volo della Sojuz di Volkov ha inizio un mese e mezzo dopo le tribolate vicende della Sojuz 10. Missione, come detto, di gran lunga superiore alle altre. L'avvio è promettente e sia l'avvicinamento sia la delicata manovra di attracco, eseguita manualmente negli ultimi duecento metri da Dobrovolski, si svolgono senza difficoltà rilevanti. I tre cosmonauti possono trasferirsi a bordo della stazione orbitante e dare inizio al loro lungo soggiorno. Il primo compito è quello di alzare l'orbita della Saljut, in modo da garantire alla stazione una vita operativa più lunga, poi si può iniziare ad abitare la casa delle stelle. I cosmonauti coltivano un piccolo orto, fanno ginnastica, compiono esperimenti scientifici e numerose osservazioni del cielo stellato utilizzando l'osservatorio Orion montato a bordo. Così per ventiquattro giorni, fino a quando, il 29 giugno, Dobrovolski, Volkov e Patsaiev abbandonano la loro casa tra le stelle "grossa, comoda e confortevole", per riprendere posto all'interno della Sojuz e far rotta verso terra.

I segnali radio, criptati e in chiaro, captati dall'Osservatorio

Tutta la verità sulla Sojuz promette *Epoca* del 13 luglio 1971. All'interno uno degli articoli ripercorre le difficoltà incontrate dagli astronauti nel loro viaggiare per lo spazio: i problemi di Titov, la terribile fine di Komarov e dei tre dell'Apollo 1, lo sfinimento dei cosmonauti della Sojuz 9, il dramma a lieto fine dell'Apollo 13

di Bochum, diretto da Heinz Kaminski, rivelano la posizione della navetta, il funzionamento delle apparecchiature e lo stato di salute dei cosmonauti. Tutto pare entro i parametri. Poi silenzio. Ma è normale, al rientro in atmosfera la navetta per qualche minuto non può comunicare. Non è normale che il silenzio perduri indefinitamente fino all'atterraggio. "Quando i medici hanno aperto il portello, i tre cosmonauti erano ancora ai loro posti, legati ai seggiolini...", scrive la Tass nell'annunciare una tragedia. "Atterraggio perfetto", commenta da Mosca il professor Belotsekovski, "ma la Sojuz era una bara".

I tre cosmonauti sono morti. La nazione è sconvolta e quando la notizia si diffonde, da tutto il mondo giungono messaggi di solidarietà. Anche il nostro presidente Saragat si associa al cordoglio per il lutto che ha colpito la cosmonautica sovietica. Le loro salme vengono esposte nella camera ardente della Casa dell'Esercito e ogni giorno migliaia di cittadini sovietici si fermano per dare l'ultimo sofferto saluto ai coraggiosi figli della Russia. Il 2 luglio la Piazza Rossa accoglie i feretri dei tre sfortunati viaggiatori dello spazio. Centinaia di corone portate da civili e militari in fila per cinque aprono il corteo funebre che attraversa la piazza. Dietro, le massime autorità del Komsomol, delle fabbriche e dell'esercito sfilano raccolte. Dopo la marcia funebre intonata dalla banda dell'esercito, cala su tutta la Piazza Rossa un profondo silenzio. La cerimonia è aperta dalle parole di Keldysh, presidente dell'Accademia delle Scienze, e mai intervento è sembrato più freddo e inutile. Così scrive Andrew Johnson da Mosca:

> Keldysh ha ricordato che i veicoli spaziali del tipo Sojuz erano stati usati con successo molte altre volte e che soltanto un fatto inatteso ha concluso tragicamente la missione di Gheorghi Dobrovolski, di Victor Pazaiev e di Vladislav Volkov.

Poi la parola passa ad altri e il gelo lascia posto alla commozione vera; tocca a Vladimir Scialatov, comandante della Sojuz 10, parlare dei colleghi scomparsi, cui seguono le parole di un operaio delle officine Proletario Rosso, e via di questo passo. La partecipazione della folla, così lontana dalla disumana propaganda dei vertici, è straordinaria. Scrive ancora Johnson:

Non abbiamo mai visto tanto dolore, e non sappiamo descriverlo, tanto meno pensando che queste parole verranno lette in Occidente. Anche il dolore ha una dimensione diversa, qui. Forse è più profondo. Forse non ha la violenza disperata del dolore occidentale, che è soprattutto rivolta, e promessa di rivincita. Si potrebbe pensare che questo voglia dire la rassegnazione, l'antica, illimitata capacità di soffrire del popolo russo.

La fede nella perfezione della tecnica, nonostante la tragedia di Komarov nel '67, così radicata nei cosmonauti come nel popolo, un po' meno nei tecnici del programma spaziale, vacilla e si perde in questa triste giornata di luglio.

Abbiamo visto uomini e donne inginocchiarsi e baciare le immagini dei tre eroi, era come un addio. A tre valorosi compagni, ma non a loro soltanto. Ogni uomo, ogni donna, ha sepolto qualcosa di suo, nella rossa muraglia del Cremlino. Qualche cosa che aveva dentro e ripagava fatiche, sofferenze, paure. E adesso sono ancora più soli e ogni passo è più pesante, sul cammino della loro speranza.

In Occidente, poiché di preciso si sa poco e come al solito si cerca di ricostruire i fatti mettendo insieme quello che si ha, la prima ipotesi che prende piede nelle versioni della stampa è quella secondo la quale i cosmonauti siano morti colpiti da infarto. Il loro fisico non ha retto allo stress del rientro, indebolito da 24 giorni di permanenza nello spazio durante i quali il cuore, e tutto l'organismo, ha dovuto adattarsi all'assenza di peso. L'hanno chiamato in diversi modi, "infarto cosmico","crisi di riadattamento", o, ancora "shock da rientro", ma la sostanza è che il cuore si è rotto nel momento in cui è tornato a pompare sangue nelle condizioni ambientali consuete, ma che, in un certo senso, "aveva dimenticato". Con il passare dei giorni l'analisi si fa più corretta e anche da Mosca iniziano a trapelare le prime versioni attendibili. Come riporta *Epoca* del 13 luglio, la più accreditata sostiene che l'equipaggio della Sojuz 11 sia morto per una embolia causata dalla depressurizzazione dell'abitacolo. I tre, privi di scafandri, con indosso solo tute di tela per non appesantire la capsula, sarebbero morti piuttosto velocemente in seguito all'apertura di una falla nella navetta durante la fase di rientro che avrebbe causato la depressurizzazione dell'abitacolo. In dieci secondi, o poco più, una violenta embolia avrebbe posto fine alla vita dei tre nello stesso momento. "È stato come sfilare dalla presa la spina di un lume", scrive Bertarelli sulle pagine di *Epoca*.

Ma se questa dovesse essere la verità, allora la strada per lo spazio può ancora essere percorsa. L'infarto cosmico, infatti, secondo l'opinione di Bertarelli,

> avrebbe bloccato a lungo, o addirittura definitivamente, l'attività spaziale con equipaggi umani, per quella sua consistenza di limite oltre il quale non si va, oltre il quale il corpo dell'uomo appare troppo debole. Una caduta di pressione è un'altra cosa, infinitamente meno "storica", tanto che sembra addirittura non lontano il volo di un'altra Sojuz e che è imminente il decollo di un'astronave Apollo. L'avventura dunque continua.

E l'avventura continua. Poco importa, alla fine, che siano stati i bulloni esplosivi, innescati per far distaccare la navetta dalla stazione spaziale, la causa della depressurizzazione. Lo spazio è ancora là. Gli americani non hanno nulla di cui preoccuparsi e l'Apollo 15 è sulle rampe di lancio già in questo angoscioso luglio del '71, mentre i russi dovranno aspettare due anni prima che la Sojuz 12, nel settembre del '73, torni nello spazio ad agganciare la Saljut 1. Nel frattempo Mishyn cade in disgrazia vittima dei suoi stessi fallimenti ed esonerato con disonore, mentre il progetto del razzo N-1 destinato a portare russi sulla Luna, definitivamente abbandonato.

Addio alla Luna

L'addio alla Luna è datato 1972. Per noi italiani è l'anno delle "streghe" che sbarcano in massa a Roma per l'otto marzo, la giornata delle donne. Succede il finimondo e la polizia carica le femministe che ostentano il cartello "tremate tremate le streghe son tornate". A maggio viene ucciso il commissario Luigi Calabresi che stava indagando sul caso Feltrinelli mentre il mondo della cultura piange la scomparsa di Ennio Flaiano e Dino Buzzati.

Nello spazio la grande cavalcata del programma Apollo, iniziato nel 1968, si appresta a chiudere i battenti. Le priorità sono cambiate, le casse dello Stato sono vuote, stremate dalla guerra nel
Vietnam e i progetti di conquistare Marte rimangono chiusi nei
sogni di von Braun ed Ernest Stuhlinger.

L'Apollo 16 parte da Cape Canaveral il 16 aprile 1972 con a
bordo il comandante John Young, veterano dello spazio con alle
spalle le missioni Gemini 3 e 10 e Apollo 10, la matricola Charles
Duke, pilota del LEM, e infine Thomas "Ken" Mattingly, l'astronauta mai partito per la missione 13 per colpa di una rosolia mai
avuta. A far compagnia al terzetto ci sono decine di milioni di
muffe, batteri e virus che gli astronauti dovranno esporre ai
raggi solari per osservarne eventuali mutazioni. Il LEM Orion
scende il 21 aprile sull'altopiano Cayley. Ha maturato ben sei ore
di ritardo a causa di un guasto al motore del modulo di discesa.
A Houston avevano pensato di sospendere la manovra di sbarco
ma alla fine, analizzando a fondo i dati, si dà via libera alla discesa. La permanenza sul satellite sale a 71 ore durante le quali vengono portate a termine tre passeggiate, viene utilizzata la jeep
lunare che copre un distanza complessiva di 30 chilometri e
completati una lunga serie di esperimenti, tra i quali l'istallazio-
ne di un piccolo osservatorio astronomico che effettua numerose riprese del cielo in ultravioletto. La missione scorre via senza
problemi, prevale l'allegria e il buonumore. Durante una pausa a
bordo del LEM, i due astronauti lasciano inavvertitamente aperto l'interruttore delle comunicazioni cosicché al centro di controllo di Houston possono ascoltare dialoghi non proprio da
educanda sui problemi intestinali e di digestione. In alto,
Mattingly, con 81 ore e 40 minuti di volo in solitaria, batte ogni
record, compiendo anche una passeggiata extra-veicolare di
un'ora e venti minuti. Il 27 aprile 1972 la capsula con i tre astronauti a bordo ammara nel Pacifico vicino all'incrociatore
Ticonderonga che, in 37 minuti, recupera gli astronauti. L'ora del-
l'ultimo viaggio è, ormai, prossima.

Passano alcuni mesi e prima che l'anno volga al termine, la
guerra fredda tra USA e URSS passa per un tavolo da gioco: il
1° settembre, a Helsinkj, lo statunitense Bobby Fisher sconfig-
ge in una serie storica il campione russo Boris Spasskij per il
titolo di campione del mondo di scacchi.

Tre mesi dopo a entrare nella storia tocca all'Apollo 17. Il 7 dicembre 1972, dalla rampa 39-A si staccano dal suolo gli astronauti Eugene Cernan, comandante della missione; Ronald Evans, pilota del Modulo di Comando "America" e Harrison Schmitt, un geologo, primo e unico scienziato a sbarcare sulla Luna. I motori del Saturn si accendono in piena notte, illuminando a giorno l'intera area di Cape Kennedy. Uno spettacolo maestoso e spettacolare, visibile anche dalla lontana Cuba, degno siparo per l'ultima missione umana sulla Luna. Una volta raggiunta la meta, gli astronauti iniziano un lavoro frenetico; Cernan e Smith esplorano la zona dei Monti Taurus, trivellano il terreno e installano misuratori di flusso termico e un gravimetro. Sul modulo orbitale, Evans scatta tremila fotografie durante le sue 75 ore di orbita solitaria ed effettua numerosi esperimenti con una sonda radar per individuare eventuali depositi di acqua ghiacciata presenti sulla Luna. Il 14 dicembre Cernan e Smith si voltano per l'ultima volta a osservare il suolo lunare prima di imbarcarsi di nuovo a bordo del LEM.

La grande, emozionante, avventura lunare termina il 19 dicembre nelle acque del Pacifico. La missione numero 17 ha battuto tutti i record: 13 giorni di durata, più di tre giorni sulla Luna, 110 chilogrammi di rocce raccolte, 35 chilometri percorsi con la jeep. Prima di abbandonare la Luna, Cernan lascia a imperitura memoria una targa:

> Qui l'uomo ha completato la sua esplorazione della Luna nel dicembre del 1972. Possa lo spirito della pace, nel nome del quale qui siamo giunti, riflettersi sulla vita di tutti gli uomini.

Gli anni della Luna

Da quel lontano giorno di dicembre del '72 nessun uomo ha più poggiato piede sulla Luna.

La targa non è l'unica cosa rimasta lassù. In poco più di dieci anni di esplorazione, tra sonde allunate, sfracellate al suolo, strumenti scientifici lasciati o abbandonati, zampe di LEM e spazzatura varia, del passaggio dell'uomo sulla Luna c'è abbondantemente traccia.

La Luna, e più in generale, l'impresa lunare ha prodotto enormi ricadute tecnologiche, non ultimo indicando la via alla miniaturizzazione dell'elettronica. Geologia, astronomia, biologia e fisiologia umana hanno beneficiato dei risultati delle esplorazioni spaziali e, da un punto di vista puramente tecnico, dalla corsa allo spazio sono nati quasi 200 mila brevetti. Già l'indomani lo sbarco di Armstrong e Aldrin, i giornalisti sottolinearono l'apporto al progresso delle scienze che la conquista della Luna garantiva; altrimenti, all'inizio degli anni Settanta, sarebbe stato difficile accettare che tutto quello era servito per battere la Russia o per permettere a due uomini una passeggiata al chiar di Luna da 25 miliardi di dollari. La NASA si affrettò a stilare un documento nel quale si evidenziavano 2.570 "cose utili" per l'uomo: dalle previsioni meteorologiche alla vernice spalmata sui tegami per non far attaccare le uova; dalle telecomunicazioni, alla scialuppa di salvataggio che non si ribalta qualunque sia la condizione del mare; dagli adesivi di "incredibile tenacia", ai sistemi di guida automatica per gli aerei. Dunque, alla fine, andar sulla Luna è stato un affare.

E di lei ormai sappiamo tutto. Tranne una cosa. Non sappiamo perché sta lì. Presumibilmente ci guarda con il suo volto sempre uguale da quando la Terra si è formata, 4,5 miliardi di anni fa, ma nonostante secoli che la osserviamo e la studiamo non sappiamo con certezza come è arrivata a essere il nostro unico satellite.

Tre o quattro ipotesi scientifiche non bastano a dirci la verità sulla silenziosa Luna che, in cielo, rischiara la notte degli amanti e dei poeti, degli scienziati e dei sognatori. Sarà per questo che è ancor più bella.

I protagonisti

Serghiei Pavlovich Korolev

In quei giorni così felici per me, conoscemmo finalmente l'uomo che qui chiamerò il "progettista capo" della nave cosmica. Con le sue larghe spalle, quest'uomo allegro e spiritoso, tipicamente russo nel fisico e nel nome conquistò subito la nostra simpatia.

Così scrive Yuri Gagarin nella sua memoria, *La via del cosmo*, a proposito dell'uomo del mistero della cosmonautica russa. Il progettista capo non ha un nome. Al tempo della corsa allo spazio, in piena Guerra Fredda, le autorità sovietiche sono ossessionate dalla segretezza. L'artefice del programma spaziale sovietico è un essere misterioso. Non appare in alcun rapporto ufficiale, in nessuna relazione: per lui solo uno pseudonimo, K. Serghieiev. Uomo basso, tarchiato, testa massiccia e ben squadrata, il progettista capo ha un carattere forte, determinato, energico ma, come ricorda Gagarin, sa essere cordiale e spiritoso anche se una mascella malridotta gli impedisce di ridere pienamente. Cinico e pessimista, al contempo sa entusiasmare i collaboratori e mediare le pretese dei militari per assecondare il suo desiderio: volare nello spazio.

Serghiei nasce in Ucraina il 12 gennaio 1907. Dopo tre anni, i genitori si separano a causa di problemi finanziari. La passione per il volo si manifesta presto. Forse inizia guardando un'esibizione acrobatica nel 1913, quando ancora pilotare aeroplani è roba da pionieri con qualche rotella fuori posto. Studia da autodidatta la teoria del volo e progetta i primi prototipi di aereo nel club aviatorio di Odessa. Per seguire la sua passione si iscrive

Gli anni della luna

all'Istituto Politecnico di Kiev. Spostatosi a Mosca, alla Scuola di Scienza e ingegneria, perfeziona i suoi studi sotto la guida di Andrei Tupolev che alcuni anni dopo progetterà un aviogetto simile al *Concorde*.

Gli anni Trenta sono fondamentali per forgiare il futuro capo della Città delle Stelle. Anni in cui lo studio della propulsione a razzo compie passi fondamentali, portati avanti da giovani entusiasti. In Russia viene fondato il Comitato centrale per lo studio della propulsione a razzo (Gird), in Germania nasce la Società per il viaggio nello spazio (VfR, Verein fuer Raumschiffhart) nelle cui fila spicca un giovanissimo Wernher von Braun, negli Stati Uniti, Robert Goddard è il primo al mondo che riesce a far volare un razzo a combustibile liquido. Come capita ai colleghi tedeschi della VfR, anche il Gird, nelle cui fila milita Serghiei, entra presto nella grazie dei militari. Il gruppo viene assorbito e rinominato RNII (Istituto per le ricerche scientifiche sulla propulsione a reazione). Non dura molto. Le purghe staliniane non fanno eccezioni. Denunciato dal collega Valentin Glushko, esperto di motori a reazione, a sua volta arrestato, Korolev è costretto a confessare inesistenti atti di eversione. Viene condannato a dieci anni di lavori forzati presso le miniere d'oro di Kolyna, in Siberia, che raggiunge dopo uno spostamento lungo e massacrante con la Transiberiana. Sono mesi di terribile prigionia. Poi Stalin ci ripensa, capendo che per combattere Hitler ha bisogno delle intelligenze migliori. Grazie all'intervento del vecchio maestro Tupolev, il giovane ingegnere può essere accolto in una *sharashkas*, una sorta di fattoria dove vengono raggruppati scienziati e tecnici. La libertà è ancora un miraggio ma almeno si può contare su pasti caldi e condizioni di vita migliori. Sul finire della guerra, la sua riabilitazione è quasi completa. Sotto scorta, viene spedito a Berlino a rovistare tra le macerie per recuperare materiale sui missili tedeschi. Come pure rastrellare gli scienziati per portarli in Russia. Almeno quelli rimasti. Il gruppo migliore, capeggiato da von Braun è già oltreoceano alla corte degli americani. Messo a capo del centro NI-88, Korolev raggruppa scienziati tedeschi e russi per lavorare sui resti delle V-2. La collaborazione obbligata, e a tratti mal sopportata con Glushko, porta comunque a risultati tangibili.

Con l'avvento al potere di Nikita Kruscev, Korolev rafforza la sua posizione. I due vanno d'accordo e, nell'anno in cui il leader sovietico denuncia agli attoniti partecipanti al ventesimo congresso del *Pcus* gli orrori del regime di Stalin, Korolev può disporre di una industria segreta nella città di Kaliningrad, conosciuta con il nome in codice di OKB-1. Ma c'è uno scotto da pagare. Il governo sovietico impone il segreto più assoluto. Serghiei Korolev scompare lasciando il posto al "progettista capo". Il suo programma spaziale è ben definito e cerca di promuoverlo senza risparmiarsi mai. Senza troppo entusiasmo, i vertici alla fine danno il loro assenso, purché il progettista capo dia loro un missile balistico. Dunque Korolev sviluppa il razzo R-7 in grado di mettere in orbita 300 kg di strumentazione scientifica. O una testata nucleare, come quella messa a punto dal futuro dissidente Andreij Sacharov. Di fatto, agli inizi del '57, Korolev, preoccupato dell'attività degli americani sulle cui file milita un asso come von Braun, cerca di serrare i tempi e di forzare la mano al Consiglio dei Ministri. Sette mesi dopo, nell'ottobre del 1957, un R-7 mette in orbita lo Sputnik. Poi tocca a Laika. L'America si risveglia in preda agli incubi atomici. Che poi l'R-7 sia un pessimo missile balistico è tutta un'altra faccenda. Lento da rifornire, pericoloso da gestire, necessita di una versione più raffinata se vuole essere davvero utile ai militari per i loro giochi di guerra. Così, mentre progetta la capsula Vostok per il primo gruppo di cosmonauti, deve tenere a bada le sempre più pesanti ingerenze del partito e dei militari, che degli esperimenti scientifici non sanno che farsene e vogliono missili balistici. Poi deve arginare i tecnici rivali, meglio in linea con certe aspettative e ben ammanicati con i militari, come Mikail Yangel e Vladimir Chelomenij. Ci si mette pure l'odiato Glusko che si rifiuta di progettare un nuovo e più potente propulsore.

Il programma spaziale di Korolev, che comprende anche la realizzazione di un grosso razzo per portare uomini sulla Luna e di una stazione spaziale, è ricco di idee. Sono i finanziamenti a mancare, insieme a una linea di condotta unica. Invece ognuno va per la propria strada, sperperando risorse, facendo conto su appoggi più o meno influenti. Nulla a che vedere con i milioni di dollari di cui può disporre von Braun dall'altra parte del mondo. Nonostante tutto, i primati conseguiti dai russi grazie a Korolev si susseguono. Pur tra mille pericoli i cosmonauti sovietici volteggiano nello spazio a bordo delle capsule Vostok e Voskhod, le sonde toccano e fotografano la Luna. Nelle trionfali foto di regime lui c'è, defilato e senza nome.

Quando la commissione del Premio Nobel chiede a Mosca chi sia l'artefice dei successi russi, Krushev risponde: "Non possiamo indicare una sola persona, è tutto il popolo sovietico che sta costruendo la nuova tecnologia".

Ma la situazione all'interno del programma sovietico peggiora di giorno in giorno. Quando Kruscev viene deposto, travolto da quelle impopolari riforme agrarie che gli avevano fatto promettere mari e monti, al suo posto subentra Leonid Breznev, uno che vuol far tornare l'URSS ai tempi di Stalin. Korolev continua per la sua via ma le cicatrici che si porta dietro tornano a bruciare. Nel gennaio del 1966, il progettista capo viene ricoverato all'ospedale del Cremlino. Due giorni prima di un'operazione, nel congedarsi dal gruppo, si ferma a parlare con i suoi due cosmonauti preferiti, Gagarin e Leonov. Il vecchio orso si confida e racconta la sua storia. La storia di un uomo martoriato dall'esperienza del gulag. Il suo corpo, minato da un tumore non diagnosticato all'intestino, porta i segni della disumana detenzione. I pestaggi, le botte, il freddo. Una mascella rotta, la testa impossibilitata a girare sul collo. I controlli, la mancanza di libertà. La Russia di Stalin si svela nei ricordi di Korolev, quella Russia che Breznev sta richiamando a gran voce. La corsa allo spazio, con i suoi ritmi forsennati, la ricerca del primato e del successo a ogni costo gli hanno dato il colpo di grazia. L'operazione va male. Korolev è troppo debole, un'emorragia interna spegne per sempre il cuore del progettista capo. Lo seppelliranno nelle possenti mura del Cremlino, dietro il mausoleo di Lenin, sotto gli occhi della trojka che governa il paese, Breznev, Kossighin e Podgornyi. Solo da questo momento tornerà ad avere un nome. Gli dedicheranno piazze e vie, anche una città, Korolyov; un cratere sulla Luna e uno su Marte portano il suo nome.

Nel centenario della sua nascita Putin ha ordinato che il missile Progress M-19 fosse battezzato con il nome del progettista capo. Un regista, Yuri Kara nella primavera del 2008 ha in programma di terminare un film dedicato al grande artefice dell'impresa spaziale russa, al *Glavnyj Konstruktor Serghiei Korolev*.

Wernher Von Braun

Il giovane Wernher, figlio del barone Freiherr Magnus von Braun e di Emmy von Quistorp, diretta discendente di Valdemar I di Danimarca (1131-1182), è un adolescente poco incline allo studio. Ha di meglio da fare lui che dedicarsi alla matematica. Adora rinchiudersi nel garage del padre per costruire automobili e a tredici anni applica sei razzi per fuochi d'artificio a un trabiccolo che fa scorrazzare come una cometa per le vie della città. Un giorno si trova di fronte un libro dal titolo curioso *Die Rakete zu den Planetenräumen* (*Il razzo nello spazio interplanetario*) scritto da un certo Hermann Oberth. Chiede alla maestra come può capire cosa quell'uomo stesse dicendo. Con la matematica e la fisica, risponde lei. La vita del giovane Wernher cambia in quel momento.

Inizia la storia dell'uomo destinato a portare tre americani sulla Luna. Un uomo dalla doppia vita: quella di Wernher Magnus Maximilian von Braun nato il 23 marzo del 1912 a Wirsitz nella Germania Orientale, di nobili origini prussiane, e quella del Wernher von Braun, statunitense dal 1955, nato nello stesso giorno in cui scompare l'altra, il 2 maggio 1945. Due vite differenti, a tratti misteriosa e sconosciuta la prima, leggendaria e pubblica la seconda, accomunate da un unico grande sogno: lo spazio.

Wernher Magnus Maximilian, secondo di tre fratelli, dopo i primi studi entra alla Technische Hochschule di Berlino nel 1930. Appassionato di razzi, viene presto a contatto con la persona che per primo, con quello strano libro, gli aveva aperto gli occhi, Hermann Oberth.

Oberth, Karl Riedel e Willy Ley avevano fondato nel 1927 la VfR, Società per i viaggi nello spazio. Una volta venuto in contatto con il vulcanico gruppo, anche Wernher entra a far parte della società. Verso la metà del 1931, gli esperimenti iniziano a dare gli esiti sperati e con il razzo Repulsor vengono raggiunti i sessanta metri d'altezza. Pare poca roba ma le voci che circolano a proposito di quel gruppo iniziano a essere molte. L'esercito si interessa agli esperimenti eseguiti dal gruppo e, nella persona di Karl Becker, assiste a una prova della VfR. Von Braun impressiona Becker che gli propone di entrare nell'esercito. Il primo novembre 1932, a venti anni, Wernher von Braun firma un contratto con l'esercito e si sposta a Kummersdorf. Due anni più tardi la VfR chiude i battenti per bancarotta. Von Braun dopo essersi diplomato nel '32 in ingegneria meccanica, ottiene il dottorato di ricerca in ingegneria aerospaziale, sempre presso l'università di Berlino. La tesi è classificata come "oggetto strategico segreto" e non viene pubblicata.

Intorno a von Braun si raduna un gruppo che conta diverse decine di tecnici e scienziati. Per sviluppare il potente razzo A-3 c'è bisogno di una base grande. Nel 1937 il gruppo si sposta nel Mar Baltico, vicino alla foce del fiume Peene. Nasce la base di Peenemünde. Ben presto le dimensioni della base crescono: una centrale elettrica, un impianto per la produzione di ossigeno e idrogeno, gallerie del vento, caserme militari, rampe di lancio e una fabbrica di razzi. A queste strutture si aggiunge un campo di prigionia, riserva di indispensabile manodopera. Con il protrarsi della guerra, il campo di prigionia si trasforma in un campo di concentramento vero e proprio. Nell'autunno del 1942, il centro sforna i primi V-2. Commenta Dornberger, il capitano ai cui ordini attende von Braun:

> Abbiamo invaso lo spazio con i nostri razzi e, per la prima volta, abbiamo usato lo spazio come ponte tra due punti della Terra. Abbiamo dimostrato che la propulsione a razzo è praticabile per i viaggi spaziali.

Ma per il famigerato Goebbels, Ministro della propaganda del Terzo Reich, si pensa troppo alla fantascienza e troppo poco alle armi. Von Braun viene accusato di scarso attaccamento alla causa nazista e rischia il carcere. Ma è fortunato. Per intervento diretto del ministro degli armamenti Albert Speer, l'accusa cade e Wernher viene scagionato. L'otto settembre 1944, un razzo V-2 colpisce per la prima volta una città, Parigi. Poche ore dopo tocca a Londra subire stessa sorte.

Ma i destini della guerra non mutano. La Germania è alla stremo. Peenemünde è circondata. Da una parte i russi, dall'altra parte gli americani: occorre decidere da che parte andare. Il 2 maggio 1945, un folto gruppo di tecnici e scienziati, tra i quali Wernher con il fratello minore Magnus e Dornberger, si consegnano nelle mani della 44ª divisione di fanteria americana. Il 1° ottobre 1945 parte l'*Operazione Paperclip*: le migliori menti al servizio del Reich vengono trasferite in suolo americano. La vita del primo von Braun termina qui. Agli inizi del '46 gli americani sono già in grado di lanciare dal loro territorio le prime V-2 di fabbricazione tedesca.

La vita privata di von Braun nel corso degli anni Cinquanta muta radicalmente; diviene un personaggio pubblico notissimo. Si guadagna la copertina di *Time*, scorrazza in lungo e in largo a divulgare le sue teorie sulla conquista dello spazio, scrive una serie di articoli di grandissimo successo, tra i quali quelli apparsi sulla rivista *Collier's*. Pubblica libri che vanno a ruba, come *Across the space Frontier, Conquest of the Moon, Mars*.

Intanto, presso il Redstone Arsenal a Huntsville, l'esercito fonda l'*Army Ballistic Missile Agency*. Attorno a von Braun cresce un affiatato gruppo di amici e scienziati, la *"Huntsville gang"*, animati dal vecchio e mai sopito desiderio di costruire razzi per le stelle. Il primo concreto risultato è il razzo Redstone. Tre anni più tardi nel '56, von Braun, cittadino americano da un anno, è pronto a lanciare l'evoluzione multistadio del Redstone, lo Jupiter C, in grado di mettere in orbita un satellite. La faida interna tra marina ed esercito rallenta i suoi piani. I servizi segreti sabotano lo Jupiter e l'esperimento fallisce. I russi, sulla cui attività si conosce ben poco, ne approfittano e lanciano lo Sputnik. L'ora della svolta capita in seguito all'ennesimo fiasco del razzo della Marina, il Vanguard, e ad Eisenhower non rimane altro che dar carta bianca a von Braun.

Il 31 ottobre 1958 il gruppo coglie il primo grande successo con la messa in orbita dell'Explorer 1. È l'inizio della rincorsa statunitense. Seppur lentamente, von Braun inizia a contare su finanziamenti enormi. La creatura del tedesco che costruiva bombe volanti per Hitler prende forma: il razzo Saturn. Sono anni di lavoro estenuante. Ma alla fine il Saturn V e la navetta Apollo sono pronti.

Dopo lo sbarco sulla Luna, la fama di von Braun è planetaria. Nel 1970 diventa *Deputy associate administrator* della NASA e si trasferisce a Washington. In questo periodo von Braun intraprende una serie di viaggi in giro per il mondo, da Occidente a Oriente, e dedica molto tempo alla divulgazione delle scienze astronautiche. A metà degli anni Settanta il vecchio amico Walt Disney, con il quale aveva collaborato una ventina di anni prima, lo chiama per aiutarlo a progettare *Tomorrowland*, la sezione dedicata al futuro del nuovo parco divertimenti sorto vicino a Cape Canaveral, ex Cape Kennedy. L'ambiente della NASA, però, è, ormai, cambiato. Von Braun non è più il "dio" che ha permesso il grande balzo; non gode più dei favori dell'amministrazione e le sue visioni spaziali, la conquista di Marte e delle stelle cozzano con altre priorità. Per alcuni un ex soldato di Hitler nelle più alte sfere amministrative è ancora una presenza ingombrante. L'FBI torna a indagare sul suo passato e lo mette sotto sorveglianza. Dichiara von Braun ai tempi della consulenza per Disney:

Non mi piace essere trattato come una spia [...] non posso neanche andare al bagno senza che l'FBI mi venga dietro.

Nel 1972 lascia la NASA per "incompatibilità di ideali". Vi ritorna tre anni più tardi, al Kennedy Space Center, in un'occasione storica: il rendez-vous spaziale tra l'equipaggio statunitense della navetta Apollo e i russi della Sojuz. Saluta per l'ultima volta il suo giocattolo, il Saturn 1b, con le parole di sempre: "Go baby go". Dopo aver fondato il *National Space Istitute* e supervisionato il progetto *SkyLab* messo in orbita nel '75, muore il 16 giugno del 1977 ad Alexandria, in Virginia, per un tumore allo stomaco.

Nello stesso anno in cui von Braun coronava il suo sogno lunare, alcuni giudici della Repubblica Federale Tedesca avevano riaperto il caso legato al campo di prigionia di Peenemünde. Von Braun si scagionò da tutte le colpe, dichiarandosi innocente e all'oscuro di tutto. "Non vidi mai un cadavere, né assistetti a maltrattamenti o uccisioni" ha dichiarato l'uomo che ha portato gli americani sulla Luna.

Yuri Gagarin

Il primo uomo lanciato nello spazio viene alla luce il 19 marzo 1934, secondo figlio di Alexej Ivanovich, un falegname, e di Anna Timofeyevna, domestica senza grande istruzione ma appassionata lettrice. La famiglia è numerosa e vivace; c'è il primogenito Valentin, nato nel 1924, la sorella Zoya, nata nel 1927 e il piccolo Boris, nato nel 1936. La vita nel villaggio di Klushino trascorre tranquilla e a Yuri viene impartita un'educazione secondo solidi principi: rispetto, istruzione, onestà, lavoro. Poi, un giorno, arriva la guerra e con essa gli uomini sulle macchine volanti. Uno di loro, abbattuto dai tedeschi, trascorre la notte nel villaggio di Yuri, che non lo molla un secondo. Il pilota riparte il giorno dopo e al suo posto giungono le armate con la croce uncinata. La vita si fa dura e bisogna resistere, sopravvivere come meglio si può, e quando i tedeschi malconci si ritirano si portano via Valentin e Zoya. Fortuna vuole che riescano a fuggire dal campo di concentramento tedesco, per ritrovarsi nelle fila dell'esercito russo.

I Gagarin si trasferiscono a Gzhatsk e Yuri inizia a farsi valere a scuola, dove eccelle in matematica. Vuole diventare un meccanico specializzato. Dopo il diploma si iscrive alla Scuola Tecnica di Saratov (1951). Studia con impegno, si applica nelle attività pratiche svolte nelle grandi industrie di Mosca e Leningrado e non trascura il cinema e la lettura. Scrive nel suo libro del 1961 *La via per il cosmo*:

> Leggevo molto per recuperare il tempo perduto nella mia infanzia, e come tutti, ero affascinato da Giulio Verne, Conan Doyle e Herbert Wells.

All'inizio del 1955, Yuri prende una decisione destinata a mutare il corso della sua vita. Si iscrive a una scuola serale di volo presso il locale circolo amatoriale.

"Solo la musica", dirà in seguito, "avrebbe potuto dare espressione alla mia gioia per il volo". Divenuto piuttosto abile con gli aerei, decide di entrare a far parte dell'aviazione sovietica. Nell'autunno del 1955 parte per una nuova destinazione, Orenburg, dove impara a pilotare aerei a reazione. A lui, però, non basta essere un bravo pilota, vuole diventare un pilota ingegnere, "come quelli che collaudano i nuovi aerei". Nel gennaio dell'anno successivo il cadetto Yuri Gagarin presta giuramento al Popolo al Partito Comunista e allo Stato.

Mentre la passione per i gli aerei cresce, Yuri si innamora. Si chiama Valentina Gorjacheva. Ama il teatro, la lettura e il pattinaggio e rispecchia tutti i valori familiari e morali che hanno fatto crescere Yuri. Il 1957 è un anno importante. Yuri supera gli esami finali della scuola di aviazione ottenendo un attestato con encomio; Valya accetta la sua proposta di matrimonio e l'Unione Sovietica lancia lo Sputnik 1. Il richiamo dello spazio è forte e la grande impresa del satellite sovietico spinge Yuri a proseguire gli studi con rinnovato ardore:

> Ciascuno di noi cercava di disegnare il futuro vascello cosmico immaginandolo ora come un razzo ora come una sfera, ora come un disco o una losanga. Poi completava il disegno con annotazioni scovate nella letteratura di fantascienza [...] Sentivo di nuovo, nel mio subconscio, un tormento quasi doloroso: era il richiamo del cosmo, che non volevo confessare nemmeno a me stesso?

Intanto una nuova tappa si defila: una base militare al nord, 300 chilometri oltre il Circolo Polare Artico. Per Valya è un mezzo incubo. Quel posto con il suo clima orribile è difficile da apprezzare.

Mentre Yuri continua il suo addestramento, la corsa allo spazio non conosce soste. Così, anche nella lontana regione del circolo polare arrivano gli uomini del governo per selezionare alcuni aviatori per future, e ancora ignote, missioni. Yuri è tra questi. Viene spedito a Mosca, dove lo sottopongono a prove estremamente selettive: test attitudinali, esercizi, esami psicofisici, problemi di matematica da risolvere. La seconda selezione è ancora più dura della prima e dei 2200 candidati iniziali ne vengono scelti alla fine solo venti. Yuri, che ha tenuto nascosto a Valya i motivi dei suoi viaggi a Mosca, sa ormai per cosa lo stanno preparando. Raddoppia quindi gli sforzi:

> Per il cosmo ci volevano uomini dal cuore ardente, dallo spirito vivace, dai nervi saldi, dalla volontà di ferro, dal morale alto e dall'umore inalterabile.

È a questo punto che conosce il responsabile del programma spaziale sovietico, Serghiei Korolev. Il 25 gennaio 1961 Gagarin apprende che il suo nome è tra i sei che si sarebbero giocati il primo volo di un uomo verso lo spazio. Poco dopo, il 7 marzo, nasce la seconda figlia, Galya – la primogenita Melena Lenochka era nata nel '59.

Quando il programma dei voli preliminari con animali a bordo ha termine, la Commissione per la nomina del primo cosmonauta sovietico decide: Gagarin è la prima scelta, Titov la riserva e Nelyubov la riserva della riserva.

Il giorno fissato per lo storico volo è il 12 aprile. Durante il tragitto che porta Yuri alla rampa di lancio, l'emozione lo costringe a una sosta non programmata e il mezzo sul quale viaggia si ferma per permettere a Yuri di fare un "bisognino". Lo stop inatteso inaugurerà tra i cosmonauti russi una ferrea tradizione che dura ancora oggi: una fermata per far pipì prima del lancio.

Il momento tanto atteso, e così fortemente voluto, è giunto. Alle 8.51 viene impartito il comando di lancio. "Si va!!", urla Yuri e il razzo si leva da terra. Dopo 9 minuti dal lancio, la Vostok 1 entra in orbita terrestre. "Mi sento bene, il volo procede regolare [...]. La Terrà è azzurra. Vedo le nuvole. È bellissimo". Il volo di Gagarin ha una durata piuttosto breve, 108 minuti. Durante la fase del rientro i problemi non mancano: la navetta perde l'assetto, lo scudo termico rischia di sbriciolarsi e la capsula compie vorticose rotazioni intorno a sé stessa. A settemila metri il portellone si apre e Gagarin viene espulso fuori. A 4000 si separa dal sedile e si apre un grande paracadute. Poco dopo, vivo e tutto intero, viene abbracciato da Anna Taktarova, contadina della Grande Russia.

Gli uomini del regime lo prelevano immediatamente e lo portano a Kuibishev, oggi Samara. I familiari devono aspettare il 14 aprile per vedere il figlio, quando Yuri fa il suo ingresso trionfale a Mosca. Viene nominato Eroe dell'Unione Sovietica e ambasciatore di pace tra USA e URSS. Inizia, così, una nuova fase nella vita di Yuri, sballottato in lungo e in largo per un tour mondiale fatto di incontri e conferenze in ogni angolo della Terra. Il Partito, però, lo costringe a mentire su alcuni punti della missione: deve dichiarare che il volo è stato perfetto e che ha toccato terra dentro la capsula. Ma essere una leggenda vivente, spiata e controllata in ogni momento della propria vita, è un fardello pesante da sopportare. Yuri cambia. In un'occasione, annebbiato dai fumi dell'alcol e fin troppo interessato alle grazie di una infermiera, si procura un trauma cranico e un taglio alla testa. Per Krushev che vuole promuovere un'immagine più distesa della Russia, e dei suoi uomini migliori, quell'incidente è una bella grana che intende risolvere senza troppi indugi. Yuri viene rimesso in sesto e la crisi familiare arginata tra le mura domestiche.

Ma il disagio di Yuri nei confronti della alte gerarchie sovietiche, le quali invece di fare gli interessi del popolo pensano solo ai propri, è meno facile da contenere e cresce con il tempo che passa.

Nel 1963 riprende a studiare. Le nuove leve dei cosmonauti sono fin troppo agguerrite. Approda un anno dopo alla prestigiosa Accademia Zukovskij di Mosca, dove discute una tesi che prende in considerazione l'ipotesi di utilizzare una navetta dotata di ali per il rientro sulla terra.

Le cose peggiorano con l'avvento di Breznev. E la morte di Korolev. Le confessioni del progettista capo sul regime sovietico colpiscono profondamente Yuri. Decide di tornare nello spazio per lasciare le ceneri di Korolev alle profondità del cosmo. Si fa nominare sostituto cosmonauta per l'imminente missione Sojuz 1, destinata a Vladimir Komarov. Una missione che è una tragedia annunciata. Invano lui e altri colleghi redigono un documento di dieci pagine atto a evidenziare le carenze della navetta Sojuz. Si cerca di annullare il lancio ma non c'è nulla da fare. La Sojuz 1 parte lo stesso nell'aprile del 1967 e Komarov muore. Yuri è sconvolto. Anche l'ambiente della Città delle Stelle è divenuto insostenibile. I nuovi cosmonauti sono l'espressione più arrivista e spietata del regime. L'eroe della Russia viene emarginato. Osannato dal mondo, osteggiato e accantonato dal Partito che lo considera ormai un peso.

Yuri, per nulla arreso, si rivolge a un istruttore esperto, Vladimir Serugin, per tornare a volare sui caccia. La scelta gli costa la vita. Un giorno di marzo del 1968, mentre Valya è ricoverata in ospedale, Gagarin e Serugin prendono il volo a bordo di un MiG 15. La tragedia arriva inaspettata. L'aereo si schianta al suolo uccidendo sul colpo i due piloti. Le autorità sovietiche si affrettano a dire che Gagarin ha perduto la vita in un banale incidente aereo, ma non ha tutti pare una descrizione credibile.

A questa versione si affianca presto quella che vede Gagarin compiere un gesto eroico prima di sacrificare la propria vita; ecco come riportano i presunti fatti i fratelli Judica Cordiglia nella loro enciclopedia *L'uomo e lo spazio* nella seconda edizione (1970):

Verrà poi accertato che il pilota avrebbe potuto salvarsi gettandosi dall'aereo, che precipitava per una avaria al motore, col paracadute; egli però sapendo che l'aereo si sarebbe abbattuto su un gruppo di case civili, preferì restarvi fino all'ultimo quando poi sarebbe stato troppo tardi per ricorrere al paracadute. La sua fu dunque una morte volontaria ed eroica.

In realtà di cose certe nell'incidente che è costato la vita al primo uomo nello spazio ce ne sono poche. Vengono avviate numerose commissioni, tutte depistate o insabbiate dal KGB. Il 30 marzo 1968 l'Unione Sovietica tributa al suo eroe i funerali di Stato. A sorreggere il feretro gli stessi uomini che lo hanno emarginato.

L'amico Leonov non si dà per vinto e inizia la sua indagine personale sulla tragedia che è costata la vita a Yuri, dalla quale trapela un'ipotesi mai suffragata: un aereo supersonico di nuova concezione per quei tempi, un Sukoi, avrebbe interferito con il volo del vecchio MiG di Gagarin; in particolare l'onda sonora prodotta dal superamento della barriera del suono avrebbe fatto perdere il controllo del mezzo ai due piloti. Il Sukoi, secondo quanto raccolto da Leonov, avrebbe dovuto volare a 10.000 metri e non a 1.000 come invece pare fosse avvenuto. L'indagine di Leonov si arena. Dovranno passare molti anni per far ritornare alla mente la fine di uno degli Eroi dell'Unione Sovietica più amati. Nel 1986, infatti, viene avviata una nuova inchiesta, grazie all'instancabile lavoro di Leonov, dalla quale emerge che le relazioni redatte in seguito all'incidente furono alterate, i testi cambiati e modificati, mani misteriose firmarono dichiarazioni fasulle. Insomma, furono cambiate tutte le carte in tavola, probabilmente per coprire le lacune tecniche e organizzative di tutto l'apparato sovietico in ogni ordine e grado, soprattutto quello incaricato della difesa della nazione che, in un periodo assai teso nei rapporti con i rivali dell'Occidente, non poteva permettere di mostrasi per quello che era. Un misto di ipocrisia, segretezza e corruzione aveva fatto il resto.

Valentina Vladimirovna Tereshkova

"Voglio dare tutto il mio irrevocabile sostegno al Komsomol e al Partito Comunista Sovietico", risponde Valentina Vladimirovna Tereshkova al suo esaminatore che le ha chiesto cosa volesse fare nella vita. L'esame è di quelli che possono cambiare la vita e Valentina, diplomata in tecniche di filatura del cotone, ha tutte le credenziali per essere lei la prima donna a volteggiare intorno alla Terra. Compreso il fatto di non essere la migliore tra le migliori.

Valentina, seconda di tre figli, nasce il 6 marzo del 1937 in un povero villaggio nella regione di Yaroslav. L'infanzia e l'adolescenza non sono particolarmente felici; del padre partito per la guerra contro la Finlandia non si hanno più notizie e la madre deve allevare i tre piccoli con le modeste risorse di cui dispone. Valentina può andare a scuola solo al termine della Seconda Guerra Mondiale, all'età di otto anni. Le condizioni in cui versa la famiglia però non le permettono di continuare gli studi e a diciassette anni è costretta a lasciare la scuola per iniziare a lavorare presso una fabbrica tessile. Il carattere non le manca, così come la voglia di cambiare quello che la vita le sta offrendo. Cerca di migliorare la sua educazione studiando per corrispondenza e, intanto, compie un passo determinante per la sua futura carriera di cosmonauta: si iscrive a un corso di paracadutismo presso un club aviatorio di Yaroslav. È piuttosto brava e il 21 maggio del 1959 compie il suo primo salto.

Nell'anno di Yuri Gagarin, Valentina diventa segretario del Komsomol locale, la Lega dei Giovani Comunisti, e ottiene la certificazione di tecnico specializzato nella filatura del cotone. Mentre l'Unione Sovietica celebra il volo del primo uomo lanciato nello spazio, i vertici del programma spaziale sovietico meditano un colpo sensazionale. Kamanin, il responsabile capo dei cosmonauti, avanza l'ipotesi di lanciare nello spazio una donna. La mossa avrebbe un ritorno propagandistico senza pari, contribuendo al patriottico sforzo di battere gli Stati Uniti con ogni mezzo. L'idea piace e si dà avvio alle selezioni di una donna sana, patriottica, attiva nella lotta politica, meglio ancora figlia del proletariato, insomma, della stessa classe di Gagarin. La candidata migliore non è necessario che sappia pilotare un aereo, giacché la Vostok è completamente automatica, ma è opportuno che abbia una documentata esperienza di paracadutismo, in vista del tipo di rientro che dovrà compiere.

Avuta via libera a procedere, Kamanin inizia la sua ricerca a partire dagli aeroclub del paese. Da una prima scrematura emergono 58 profili che rientrano nelle specifiche richieste: meno di trent'anni, peso non oltre settanta chili, fisicamente perfette e ideologicamente pure. Dopo gli esami scritti il numero delle candidate si riduce a 40. Tra queste c'è anche Valentina, pronta a muovere alla volta di Mosca dove l'attendono gli esami fisici, i test attitudinali e le interviste con i valutatori.

In poco meno di due mesi, nel febbraio del 1962, Valentina è una delle cinque donne candidate a diventare prima cosmonauta sovietica. Le dure prove a cui sono sottoposte, salti con il paracadute, resistenza alla centrifuga, voli in assenza di peso, vengono completate. Valentina, pur dimostrandosi un'ottima atleta, è svantaggiata dal suo modesto livello di istruzione. Riesce splendidamente nelle prove fisiche ma ha qualche difficoltà con la teoria dei razzi e l'ingegneria della navette. Le sue rivali hanno tutte un grado di istruzione superiore, essendo ingegneri e piloti collaudatori, e possono contare su una certa dose di familiarità con lo studio e i libri. Valentina ha dalla sua parte una buona dose di caparbietà e un impegno politico ben documentato quale esponente di rilievo di un Komsomol.

Un fatto accaduto nella primavera del 1962 accelera il programma sovietico e con esso la scelta della cosmonauta preferita. Durante una visita di cortesia di una delegazione russa a Washington, Kamanin e Titov hanno modo di apprezzare l'ospitalità dell'astronauta John Glenn, da poco rientrato dal suo trionfale giro nello spazio. Durante il barbecue, i russi fraintendono le parole di Glenn e capiscono che gli americani hanno intenzione di lanciare presto, forse entro la fine dell'anno, una navetta Mercury con a bordo due astronaute. Dunque Kamanin rischia di essere battuto con la sua stessa arma. Di ritorno in patria propone immediatamente che i voli Vostok 5 e Vostok 6 siano effettuati entrambi con una cosmonauta a bordo, pertanto la scelta definitiva deve essere fatta subito. L'intervista con l'esaminatore fuga ogni dubbio: Valentina dà le risposte che ci si attende da un bravo sovietico.

Nella primavera del 1963 l'ipotesi di un doppio volo con due donne a bordo viene scarta dal Ministro della Difesa: se deve essere un volo di propaganda allora sarà sufficiente impiegare una sola cosmonauta. Per la Vostok 5 si sta preparando Valery Bikovsky mentre per la Vostok 6 manca ancora il nome finale della cosmonauta.

Korolev appoggia la candidatura di Valentina, sebbene non sia la migliore delle cinque. Ma questo non è un grosso impedimento. Il progettista capo ha in programma un volo molto ambizioso in un prossimo futuro, un volo di una navetta da tre posti, la Voskhod, per la quale ci sarà bisogno di cosmonauti con abilità di comando, di pilotaggio e ingegneristiche. Dunque, Valentina, che difetta rispetto alle altre in questi campi, è la candidata migliore per affrontare un lancio con la Vostok. Nella scelta finale interviene anche il premier Krushev che vede in Valentina una perfetta donna socialista, non ultimo possiede anche un certo fascino e l'attitudine necessaria alla celebrità. Insomma, un prodotto ideale per la propaganda. Il 14 giugno 1963 decolla dalla rampa di lancio di Baikonur la Vostok 5 con a bordo Bikovsky; due giorni dopo Valentina, nome in codice "gabbiano" lo raggiunge, diventando così la prima donna a volare nello spazio. Dopo tre giorni a bordo della Vostok 6, e 48 orbite completate, Valentina può far ritorno a Terra, seguita tre ore dopo dalla navetta di Bykovsky. Il rientro è spettacolare, le televisioni immortalano la cosmonauta nella sua tutta immacolata che saluta dopo il suo atterraggio. Un trionfo completo. Proprio come si voleva.

In seguito alla sua avventura nello spazio, Valentina si è dedicata alla carriera politica, ricoprendo numerose e prestigiose cariche.

Dopo aver sposato il collega Nikolaiev, dal quale si separerà nel 1982, e aver avuto da lui una bambina, torna a studiare presso la rinomata Accademia Zukovskij per ingegneri dell'aeronautica militare. A maggio del 1966 entra a far parte dell'Alto Soviet dell'Unione Sovietica e nel 1971 diventa membro del Comitato centrale del Partito Comunista dell'Unione Sovietica; tre anni più tardi entra a far parte del direttivo dell'Alto Soviet e, dal 1976, diventa vicepresidente della Commissione per l'educazione, la scienza e la cultura. Nel 1994 viene nominata direttrice del Centro russo per la collaborazione internazionale culturale e scientifica. Oggi è una settantenne in gran forma che, in un'intervista del 2007, ha svelato i retroscena del suo volo durante la grande corsa allo spazio.

Neil Armstrong, Edwin Aldrin e Michael Collins

Armstrong, Aldrin e Collins nascono nel 1930, rispettivamente il 5 agosto, il 20 gennaio e il 30 ottobre. Figli della media borghesia americana, ben pensante e conformista, entrano a far parte dell'aviazione militare. Armstrong, alle dipendenze della NASA come impiegato civile dal '55, e Aldrin portano a termine numerose missioni di combattimento in Corea. Entrano nella lista degli astronauti con il secondo e terzo scaglione, del 1962 e 1963, per essere avviati a una lunga fase di addestramento che li porta a volare nello spazio con le missioni Gemini. Dopo il volo dell'Apollo 11 sono stati insigniti delle più alte onorificenze e la loro vita ha preso direzioni diverse.

Armstrong, che ha dichiarato subito dopo la storica impresa che non avrebbe più volato nello spazio, lascia la NASA nel 1971 per insegnare ingegneria aerospaziale presso l'Università di Cincinnati. Ha fatto parte della commissione d'inchiesta a seguito della sfortunata missione Apollo 13 e di quella ben più tragica legata al disastro dello shuttle Challenger nel 1986. Non ha trascurato la carriera da uomo d'affari, iniziata subito dopo il ritiro dalla NASA accettando un'offerta da parte dell'azienda automobilistica Crysler e proseguita nel corso degli anni con molte altre imprese operanti in settori diversi, quali banche, compagnie aeree e petrolifere. Non si è mai indirizzato verso la politica, nonostante abbia avuto molte richieste in proposito sia da parte dei repubblicani sia dei democratici. Anche dopo molti anni da quello storico passo sulla Luna, Armstrong è rimasto quello che è sceso per primo. La leggenda narra che abbia continuato a incidere i suoi autografi ovunque, meglio ancora sui sofà degli amici. Un giorno ha scoperto che gli autografi e le firme che rilasciava venivano venduti e comprati a caro prezzo dai collezionisti e da quel momento è stato molto meno generoso nel rilasciarne. Almeno su fogli di carta o cartoline celebrative.

Collins è diventato ancor più chiuso e riservato e ha condotto una tranquilla vita da pensionato. Ha scritto molto, sette libri, tra i quali un'autobiografia, *Carrying the Fire: An Astronaut's Journeys* (1974), la storia del programma spaziale americano, *Liftoff: The Story of America's Adventure in Space* (1988) e *Mission to Mars* (1990), sulle prospettive umane di un volo verso il Pianeta Rosso.

È stato il primo direttore del *National Air and Space Museum* di Washington dal 1971 al 1978, per poi passare alla carica di sotto-segretario dello *Smithsonian Isitute*. L'uomo che ama i silenzi si può permettere di entrare nei supermercati senza essere riconosciuto da alcuno. E a lui va bene così.

Buzz Aldrin è stato quello che ha pagato lo scotto più grande. Due matrimoni falliti, ha combattuto contro alcol e depressione. "A un certo punto mi sono chiesto: cosa posso fare di meglio?", dirà in un'intervista. A questa domanda, per molti anni, non ha saputo dare risposta. Uscito dal periodo nero della sua vita, progetta nuovi razzi per futuri voli lunari. La sua figura ha ispirato la fantasia. Ha dato voce a sé stesso in un episodio della serie a cartoni animati *I Simpson,* nel quale Aldrin vola nello spazio con Homer, e nel lungometraggio animato *Toy Story* il personaggio di Buzz LightYear è ispirato a lui. Nel 2002 un regista di filmetti amatoriali lo affronta Bibbia alla mano esortandolo a giurare che ha camminato veramente sulla Luna. Aldrin rifiuta e viene apostrofato come bugiardo e ladro. L'astronauta esasperato reagisce colpendo il provocatore con un sinistro. L'inconveniente non ha avuto ulteriori ripercussioni.

A ripercuotersi sulla vita di Aldrin è stata un'orma lasciata trent'anni fa su un suolo lontano e silenzioso. L'orma del secondo.

Appendice A

La conquista del Pianeta Rosso

La corsa al Pianeta Rosso, dopo i fantascientifici anni Cinquanta, prese realmente avvio nell'autunno del 1960 quando l'Unione Sovietica lanciò verso Marte due sonde, la Marsnik 1 e la Marsnik 2. Di questi tentativi ben pochi ne erano a conoscenza persino in Unione Sovietica. Il resto del mondo, se si eccettuano le solite spie americane che operavano dalla centrale di ascolto in Turchia, era praticamente all'oscuro di tutto. Conosciute anche con il nome di Mars 1960A e Mars 1960B, vennero lanciate nell'ottobre del 1960 ma fallirono entrambe l'immissione in orbita e andarono perdute. Sia la prima sia la seconda sonda, raggiunta la quota di 120 km, precipitarono a terra a causa della mancata accensione della pompa di iniezione del terzo stadio della navetta. Krushev ci rimase piuttosto male: durante una visita alle Nazioni Unite aveva preparato dei modellini di astronavi da distribuire come gadget. I modellini rimasero dentro la scatola, ma il Segretario riuscì a rendere ugualmente memorabile quella sessione battendo una scarpa che si era tolto sul tavolo dei delegati.

Le condizioni favorevoli per un nuovo lancio capitarono due anni dopo, nell'ottobre del 1962, nel pieno della crisi dei missili a Cuba, quando l'URSS lanciò la sonda Sputnik 29. La fortuna fu avversa anche quella volta e la sonda si disintegrò in orbita terrestre poco dopo il decollo. I resti del satellite, che orbitarono attorno alla Terra per alcuni giorni, furono individuati dai radar americani che, inizialmente, li scambiarono per missili balistici intercontinentali sovietici, allertando tutto l'apparato difensivo statunitense. Nient'affatto scoraggiati, i russi ritentarono un altro lancio pochi giorni dopo, con la Mars 1. La sonda era predisposta per volare vicino al pianeta senza entrare in orbita ed effettuare misure con gli strumenti scientifici di cui era munita, tra i quali una fotocamera. Il lancio fu perfetto ma giunta a poco più di cento milioni di chilometri dalla Terra la sonda smise di inviare segnali, probabilmente a causa di un errore di orientazione. La prima fase dell'offensiva sovietica verso il Pianeta Rosso terminò così, con una poco incoraggiante sequenza di fallimenti. La risposta della NASA all'intraprendenza marziana dei russi arrivò due anni dopo i tentativi dei rivali. Nell'autunno del 1964 erano pronte sulle rampe di lancio due missioni gemelle, la Mariner 3 e la Mariner 4. Lanciandone due si pensava di raddoppiare le probabilità di raggiungere il pianeta, un po' come era successo nel 1962 con l'invio verso Venere delle sonde Mariner 1 e 2: la prima andò perduta ma la seconda riuscì a inviare alcuni dati sul pianeta. Il 5 novembre si accesero i motori del razzo Atlas Agena e il Mariner 3 iniziò la sua avventura. Il viaggio fu breve. Lo scudo termico che proteggeva la sonda entrò in avaria e della sonda si perse il controllo. Per la NASA fu una grossa delusione, oltretutto si rischiava di perdere per lo stesso motivo anche l'altra sonda in procinto di partire. Ai tecnici del Jet Propulsion Laboratory (JPL) di Pasadena rimase, dunque, poco tempo per correre ai ripari: Marte si trovava in posizione molto favorevole e mancare l'appuntamento avrebbe significato rinunciare a inviare sonde per almeno altri due anni. In sole tre settimane gli scienziati riuscirono a costruire un nuovo scudo. Il 28 novembre il Mariner 4 abbandonò l'abbraccio della Terra diretto verso Marte.

Mentre gli americani erano impegnati a seguire la missione Mariner 4, i russi lanciarono il 30 novembre 1964 la Zond 2. Inizialmente la sonda era stata chiamata Mars 2 ma visto che anche stavolta il risultato fu fallimentare, e la sonda andò perduta più o meno nello stesso punto in cui era stata perduta la Mars 1, le autorità sovietiche decisero di cambiargli nome, per evitare la serialità di fallimenti. Per il Mariner 4 statunitense, invece, stava procedendo tutto per il meglio. Durante il tragitto di avvicinamento al pianeta la sonda condusse analisi dello spazio circostante mediante l'apparecchiatura scientifica di cui era munita: una camera per le riprese, un magnetometro, un rivelatore di polvere, uno di radiazioni, un telescopio per i raggi cosmici, una sonda per il plasma solare e un contatore Geiger.

Tra il 14 e il 15 luglio 1965, la Mariner giunse a diecimila chilometri da Marte, inviando 21 immagini del pianeta: le prime fotografie del pianeta ripreso da vicino. Fu un successo completo. Oltre a essere il primo manufatto a raggiungere Marte, tutti gli esperimenti, eccezion fatta per la sonda per il plasma solare andata in avaria, funzionarono egregiamente. La Mariner 4 inviò a terra dati e immagini che dimostrarono che il pianeta possedeva una pressione estremamente bassa tale da rendere impossibile l'esistenza dell'acqua, neanche allo stato ghiacciato. Gli scienziati del JPL giunsero alla conclusione che nei poli di Marte non c'era ghiaccio di acqua ma solo di anidride carbonica (ghiaccio secco). La sonda aveva svelato un pianeta inospitale e arido, dalla superficie butterata da enormi crateri. Nulla a che vedere con quanto supposto, o immaginato, fino ad all'ora. Il mito di un pianeta gemello alla Terra, così diffuso grazie alla incessante opera di studiosi come l'eccentrico Percivall Lowell o come Carl Slipher, convinti che Marte fosse abitato da esseri intelligenti, crollò sotto i colpi delle immagini del Mariner. L'era dei famosi canali marziani di Giovanni Virginio Schiaparelli, dai quali nacque il mito dei marziani, tramontò per sempre in quella estate del 1965. Intanto, dall'altra parte della cortina di ferro, l'Unione Sovietica, dopo il fallimento della Zond 2, ritentò nel luglio del 1965 un nuovo lancio.

Più che di una missione verso Marte, la Zond 3 rappresentava una sorta di lancio di prova per testare apparecchiature scientifiche e dispositivi tecnici. La finestra ottimale per lanciare sonde si era chiusa e la Zond 3 si limitò a scattare foto di buona qualità della superficie lunare prima di assestarsi in un'orbita eliocentrica. Il primo round terminò nel 1965 con il fallimento dell'ultima Zond.

Nonostante risultati tutt'altro che esaltanti entrambi i contendenti mirarono a realizzare progetti in grado di portare una sonda a contatto con la superficie del pianeta. Per questa ragione scattò negli anni a cavallo tra il 1969 e il 1975 un vero e proprio assalto al pianeta.

Le missioni Mariner che seguirono la fortunata avventura portata a termine dalla sonda numero 4, ossia la Mariner 6 e la Mariner 7, confermarono la bontà del progetto della NASA. Lanciate nel febbraio-marzo del 1969 e pensate con il solo scopo di acquisire dati su Marte, senza eseguire alcuna analisi durante il viaggio verso il pianeta, inviarono a terra immagini più dettagliate della precedente missione, coprendo il 10 per cento della superficie del pianeta contro il solo 1 per cento della missione 4. La numero 6 arrivò su Marte il 31 luglio 1969, undici giorni dopo il passo di Neil Armstrong. Pochi giorni dopo anche la numero 7 giunse in prossimità del bersaglio, mostrando il pianeta per quello che era: un pianeta simile alla Luna, pieno di crateri, brullo, privo di vita e di attività geologiche.

A quel punto, visti gli ottimi risultati conseguiti, non rimaneva altro che costruire una sonda in grado di orbitare stabilmente attorno al pianeta.

L'opportunità per lanciare la prima sonda di questo tipo cadde nella tarda primavera del 1971, proprio mentre l'Apollo 14 si apprestava a lasciare la Terra diretto verso la Luna. Il 1971 fu un anno piuttosto affollato di sonde marziane e non meno di cinque missioni erano state approntate per la conquista di Marte: oltre alla coppia di Mariner, la 8 e 9, c'erano almeno tre sonde dell'URSS pronte al grande balzo.

Il programma russo era ben più complesso di quello della NASA: potendo contare su un nuovo potente lanciatore, il Proton, gli esperti sovietici intendevano far atterrare un modulo sulla superficie del pianeta.

Le sonde sovietiche, quattro volte più pesanti delle controparti a stelle e strisce, erano formate da due parti: un modulo orbitale e un modulo di atterraggio. Una volta sulla superficie, il modulo di atterraggio avrebbe inviato a terra le immagini del pianeta riprese dalle sue fotocamere.

In questa sorta di arrembaggio spaziale il via venne dato dalla sonda Mariner 8 staccatasi dalla piattaforma di Cape Canaveral l'8 maggio 1971, seguita due giorni dopo dalla controparte sovietica Cosmos 419. Quest'ultima era una sorta di sonda apripista. Negli intenti dei progettisti sovietici la sonda doveva seguire una traiettoria veloce per giungere in orbita attorno al pianeta in notevole anticipo rispetto a una combinazione orbiter-lander; questo avrebbe permesso di raccogliere una serie di dati sul pianeta da riutilizzare a beneficio della sonda più lenta.

Il programma era ben congegnato, come assai raffinata era la strumentazione per la navigazione in automatico delle sonde. Ma l'esito non fu dei migliori. Per entrambe le parti, i programmi ebbero termine in fondo all'oceano. La Mariner 8 ricadde in mezzo all'Atlantico pochi minuti dopo il lancio, a causa della mancata accensione del secondo stadio del razzo Atlas-Centaur, mentre la Cosmos 419 ripiombò nell'atmosfera bruciando completamente, dopo che l'ultimo stadio del razzo aveva mancato l'accensione a causa di una banalissima regolazione di un timer, impostato per accendersi dopo 1.5 anni invece che dopo un'ora e mezza. Con questi fallimenti alle spalle, furono lanciate, rispettivamente il 19, il 28 e il 30 maggio, le sonde sovietiche gemelle Mars 2 e Mars 3 e la statunitense Mariner 9. Sebbene lanciata per ultima, la sonda statunitense, indirizzata su un'orbita leggermente più veloce, raggiunse per prima il Pianeta Rosso. Era il 13 novembre 1971 e il Mariner 9 divenne la prima sonda a orbitare stabilmente intorno a Marte.

La sonda Mars 2 giunse sul bersaglio poco dopo con il suo modulo di atterraggio pronto per essere sganciato. Purtroppo i retrorazzi del lander non si accesero e la sonda si sfracellò al suolo. L'orbiter, invece, riuscì a inviare dati fino al 1972. Un primato i sovietici erano riusciti a ottenerlo, comunque: furono i primi a lasciare un rottame spaziale su Marte. Il Mars 3 non fu molto più fortunato. Al contrario della sonda numero due, il lander di questa terza missione atterrò sul pianeta, ma l'impresa venne vanificata negli istanti successivi. Probabilmente i forti venti che nei mesi precedenti avevano innalzato una gigantesca tempesta di sabbia danneggiarono irreparabilmente la navetta che, pochi secondi dopo essersi posata sul suolo, smise di inviare immagini. Le poche giunte a terra risultarono inutilizzabili. La sonda orbitante, il cui sistema automatico di navigazione operò magnificamente, smise di inviare dati nell'agosto del 1972. Le sfortune delle sonde russe non toccarono il Mariner 9. Al contrario delle controparti sovietiche, la sonda della NASA fu programmata con una certa flessibilità. In altre parole, poteva essere istruita in volo, in modo da modificare i programmi qualora ve ne fosse stata la necessità. Ciò capitò puntualmente quando la sonda arrivò su Marte accolta dall'enorme tempesta di sabbia. Mentre gli orbiter Mars, rigidamente programmati, iniziarono a sperperare preziose energie portando avanti indiscriminatamente il programma di osservazioni fotografiche del tutto inutili per via della tempesta, parte della strumentazione Mariner venne spenta e accesa al momento opportuno, quando le condizioni di Marte lo permisero. Le scelte degli scienziati del Jet Propulsion Laboratory si rivelarono vincenti e il

Mariner 9 contraccambiò con un operato senza precedenti rispetto alle altre missioni planetarie. La sonda, programmata per operare 90 giorni, continuò a spedire informazioni per quasi un anno, inviando a terra 7.329 immagini del pianeta.

Per la prima volta la sonda mappò l'intero pianeta e rivelò la presenza di enormi vulcani. Il più grande di questi, originariamente battezzato Nix Olimpica poi successivamente Monte Olimpo, è il più alto monte di tutto il Sistema Solare con il suoi 27 chilometri di altezza e 600 di estensione alla base. Il Mariner mise in luce la diversa conformazione dei due emisferi del pianeta: ricco di vulcani e di enormi canyon quello settentrionale, butterato di crateri quello sud. Marte apparve con un volto nuovo: un mondo dal passato geologicamente attivo con vulcani e canali che sembravano essere stati scavati da tremende inondazioni. Bill Murray, geologo ed ex direttore del JPL di Pasadena commentò:

> Il Marte simile alla Terra di Lowell era tramontato per sempre, come pure il Marte simile alla Luna ritratto dalle nostre prime tre missioni, i Mariner 4, 6 e 7.

Il pianeta rivelato dal Mariner 9 non era univoco: era un mondo interessante e composito, con una storia misteriosa alle spalle. L'ultima trasmissione del Mariner era datata 27 ottobre 1972. Era giunto il tempo di far atterrare una sonda sul pianeta e le preziose immagini inviate dalla Mariner 9 servirono perfettamente allo scopo. Ma questa è un'altra storia.

Appendice B

L'Italia nello spazio

Il 15 dicembre 1964 dal poligono spaziale americano di Wallops Island un razzo Scout mise in orbita il primo satellite italiano della storia, il San Marco 1. Il principale artefice del progetto San Marco fu Luigi Broglio, ingegnere colonnello (poi generale) del Genio aeronautico, che, a partire dai primi anni Cinquanta, iniziò una lunga serie di studi ed esperimenti sulla propulsione dei razzi. Quel giorno l'Italia divenne il terzo paese in tutto il mondo, dopo USA e URSS, a esser capace di immettere nello spazio un satellite.

L'avventura spaziale italiana era iniziata nell'estate del 1960, presso la base dell'aeronautica militare a Salto di Quirra in Sardegna, con il lancio di sei missili. Ma l'idea di Broglio era ben più raffinata: egli intendeva realizzare un programma spaziale italiano in grado di portare nello spazio satelliti progettati e costruiti in Italia. Appoggiato dal governo Fanfani, il progetto prese consistenza il 7 settembre 1962, quando l'Italia stipulò con il governo degli Stati Uniti un accordo. Quel giorno Lindon Johnson, in visita ufficiale a Roma, firmò le carte del patto insieme al Ministro degli Esteri Attilio Piccioni. Broglio, in sostanza, era riuscito a ottenere razzi gratis, gli Scout, per i suoi satelliti in cambio dei risultati scientifici delle missioni.

Il programma San Marco prese ufficialmente avvio il 21 aprile del 1963, quando dal poligono di Wallops Island venne eseguito un primo lancio sub-orbitale. Lo scopo del lancio era quello di sperimentare la "bilancia Broglio", un congegno in grado di misurare mediante sensibilissimi aghi le forze che agiscono sulla superficie di un satellite in orbita. Quando i tecnici italiani sbarcarono alla dogana americana con il loro trasporto, compreso il satellite, al momento di dichiarare il contenuto del loro bagaglio, l'ufficiale addetto ai controlli non ne volle sapere di far passare la strana comitiva che pretendeva di avere un satellite appresso: volle controllare personalmente il contenuto delle casse, spalleggiato da un'infermiera che, non si sa mai, poteva servire con quella comitiva di matti.

Nel volger di qualche mese, il progetto di Broglio si arricchì di un ulteriore tassello: non contento di lanciare un satellite completamente realizzato in Italia, Broglio pensò di munire l'Italia di una sua base di lancio. All'inizio del 1964 venne stipulato un accordo tra il governo del Kenia e il Centro di Ricerche Aerospaziali dell'Università di Roma. L'accordo prevedeva che davanti alla costa di Mombasa, a Formosa Bay, praticamente a cavalcioni dell'Equatore, l'Italia potesse installare due piattaforme. Le strutture erano poco più che scarti dell'Agip e del governo americano: una ex piattaforma petrolifera che Mattei aveva donato a Broglio e un pontone galleggiante dismesso dalla NASA. La piattaforma di lancio venne chiamata San Marco, quella di controllo Santa Rita.

Ci vollero un paio di anni per adattare e migliorare le strutture, fin quando, il 26 aprile 1967 dal poligono spaziale di Formosa Bay partì una storica missione per la nostra avventura spaziale, la San Marco 2. Era la prima volta, infatti, che veniva lanciato un razzo dall'equatore, da una piattaforma sul mare per giunta, e con un progetto, eccezion fatta per il razzo vettore, completamente italiano. Il satellite rimase in orbita sei mesi confermando la bontà del progetto. Con la fine del decennio arrivò la crisi dei finanziamenti e i primi tagli all'avventura spaziale italiana; tuttavia, il gruppo era ancora agguerrito. Il 7 novembre 1970 partirono per lo spazio da Wallops Island le nostre prime cavie animali: le rane. Un mese dopo, la base di lancio in Kenya venne affittata agli americani, che lanciarono l'Explorer 42, denominato Uhruru, "libertà" in lingua swahili. Nell'aprile del '71 fu la volta del San Marco 3 e, a fine anno, al gruppo San Marco venne consegnato dalla NASA il diploma quale "miglior team di lancio dell'anno".

L'ultimo satellite lanciato dalla base italiana è datato marzo 1988. Attualmente, la base funziona come centro di controllo e ricezione dati dai satelliti in orbita e per la telemetria dei vettori Ariane, lanciati dalla base di Kouros dall'Agenzia Spaziale Europea, ESA.

Fonti bibliografiche

AA.VV. (1960) *L'URSS e lo spazio*, Lerici Editore, Milano

R. Bassoli, F. Ungaro (2007) *La luna d'ottobre*, Avverbi, Grottaferrata

P. Bono, K. Gatland (1973) *Frontiere dello spazio*, Editrice S.A.I.E., Torino

O. Fallaci (2000) *Se il sole muore*, Edizioni Bur, Milano

Y. Gagarin (1961) *La via del cosmo*, Editori Riuniti, Roma

K. Gatland (1969) *Navi Spaziali*, Editrice S.I.A.E., Torino

E. Grassani (2003) *Yuri Gagarin*, Edizioni Selecta, Pavia

H. Howard (1969) *Destinazione Luna*, Edizione Reporter, Roma

A. Judica-Cordiglia, G.B. Judica Cordiglia (1965) *L'uomo e lo spazio*, Fratelli Fabbri Editore, Milano

I grandi della scienza (2000) *von Braun*, Quaderni a cura di *Le scienze*, Milano

A. Lo Campo (2000) *Storia dell'astronautica*, in: L'Airone, Roma

G. Masini (1969) *La grande avventura dello spazio*, Istituto Geografico de Agostini, Milano

H. Oberth (1953) *Uomini nello spazio*, Longanesi, Novara

P. Raebur, C. Frankel (1998) *Marte*, National Geographic, Edizioni WhiteStar, Vercelli

L. Ragno, B. Amatucci (1978) *L'Italia nello Spazio prima e dopo Sirio*, Fratelli Palombi Editori, Roma

Y. Surin (1957) *Il segreto degli Sputnik*, Laterza, Bari

G. Titov (1962) *17 aurore cosmiche*, Longanesi & C., Milano

F. Vallitutti (1999) *Alla conquista dello spazio*, Newton&Compton Editori, Roma

I. Vassiliev (1957) *Su "Sputnik" nel cosmo*, Centro Internazionale del Libro, Firenze

W. von Braun (1953) *Conquest of the Moon*, Viking Press, New York

Yates e Russel (1961) *Razzi, missili e satelliti*, Opere Nuove, Roma

Ringraziamenti

Queste poche righe sono dedicate ad alcune persone che in un modo o nell'altro hanno dato un contributo a questo libro.

Grazie Daniele, che sei stato il primo a mettere in moto la macchina per la Luna.

Grazie Marina e Barbara, che con cura e grande cortesia avete estratto un manoscritto da un cassetto e ne avete fatto un libro.

Grazie miei buoni amici, che chiedete di me e insieme a me avete atteso che la Luna sorgesse: vicini o lontani che possiate essere avete un posto fisso nei miei pensieri.

E grazie mamma, papà e sorella. Perché ci siete.

i blu

noveper**nove**
Segreti e strategie di gioco
D. Munari

Il ronzio delle api
J. Tautz

Perché Nobel?
M. Abate (a cura di)

Alla ricerca della via più breve
P. Gritzmann, R. Brandenberg

Gli anni della Luna
1950-1972: l'epoca d'oro della corsa allo spazio
P. Magionami

Di prossima pubblicazione

Chiamalo X!
Ovvero: cosa fanno i matematici?
E. Cristiani

L'astro narrante
La luna nella scienza e nella letteratura italiana
P. Greco

Il fascino oscuro dell'inflazione
Alla scoperta della storia dell'Universo
P. Fré

Pietro Greco

L'astro narrante
La luna nella scienza e nella letteratura italiana

Pietro Greco

L'astro narrante
La luna nella scienza
e nella letteratura italiana

iblu

Springer

Nel 1609, quattrocento anni fa, Galileo Galilei punta il cannocchiale sulla luna e inaugura la "nuova scienza". Nel 1969, quarant'anni fa, Neil Armstrong lascia la sua impronta sulla luna e inaugura l'era della colonizzazione umana dello spazio.

La luna è l'oggetto cosmico più vicino alla Terra. Il suo satellite naturale. La sua compagna fedele. L'astro narrante. La luna ci parla dell'universo fuori dalla Terra. Che, con Galileo, è diventato un universo conoscibile. E, con Armstrong, è diventato un universo fisicamente esplorabile. Ma la luna è da sempre, per l'uomo – per tutti gli uomini – l'astro narrante. L'astro che racconta del cosmo e della sua armonia. Del tempo e della sua regolarità. Dello spazio e della sua profondità. La luna è l'astro dove, da sempre, scienza e immaginazione si incontrano. La luna è l'astro che forse più di ogni altro ha ispirato la grande letteratura italiana e – da Dante a Galileo, da Ariosto a Bruno, da Leopardi a Calvino – le ha consentito di coltivare la sua "vocazione profonda": costruire, attraverso la filosofia naturale, "mappe del mondo" sempre più precise. Senza mai perdere, con la cura dei dettagli, l'insieme.

Pietro Fré

Il fascino oscuro dell'inflazione
Alla scoperta della storia dell'Universo

Dalla più remota antichità l'uomo si interroga sulla struttura dell'Universo e indaga sulle leggi che lo governano. Ma il progresso compiuto all'inizio del XX secolo non ha paragoni rispetto a quello di tutti i secoli precedenti: nel 1915 venne formulata la relatività generale, teoria indispensabile per comprendere la struttura dell'Universo e inquadrare i fenomeni cosmici; tra il 1920 e il 1930 fu scoperta l'espansione costante dell'Universo e si iniziò a determinarne le reali dimensioni. La cosmologia ha poi fatto un grande salto di qualità a cavallo tra il XX e il XXI secolo. L'Universo inflazionario è una teoria che forse rivela i misteri delle leggi fisiche a piccolissime distanze e ad altissime energie, laddove dovrebbe trovarsi il regno delle superstringhe e della gravità quantistica.

In questo libro viene ripercorsa la grande avventura del pensiero umano, che dalla concezione aristotelica di un mondo statico eterno e in realtà piccolissimo, è approdato alla contemporanea visione di un cosmo dinamico e immenso, germogliato però da una infinitesima fluttuazione quantistica.